TiSheng NüRen XiuYang De 120 Ge XiJie

提升女人修养的120个细节

（第2版）

凹凸◎编著

中国纺织出版社

内 容 提 要

女人的修养是一股无形的力量，推动自己走向优雅、精致、华丽的人生佳境。它使女人时刻传达出迷人的气息，更深深吸引着周围的人。它从气质、品位、妆容、礼仪等各方面的细节中悄悄显露。这些细节是平凡的、具体的、零散的，往往也是极易被忽视的。一抹红唇，一个眼神，一笑一颦，一举一动，都表现出女人耐人寻味的美，细节中更会悄无声息地绽放出女人修养的光芒。本书是为现代女性量身定做的细节读本，从形象细节、气质细节、妆容细节、品位细节、礼仪细节、健康细节、说话细节等方面，从不同场景深入分析，带领女性踏上修养提升之路，让女性的个人魅力随着细节的完善不断增值。

图书在版编目(CIP)数据

提升女人修养的120个细节／凹凸编著. --2版. --北京：中国纺织出版社，2015.8（2018.5重印）

ISBN 978-7-5180-0374-7

Ⅰ.提… Ⅱ.凹… Ⅲ.女性—修养—通俗读物 Ⅳ.B825-49

中国版本图书馆CIP数据核字(2015)第123378号

责任编辑：闫 星　　　　责任印制：储志伟

中国纺织出版社出版发行

地址：北京市朝阳区百子湾东里A407号楼　邮政编码：100124

销售电话：010—67004422　传真：010—87155801

http://www.c-textilep.com

E-mail:faxing@c-textilep.com

中国纺织出版社天猫旗舰店

官方微博 http://weibo.com/2119887771

北京市密东印刷有限公司　各地新华书店经销

2009年10月第1版　2015年8月第2版　2018年5月第5次印刷

开本：710×1000　1/16　印张：19.25

字数：294千字　定价：36.80元

序言

女人的修养在细节中悄悄显露

老子说："天下难事，必做于易；天下大事，必做于细。"魅力女人区别于平庸女人的突出特征就是能够把每个细节做到完美。细节像人体的细胞一样，虽小却举足重轻。能够把握细节，就能找到幸福的突破口。

细节之于女人，就好比螺丝钉之于机械，虽然微小，但不可或缺。女人离不开细节，善于从小事做起，从小处见真知，才能为自己的魅力奠定基础，才能给自己的修养增加砝码。女人的美是万千雨滴汇成的江海；女人的美是生活中的一颦一笑，是工作中的一举手一投足；女人的美是形象、气质、体态、容貌、声音、思想、性格和内涵的集合体；女人的美是细节的完美组合。细节成就了女人的华丽，华丽诠释了女人的魅力，女人、细节、美丽和修养，本就是一体。

细节是成功的基础，也是失败的导火线。忽略了细节，不屑从小事做起，把自己的理想建立在沙滩上，最终会因为经不起风吹雨打而突然倒塌。就像一个总是希望自己美丽无比、魅力无穷的女人，却总是穿着低俗、举止粗俗、言语尖酸，任凭她再有宏图大志，也不能从一只丑小鸭变成白天鹅。

一个懂得从细节着手打造自己的女人，其魅力一定是无穷的；懂得用细节装饰自己的女人，必定是让人百看不厌的；重视细节的女人，注定是生活的宠儿。能够做好细节，不仅需要具有一颗善良、博大、宽厚的爱心，更要懂得让自己的修养充斥于身体的每个细胞，要学会爱自己、爱家人、爱朋友、爱同事、爱邻居、爱身边需要帮助的人。而能够做到这些的女人，也必定是温柔而不媚俗、坚强而不强悍、贤德而不软弱、永远散发着迷人魅力的美丽女人。

细节的周到给予女人修养的提升是不可想象的，它使本来平淡如水的生活荡起片片愉快的波纹，它使生活的不完美在一个个小幸福中黯然消逝，它让一个相貌平平的女性拥有了大家风范，举手投足间塑造了自己另一种美丽。关注细节的女人，可以从饮食的细节中找到保持窈窕身材的秘方，可以从生活的细节中找到保鲜爱情的诀窍，可以从工作的细节中找到升职加薪的捷径……有心于细节的女人，细节必然倾情回报于她。

那些有着较高修养的女性，她们用自己的热心和细心装点了生活，用自己的耐心和艰辛创造了无数个完美的细节，她们是最美的女人，是最有魅力的女人！

心理学家说："一心渴望伟大、追求伟大，伟大却了无踪影；甘于平淡，认真做好每个细节，伟大却不期而至，这也就是细节的魅力。"是的，"天下大事，必做于细"，注重细节的女人，才能成为有魅力、有修养的女人！

本书从女性应该关注的形象、气质、妆容、品位、礼仪、健康、饮食等多方面的细节入手，层层展开，深入分析，带领女人遨游在细节的海洋里，让她们看清细节的五颜六色和生动美丽；带领女人进出于细节的试衣间，让她们用各式各样的细节装扮自己，美化自己；带领女人聆听细节的音乐会，让她们与人生中的诸多细节产生共鸣，并用心去发现、理解和感悟。女人对细节的关注和打造，就是对个人修养的提升，对自身魅力的升级。

编著者

2015 年 4 月

目录

第1章 内外兼修，细节凸显女人的修养
——细节是女人价值的宝藏

第2章 美人无瑕，“粗”女人没人爱
——女人的形象因细节闪光

第3章　气质如花，绽放出鲜活的魅力

——女人的气质在细节中提升

第4章　十分美丽，七分妆出来

——女人的妆容因细节而靓丽

第5章 风姿卓越，五光十色的女性风情

——女人的品位因细节而升华

第6章 炫出个性，女人的性情尽情张扬

——女人的时尚在细节中凸显

第7章 举止优雅，懂礼仪的女人是职场赢家

——女人的优雅在礼仪细节中表现

第8章 阳光丽人，我的身体我在乎

——女人因细节而健康

第9章 科学饮食，女人的滋养由内至外

——饮食细节为女人的美丽加分

第 10 章　理财有方，积累财富从点滴开始
——理财细节使女人的财富增值

第 11 章　得体谈吐，语言的魅力历久弥新
——说话细节让女人脱颖而出

第12章　甜蜜爱情，女人要用心而不是光用力
——爱情细节让女人铿锵绽放

第13章　睿智女人，"潜伏"在办公室
——职场细节让女人人见人爱

第1章

内外兼修，细节凸显女人的修养

——细节是女人价值的宝藏

女人细腻、温婉的天性决定了细节在女人的人生历程中具有非同寻常的价值。女人非凡的魅力、聪慧的头脑、优雅的谈吐、迷人的气质、得体的妆饰、幸福的家庭、成功的事业，都与其一颦一眸、一举一动息息相关。女人要在激烈的竞争中凸显自己的价值，必先修身养性，注重自我素质的培养和提高，在细节中磨炼自己，使自己变得更富有韵味、更加成熟。

1 女人的细节与修养紧密相连

一个有修养的女人，集美丽和魅力为一体，游刃有余于职场，温馨甜蜜于家庭，成为男人身心的永久迷恋的家园，也为自己赢得终生的幸福。

一个女人不仅要有女性特有的魅力，更要注重自身的智慧和修养。这样，即使青春远逝，仍然能够吸引大众。修养的魅力虽然有时不如性感那么富于诱惑，那么令人心醉，但它却更深沉、更动人、更长久。所以说，纯正的女人气质来自所谓的智慧修养，不是装扮出来的，而是自然美的体现。

修养对于女人来说是一种永恒的吸引力，因为修养不是靠外貌就能获得，更重要的是拥有智慧与知识。在现实生活中，几乎所有的男人都喜欢与有气质、有修养的女人相处，因为她既吸引你的眼球，还有一种特殊的力量，能不断地感染你、吸引你。

容貌的美犹如水中月、镜中花，只能在人的视觉上留下短暂的美感，而内在美、气质美和修养美却可以延缓衰老，并使人永远年轻，可以使人无穷地品味、永久地回忆。若在一个女性的眼里，只知道穿衣打扮和逛街泡吧这些事情，那她根本算不上是一个有魅力、有修养的女性，她生活的内涵是空虚的，她人生的底蕴是单薄的。有修养的女人刚好相反，她们能真正把握好自己，并获得从容、自信，最后从周身透出脱俗的气质，使之从人群中脱颖而出。

一个有修养的女人，是细心而有耐心的，绝不会输在细节上面。细节可以表现出一个女人的修养，然而细节总是容易被女人所忽视的，所以往往最能反映一个女人的真实状态，因而也最能表现一个女人的修养。

例如，在现实生活中，不少漂亮女孩由于心态没有调整过来，总是动不动就大发脾气。她们或因工作暂时受挫；或因不受上司赏识，哀叹怀才不遇；或因经济入不敷出，自愧囊中羞涩……积怨越深，无名火越大，到处发泄不满，甚至大放厥词。日久天长，养成恶习，不是指桑骂槐，就是含沙射影，成了一个地地道道的自由放任者。这种人多半心胸狭窄，争强好胜，自视甚高,旁若无人,即使生就一副伶牙俐齿,毕竟惹人讨厌。对于这种女人,男人即使再垂涎她的美貌,也肯定不会对其长期纵容姑息的。

在别人面前,不要自己哼唱,也不要用手指敲打或者用脚踢东西;别人讲话时,不要插嘴;别人站着时,自己不要坐下;别人停下来时,不要自己走;和别人在一起聊天时,不要读书或看报。如果确有必要做上述事情,也一定要请求离开;事先没有得到允许,不要看别人的书或写的东西;别人写信时,也不要离得太近……这是美国前总统乔治·华盛顿14岁时抄在笔记本上的部分“守则”。可以说,这些都是小节,甚至是很拘束人的小节,然而,华盛顿却把它看做成长所必需的“维生素”。假如他不拘小节,从不顾及别人的感受,就很难取得巨大成功。

时间可以扫去女人的红颜,但它却扫不去女人经过岁月的积累才能焕发出来的美丽。这份真正的美丽就是女人经过岁月的洗礼而成就的修养与智慧,就像秋天里弥漫的果香一样,由内而外散发出来。

每个人每天所做的都是一些重复的、琐碎的、平凡的小事,能称得上大事的没有多少件。但是能够把小事、细节做好,就是一个不平凡的人。希望所有女人都能成为一个有修养的女人,让自己有长久的吸引力,成为男人心中的港湾。一个有修养的女人,融美丽和魅力为一体,游刃有余于职场,温馨甜蜜于家庭,成为男人身心的永久迷恋的家园,也为自己赢得终生的幸福。

2 细节彰显女人的非凡价值

人与人之间在智力和体力上的差异并不是想象中的那么大。很多小事,一个人能做,其他人也能做,只是做出来的效果不一样,往往是一些细节上的工夫,决定着完成的质量。

曾经有这样一幅漫画:一位摩登女郎衣着光鲜、体态婀娜地走出家门,身后的家里凌乱不堪,连裤袜、脏衣服等扔得到处都是,漫画的名字叫做“鸡窝里飞出了金凤凰”。这幅漫画告诉我们,一个女人不把家里收拾干净,外出时穿得再整洁、时髦，都是不可取的。不论是胸怀天下的男人，还是天生爱美的女人，想要“一屋不扫”便去“扫除天下”，那是不可能的，即使你侥幸做成了，也是有缺憾的，是不完美的。伟人之所以成为伟人，并不是天生的，而是他们后天的修养使然，也就是说，日常生活中，他们注重细枝末节，相反，那些所谓的气度不凡、不拘小节者，一不留神就因小“疵”而掩了大“玉”。

“千里之行始于足下”，要成大事，必须从身边的小事或细节做起。电视剧里面的英雄好汉经常会说这样一句话：“做大事者，不拘小节。”然而做大事的人，是否真的可以不在乎细节呢？答案显然是否定的。在《赤壁》之中，刘备是一国之主，是谋天下、谋大事之人，然而他却经常亲手为自己的弟兄编制草鞋，这相对于带兵打仗真是微不足道的事情，然而却可以看出他对下属的关心和爱护，连自己士兵的鞋子都能够亲自照顾到的人，怎能不成就大业？事情虽小，却能看出人心，这样的细节是“画龙点睛”之笔，是让平凡事物绚丽夺目的宝石，做好细节，是人生的一种升华。

在中国，想做大事的人很多，但愿意把小事做细的人很少；我们不缺少雄韬伟略的战略家，缺少的是精益求精的执行者；不缺少各类管理规章制度，缺少的是对规章条款不折不扣的执行。我们必须改变心浮气躁、浅尝辄止的毛病，提倡注重细节，把小事做细。

小细节中往往包含着成就大事的机会。一个苹果落地，牛顿发现了万有引力；开水壶的盖子被蒸汽顶起，瓦特发明了蒸汽机。行之有效的创新，在一开始可能并不起眼，因为他们只是从小细节着手，却找到成大事的机会。细节凝结着效率。现代社会是一个高度分工、广泛合作的社会，若对细节不注意，对整体效率都可能产生影响。

一个人能否做成大事，其差别主要体现在细节上。人与人之间在智力和体力上的差异并不是想象中的那么大。很多小事，一个人能做，其他人也能做，只是做出来的效果不一样，往往是一些细节上的工夫，决定着完成的质量。当初中国从日本进口缝衣针的时候，好多人都惊诧：一根针还要买日本人的？看到了日本针才发现，我们的针是圆孔，而日本的针是长条孔，是为照顾老人们眼花而专门设计的。就是因为这一个小细节，让日本人赚了不少人民币。

“一屋不扫，何以扫天下？”正是对细节重要性的最好诠释。

著名的“木桶理论”认为,一只木桶盛水的多少,取决于最短的那块木板。而细节从某种意义上说,就是那块最短的木板。由于细节的失误而带来巨大损失的例子不胜枚举,比如一艘坚固的海军舰艇,却因为粮仓里的小老鼠而导致导弹发射失败;比如千里长的大堤,却因为一些小蚂蚁而毁于一旦。不要小看细节,细节可能起到颠覆全局的作用。

一个耀眼的明星,可能会因为在公众场合的不雅举动而遭到观众的嗤之以鼻;一个女人,可能因为言语的刻薄而失去爱人的欢心……一个细节的失误,足以毁掉一个人。我们普通人大部分时间都在做着平凡的事,然而把这些个平凡的细节做到不平凡,就能成大事,真可谓“成也细节,败也细节”,只有“举轻若重”,做好每一个细节,方能达到“举重若轻”的境界。

每个女人都是芸芸众生的一员,平时都在做一些小事。然而只要我们每天努力去做好每一件小事,做好每一个细节,只要我们用认真积极的态度来对待自己的人生,大事必可成。

从古至今,细节的完善都是成就大事的基础。著名的女词人李清照,若不是在一字一句的细节上反复斟酌,就不会有流芳千古的美词佳句;一代女皇武则天,若不是从低处着手,从细节做起,就不可能一步步坐上皇位,中国的历史上也不会出现这唯一一位女皇帝。女人,就应该在细节中学会做人、做事,然后再去成就大事。每一个细节,都隐藏着机会,只有认认真真地做好每个细节,女人的大事才能做成!

3 聪明的女人不忽视细节

生活的一切原本都是由细节构成的,如果一切归于有序,决定成败的必将是微若沙砾的细节,细节的竞争才是最终和最高的竞争层面。

当我们在思考如何变得有魅力、如何获取成功时,首先想到的可能是高学历、好背景、广阔的人脉和聪明的头脑,然而对于那些不具备如此优越条件的人,是否就完全没有成功的机会呢?对于女人,尤其是在自己极其平凡地过着最平淡的生活时,怎样才能找到属于自己的成功呢?我们首先要思考“成功”真正的内涵。

一位名人说得好：“播种行为，收获习惯；播种习惯，收获性格；播种性格，收获命运。”可以说人的习惯就是一种潜意识。当人做一件事情达到一定的熟练程度后，就会变成一种习惯。任何一项工程，都可以分解成为许多细节，严格执行这些细节，使其变成一种习惯。每个小小的细节，都可以直接影响着女人的命运。

一个相貌平平的女孩，在毕业后就留在一家公司上班，是公司的出纳，因为做事情负责任，即使她学历不高也得到了全公司同仁的喜爱。十八年后，公司由原先不到十人变成现在四百多人，她也成为这家公司的人事部门主管。她说，她没有很高的学历，她只是要求自己：只要上司交代缮录的文件，一定不要有错字，她不只是把上司交代的事做完，更要把事情做好。年轻时，在细节上的自我要求，改变了她的人生际遇。

我们应该相信“成功是把许多细节做好所得到的报偿”，瞬间的成功很容易，来得快、去得也快，但是不轻视任何小节，很负责任地把每一个细节做好，所获取的成功，才是真正的、长久的、鼓舞人心的成功。

有一个女大学毕业生到一家公司去应聘。面试的主考官在问她一系列问题之后，礼貌地对她说：“请回吧。”——意思是她没有过关。她起身时，手指被椅子上突出的钉子扎出了血，于是她顺手拿起办公桌上的镇纸石，敲平钉子，之后转身离去。主考官目睹这一细节，当即改变先前的决定，略带歉意地笑着说：“请留步，你被录用了。”

这些真实的故事时常会发生在我们的身边，而更多时候，这些故事的主人公，不是我们。女人有着天生的敏感和细心，若是善加利用这些长处，每个女人都可以得到属于自己的成功。

泰山不拒细壤，故能成其高；江海不择细流，故能就其深。生活的一切原本都是由细节构成的，如果一切归于有序，决定成败的必将是微若沙砾的细节，细节的竞争才是最终和最高的竞争层面。

可见成大事业同样需要重细节，在女人成长的道路上，有时候小事也能决定我们的人生，“不积跬步，无以至千里”、“水滴石穿”等阐述的正是这样的道理。在女人的一生中能遇到多少大事呢？大多数还是烦琐的小事，难道我们坐下来空等大事不成？既然生活中没有那么多大事，女人就要甘心从身边的每一个细节做起，踏踏实实地走自己的路，用努力来成就一番事业。

4 女人的一生是细节的叠加

虽然人生的整个过程难免重复，但每一个细节都不一样。做人也一样，我们应该在平淡而繁复的生活中把握好每一个细节。

每个女人都有自己的人生，你或许是平平淡淡地过着每一天；或许是轰轰烈烈地追求着理想；或许是失败了、伤心了、堕落了，一事无成。不管怎样，你还是一天天地走过来了。男人也好，女人也罢，谁都不可能穿越时空，从前一秒钟跳到后一秒钟而不经过现在，就如同任何人都不可能跳过细节的积累而直接成功。

女人的一生也是如此，你追求快乐的人生，却不愿去体味每个细节的快乐；你追求幸福的生活，却体会不到每个细节、每件小事所包含的幸福，到了生命终结时你会发现，你追求了一生却什么都没有得到。而那些懂得体味细节滋味的女人，却可以从一个个小小的细节中看到丈夫对自己的爱，感受到幸福就在自己身边。

有这样一对夫妻，妻子嫌弃丈夫窝囊，没有男人味、没气概，所以向丈夫提出离婚。但他们还是决定出去旅游，然后好合好散。然而当两人从庐山旅游回来后，却和好如初了。原来，在登山过程中，妻子注意到这样一个细节，每当两个人踏上一侧是悬崖的山路时，丈夫总会情不自禁地牵着她的手，让她走在靠山的一侧，而自己却走在靠悬崖的一侧。最终，她还是决定好好和丈夫过日子。这次，是她主动伸出手，把一路上始终与她保持一定距离的丈夫拉进怀里，明明白白地告诉他："咱们这辈子永远不分离。"

丈夫的一个小小举动，被细心的妻子看在眼里，感动在心里。每个女人都希望自己幸福，希望身边有个体贴细心的伴侣，然而很多女人却又贪婪地希望自己的丈夫拥有一切，正所谓"要求越高，失望越大"，当初简单的愿望都已经被无穷的欲望吞噬了，这样的女人把注意力全部放到攀比和虚荣上面，却不会去关注一些令人感动的细节，因而即便她在不断地寻找幸福，幸福却离她越来越远。

女人的一生是细节的叠加，只有你能体会到细节的快乐，才能懂得幸福的真谛。试想，如果你的一生有无数个值得回忆的细节，怎能不幸福？人生的细节不仅需要你去体味，更需要自己去制造，女人天生就是敏感和细腻的，或许你的一个举动会成为让别人感动并铭记一生的细节。

一位年轻人说起过这样一段平凡而不平静的旅途：

那是在去新疆的旅途中，我头痛欲裂，浑身轻飘飘的，像踩在浮云上。可是还需要穿过一片很大的沙漠，我晕晕沉沉地坐在汽车上，车内的气温起码在50度以上。我不停地出汗，好像是从水里捞出来的一样。我的邻座是一位大我十几岁的大姐，她见我这副样子，便关切地问："你病了吗？是头疼吧？"我点了点头，已经没有多余的力气说话了。她蹲下身去，从车座下的旅行包中取出两片药，连同手中的矿泉水一起递给我："喝下去吧，挺管用的。"那神情就像在帮助一个熟识的老朋友那样自然。之后，她坐下来，转过身去，背对着我说："你靠在我背上休息一会儿吧。"我以为自己肯定是听错了，待到她第二次催促我时才确认是真的。我有些犹豫，还有些不好意思。"不，不行……"我讷讷地说。"没事的，斜靠着舒服点。"汽车在那个漫长的沙漠地带走走停停竟花了两个多小时，我后来很没出息地靠在她的背上睡着了。

一句关心的话语，一瓶矿泉水和两片药，加上一个舒适的背，在茫茫的旅途中，对于那位女士来说或许只是举手之劳，然而这些细节在被她帮助的人心中却是甘泉一般，沁人心脾。人生就像是一个漫长的旅途，一个又一个细节构成了人间的温暖和关爱，从细节做起，认真做好每一个细节，你得到的或许是成功，或许是感恩，而最重要的，是你通过细节完美了自己的心灵。

虽然人生的整个过程难免重复，但每一个细节都不一样。做女人也一样，在平淡而繁复的生活中把握好每一个细节，让每个细节都变成快乐和感动，让每个细节都变成值得回忆的一幕，那么，你用细节叠加的将会是一个完整而幸福的人生！

5 用心做女人，用力做事情

每个人每天所做的都是一些重复的、琐碎的、平凡的小事，但是能够把小事、平凡事做好,就是一个不平凡的人。

两位刚刚毕业的女大学生,因为工作原因,在单位附近租了一间房子。两个女孩都很漂亮,穿着打扮比较时髦,房东想她们是大学生,又是女孩子,想必干净、整洁,又不会拖欠房租,因此高兴地让她俩搬进了自己的房子。房子虽然已经住了5年了,但是里面依然很好、很干净,两个女孩也舒服地住了一年。不料一年后,两人突然违约搬走。验房时房东发现,由于客厅窗户长时间不关,地板早已被淋坏;灶台上散落的残余食物霉迹斑斑;衣服绞进洗衣机内胆,六成新的机器报废了;马桶堵塞,修理工清理出一堆可乐瓶盖……这两个曾经被房东认为是"优质房客"的女孩,确实让房东懊恼了一把。

由此可见,外表再漂亮时尚的女生,也掩盖不了自己邋遢、懒惰的本性,虽然有大学生的光环照映着,也抵不住时间的考验。这两个女孩,从曾经的"优质房客"沦落为违约欠房租的人,无疑是因为她们工作不用心,导致无力支付房租。不管是工作还是生活,不用心的女人很难得到幸福。

随着女性地位的提高,很多女孩从小就是家里的宝贝,她们从小到大过着"衣来伸手,饭来张口"的生活,缺乏打理生活的经验和能力,即使长大了进入社会,自己的饮食起居还是安排不好。然而,这些生活小事尚照顾不好,又怎么去从容应付工作中的千头万绪呢?想必一个公司的领导看到这样的女孩,也绝不会录用为自己公司的员工。

通常女人对自己是最用心的,对家人和朋友也会上心,然而面对租来的房子,或者对待公共设施,却貌似缺乏了一些"爱心"。试想,这样的人在工作中,是不是也会任意破坏公司财产,肆意挥霍公司的纸张、油墨和电话费呢?这样没有责任心、没有公德心的女孩谁会去喜欢?漂亮的确可以作为女人的资本,然而如果仅仅靠漂亮就得到一切,那无非是痴人说梦。

一个公司人事部门的刘小姐讲过这样的事情:

有一位应聘者同时寄出几份简历,我们的人事经理隔了一段时间后同她联系,她接到电话一时没反应过来,态度恶劣地说了一句:"你是什么公司?"人事经理当即决定取消面试,客气地说:"我们有机会再联络吧。"通过应聘者简单的一句话就可以反映出,她说话太生硬,很失礼,反应慢;对应聘的单位缺乏重视，没有进入等待“面试”的状态，这说明她做事情不够认真。现在在我们公司任部门经理的李佳也有“没反应过来”的经历，不过被她聪明化解了。李佳说：“两年前，我求职时一次投出十多份简历。一天，一家公司打我手机让我去面试，当时我正在外面，一时没想起来是哪家公司，但我没慌，客气地说：‘谢谢给我这次机会，我正在外面，请慢一点说，我记下面试地点和时间，您贵姓？谢谢！’这期间，我脑子飞转，终于想起来了。回家后我查了一下保存的招聘广告，果然是这家公司。通过面试后，我一直做到现在。”

女人对于工作和生活的用心可以在细微处体现得淋漓尽致。李佳的用心和细心，让她成功地得到了一份不错的工作。而那些对待面试公司不用心、投递简历不用心、连说话都不用心的女人，只能面临一次又一次的失败，独自懊恼了。

女人可以醉心于穿着，可以投入于美食，可以全身心地进入电视剧的情节，为什么不能专心地对待自己的工作？成功是需要付出和汗水的，就像法国存在主义哲学大师萨特所说：“一个人想成为什么人，他就会是什么人。”

6 女人要留心关注的健康小细节

为了健康和美丽，我们不得不去在意许多细节，俗话说“千里之堤，毁于蚁穴”，我们不能因为细节的微小就忽视它的存在，很多时候，它就是那只毁掉你身体健康的“蝼蚁”。

生活中越来越多的女人遇到了这样那样的健康问题，而自己却浑然不知，她们过度透支着自己的生命，除非到了病发一刻，绝不肯离开自己的工作岗位。努力工作固然可敬，然而失去了健康拿什么去工作呢？关注生活中的细节，防患于未然，才是把握健康的便捷之路。

压力过大和高跟鞋有关

很多职业女性在写字楼里工作，空调、电脑、紧张的工作节奏，雷厉风行的走路与语速,使大脑长期处于紧张状态,她们习惯了独来独往,个人生活圈子狭窄,因而也造成了孤傲、戒备心强、冷漠的性格。

更为严重的是,越来越多的女人找不到朋友倾诉,工作后结识的朋友都有自己的生活,工作忙、要面子,谁也不敢轻易去打扰别人,手机里存着数百个电话号码,但没有一个能和自己推心置腹地聊天。

专家提示说,这些症状极有可能是高跟鞋带来的。每天紧张而疲惫地工作,双脚始终被束缚着,脚部的疲乏与不适极容易引起女性情绪低落、暴躁、烦闷等情况的出现。每天选个时间脱掉高跟鞋去运动,最好是到大自然中去,主动结识志同道合的朋友,找到属于自己的圈子,经常参加一些公益活动,让自己以一个真实的身高和最舒适的状态去对待生活和周围的每一个人,你会渐渐地摆脱烦恼和压力,成为一个享受生活的人。

女人脾气坏是因为缺乏维生素

如果你觉得自己的脾气越来越差,并且经常爱发脾气,那么你要注意了,你很可能缺乏维生素。

维生素 B_6 即盐酸吡哆醇,它参与色氨酸、糖及雌激素代谢。如果摄入不足则容易出现兴奋不安、反射亢进和周围神经炎,还可导致头痛,脾气急躁,容易困倦或激动,甚至可出现精神抑郁。维生素 B_6 在谷物的外皮和卷心菜中含量较高。

维生素 B_{12} 在动物肝脏及瘦肉中含量最为丰富,若缺乏维生素 B_{12} 则可能引起舌炎、腹泻和巨幼红细胞性贫血,常伴有感觉迟钝、肢体运动失调等神经症状。

缺乏维生素 B_1 不仅可引起足癣,还会伤及心脏,并使人脾气暴躁,困倦乏力,神经过敏,喜怒无常。因此一般情况下女性若情绪不佳,可能与营养素缺乏有关,应及时对症补充。女性切忌长期饮酒,酒精对维生素 B_1 的吸收有极大的干扰作用。加上食物过于精细和长期使用避孕药,就更容易发生维生素 B_1 缺乏。所以,女性应该防止食物过于精细,避免饮酒,必要时可口服维生素 B_1。

经期不正常可能缺铁

经期不正常、经量多或周期缩短的女性,由于随经血流失而容易缺铁。有些女性不爱吃肉和新鲜蔬菜,爱吃糖果糕点,这种偏食习惯也会造成铁摄入不足。不用铁锅烹饪会使人失去补充铁的一个来源。缺铁可影响多种含铁酶的活力，影响红细胞色素、肌红蛋白的形成，使人精神委靡、疲倦无力、注意力不集中、记忆力减退、情绪不稳定、急躁易怒、激动好哭、性欲低下等。

经常穿球鞋易患足癣

女人都爱美，可是一旦患上足癣，何谈美丽？喜欢的凉鞋穿不了，漂亮的指甲油与脚趾绝缘，美好的夏天却感到心理灰蒙蒙的。可是你知道吗，你为了掩盖自己不美丽的双足而穿着的球鞋，正是你患上足癣的最大元凶。

足癣也称为脚气，是一种最常见的真菌感染性皮肤病，春夏季节，一些特殊人群，比如煤矿工人、建筑工人、运动员等人群的患病率更高，还包括一些爱运动的学生，其中，以中青年男性更为多见。这些人由于工作等原因会长期穿胶鞋、球鞋等，双足经常被鞋袜包裹，密不透风且汗液蒸发困难，这为真菌生长创造了良好条件，就很易感染足癣。

许多人认为足癣是小毛病，只要到药店买点药擦擦就行了。实际上，这种看法是错误的。足癣虽然不会危及生命，但是在症状严重时可以出现继发细菌感染，甚至引发下肢丹毒。另外，足癣还具有传染性，能够自身传播，比如传染到手引起手癣，传染到指甲引起灰指甲，或者传染给家人，一家人都患有足癣的情况也并不少见。

足癣看起来是小毛病，但是难以根除。足癣不易治愈的原因有多方面，比如有患者接触环境中的致病真菌、不注意个人卫生等。尤其是在夏天，一些公共场所如桑拿房、健身房、游泳池都是足癣传染的高发地。

为了健康和美丽，我们不得不去在意许多细节，俗话说“千里之堤，毁于蚁穴”，我们不能因为细节的微小就忽视它的存在，很多时候，它就是那只毁掉你身体健康的“蝼蚁”。

7 女人爱家从关注细节开始

心中有爱，就从爱家开始，爱家，就从关注家中的每个细节开始……

家，对于女人来说是稳定人生的开始，家，是和爱人、孩子共同居住的空间,有了女人,家才会完整。作为一个家庭的女主人,对于自己房子的每个细节想必都了如指掌,可是,肯定有些东西是你还不清楚的,那么千万不要让这些细节影响你家庭的幸福和快乐,既然爱家,就从关注家中的每一个细节开始吧。

室内花多眼睛累

很多人在装饰房间的时候,喜欢摆一些漂亮的花,也有些女人天生爱花,把房间弄得像个花的海洋,漂亮至极。但是你知道吗,太多的花不仅会破坏室内环境的整体感,而且对身体并不好,尤其会让眼睛时常处于疲累状态,晚上在停止了光合作用之后,它们还会和人抢氧气。所以室内最好多选用绿色植物,并且摆放要少而精,这样才能起到美化环境和净化空气的作用。

把阳台当厨房很危险

有一些人因为住房面积比较小,就把阳台改成厨房,把厨房改成卧室,而很多住房面积够大的女性为了使家里显得空间更大也采用这种方法。虽然她们想要的效果的确达到了,然而安全隐患也大大提高了。一来把灶具放到阳台,冬季容易冻裂管线,引发安全事故;二来在春夏多风季节,容易把火吹灭,造成燃气泄漏。与生命安全比起来,那一点点空间也算不了什么,作为一个家庭的女主人,一定要把家人的安全放在第一位,家庭的完好才是幸福的源头。

装饰房间,少用油画

随着人们精神生活的逐渐丰富,不少女性选择油画作为家中的装饰品,想想在自己的小家里就能看到大师们的作品,真是睡觉都要偷着乐呢。只是油画固然可以陶冶人的情操,但油画颜料中含有一定量的可溶锑、砷、钡、铅、汞、硒等元素,如果被人体过量摄入,会危害健康。所以房间中的油画尽量要少,一两幅就可以了,如果像开画展那样多,不仅分不清主次好坏,而且每天被有害气体刺激着,真不是什么美事。

还有与油画如出一辙的壁纸,虽然壁纸本身并无大害,但是粘贴壁纸的胶却含有大量刺激的化学物质,对人体有害。因此壁纸最好不要铺满整间屋子,选择一面墙或者局部粘贴最为稳妥。

卫生间太潮易得病

卫生间本就是一个排除体内垃圾和清洁身体的地方,往往也是家中水最多、最潮湿的地方。一般人的家里都只有一个卫生间，不仅要供全家人使用，家中的拖把、抹布等也都放在里面，如果你是个懒女人，喜欢把湿拖把等放在卫生间里，就很容易使真菌滋生、繁殖，诱发呼吸道疾病。所以，湿拖把应晾干后再放入卫生间，下水道也要保持畅通，还要勤开排气扇，为厕所通风换气。

如果你是个足够细心的女人，你会发现细节无处不在，却常常被我们忽略。细节需要仔细观察，仔细思考，认真把握。观察细节不能凭经验、凭主观，尤其对待家中事务，更不能粗枝大叶。作为一个爱家护家的好女人，要懂得从全家人的角度去考虑问题，不能率性而为，更不能盲目冲动。

在家庭中，没有战场上的刀光剑影，没有工作中的竞争攀比，成与败不在于装修有多豪华，更不在于房间面积有多大，最重要的就是一家人的平安和快乐，这也是一个女人最大的成功和幸福。我们从细节中体悟到的东西，有助于我们端正认识，更新理念，有助于我们更好地对待生活。心中有爱，就从爱家开始，爱家，就从关注家中的每个细节开始，希望所有的女人都能从细节开始，守护好自己最爱的家！

第2章

美人无瑕，“粗”女人没人爱
——女人的形象因细节闪光

女人如花，花样的女人需要美的衬托，很多女人花尽心思打扮自己，自我感觉很好地出现在众人面前，却往往不一定会得高分。女人的形象是与人接触中给别人的最初印象，而一个细节的破坏力足以影响到你的整体形象，比如有的女人漂亮的高跟鞋上面黏着37号的尺码标签，别人只会记住她是一个穿新鞋不撕标签的女人，至于其他，可能全都忽略了。因此，做“面子工程”要尽量做到细处，只有从细节着手，才能展现出一个女人完美的形象……

8 女人该怎样穿着工作装

爱美的女人却不得不在工作期间身着工作装，真是一件让人不快的事情，然而制度必须要遵守，那不如就在细节上做点文章吧，只是这“文章”也不是随便就能做的。

职场女性有让人羡慕的工作环境，而不少公司为了形象统一和工作方便，往往会给每个员工定制工作服。女性的工作服大多以套裙为主，款式和颜色都比较端庄、稳重，如果女性在穿着工作装时多注意细节，会为自己的整体形象加分。

工作服不要随意穿

工作服是公司给予员工的一种便利，即使你很为自己所在的公司而骄傲，甚至因为穿上印着公司大名的工作制服更是有一种超人的优越感，但是如果在非工作时间，你还是要收敛一下，不要穿着工作服到处招摇。工作服是为了方便员工的工作，因此只适宜在工作岗位上穿着，下班后应立即换上便装。不要穿着制服逛街、就餐、娱乐，尤其是公职人员更要注意，如果你穿着工作服惹出些麻烦，破坏了单位形象，相信后果是你不愿意看到的。

餐饮行业工作服穿着要注意

对于在餐厅等服务行业工作的人员来说，穿工作服更要注意一个细节：不要穿着工作服进出公共厕所，这样可能会让顾客对餐厅产生不好的印象，并且对食物的卫生产生怀疑。对于美容、饮食等对卫生要求较高的行业，工作人员出入公共场所，要先换下工作服，以减少与细菌的接触时间和范围。

女性穿工装不要乱搭配

女性都爱美，职场女性也是如此，大多职业女性上班时间都会画一些淡妆，一方面美化自己，另一方面也是对顾客或客户的尊重。如果你上班时要穿着工作服，一定要保证制服的干净整洁，很多人把工作服当做是上班时穿着的“围裙”，什么脏东西都不怕，甚至因为工作服一般都是两套，换洗不太方便，于是一两个月才洗一次。就算你美若天仙，若是穿着这样的衣服工作,也不会有人愿意接近你的。再者,工作服本身就是规范工作人员整齐穿着的一种方式,但是有些女人爱美,总喜欢带一些大耳环、大手镯或者有个性的项链、挂坠等,既破坏了公司整体形象,也使自己变得不伦不类,更不像是工作人员。

穿工装要配淡妆

可以说淡妆是对每一个女性工作人员的规定,不单单是穿工作服时。有些爱美女性因为单位明确规定不能浓妆艳抹、不能佩戴不协调饰物,便喜欢在指甲上做文章,虽然美甲是种艺术,也能给人一种美感,但过于夸张的话终究是不适合工作的,想一想长长的指甲加上亮片,你还敢肆意地翻阅资料吗?当然更不要涂鲜艳的指甲油,否则很容易给人以轻浮的印象。

9 东方女性穿衣守则

东方女性的美,要通过适当的服装才能衬托得出来;东方女性的韵味,要搭配适合的颜色才能与之匹配;东方女性的衣服,是最讲究最深奥的艺术。

我们都知道,在世界的各个大陆板块上分布着不同肤色的人群,欧洲女性皮肤白皙,面部轮廓深而有立体感;非洲女性皮肤黝黑,却透着几许健壮;而亚洲女性大多是黄皮肤,五官也略显扁平。当然,无论你属于哪一种肤色,都有追求美丽的权利,都可以通过适合你的服装来突出自己的美丽。

一般来说,服装颜色可以根据不同的性质来分类。红、黄、橙及相近的色彩为暖色,暖色显得热烈、奔放,给人以热情的感觉;青、蓝色是冷色,冷色显得沉静、庄重。颜色还有按深浅之分,深色显得安定、沉着;浅色显得文雅、大方,给人以寒冷的感觉;而绿色、紫色属于中间色。当然,每个人都有自己喜欢的颜色,你选择的衣服颜色往往暗示着你的心情、性格和好恶等。各种颜色如果搭配得当,可以把你装扮得更加妩媚动人。

东方女性多为黄色皮肤,黄色皮肤只要深浅适中,配色的选择是很多的,只要避免使用灰度、彩度与皮肤的颜色很接近的颜色,几乎任何颜色的服装皆可搭配。但是我们经常看到有些女性穿着咖啡色或米黄色、奶油色外套，虽然衣服本身漂亮，但总给人一种不够健康的印象。这是因为米色、咖啡色等与人体皮肤色感接近，不能衬托出人的精神。黄皮肤的人一般穿青色系服装会比较受欢迎，当然，如果你非常喜欢米色衣服，但是又不太适合穿它，就可以用其他颜色的丝巾或披肩来调节，达到表现魅力、心情愉快的效果。

虽然东方女性以黄肤色居多，但是人与人之间皮肤颜色的差别还是很大的，有些女性虽然也是黄种人，但皮肤比较白皙，这种白里透红的肤色在东方的女性中，也是大有人在。这样的肤色可谓得天独厚，搭配任何颜色的服装皆适合，所以尽可在颜色选择上更大胆一些。特别是高明度的浅色调，如粉红、淡绿、浅紫、水蓝等都特别适合白皙皮肤者来穿着。

在东方尤其在中国，黑皮肤的女性还是比较少的，有些女性并不是天生的黑皮肤，而是皮肤颜色比较暗沉，这样的皮肤要尽量避免穿着暗色调和与皮肤同色系的颜色服装，最好选用颜色明度高的或者鲜艳的服装。并且现代社会化妆技术已经非常成熟了，女性可以利用粉底来改变自己的肤色，提高透明度，这样可以加大自己对色彩的选择范围。

服装颜色的选择不仅要看自身皮肤的颜色，季节和天气也是要考虑在内的细节因素。一般来说，冬天选择暖色，给人温暖的感觉；夏天选择冷色，给人凉爽的感觉。服装的颜色要用得协调，穿着要大方得体。

在服装色彩搭配方面，一般是以一种色彩为主色调，再配上深浅不同的接近色，给人一种协调的层次感；或者也可以在一种主色调的基础上，运用少许对比色调，给人一种视觉冲击和优雅大方的感觉。当然，对比过于强烈的颜色，最好不要在日常生活中穿着，这种色彩最好留给特殊的节日和场合。

如果服装色彩选择不适合，或多或少会影响女性的仪表美，但无论你选择何种颜色，都要结合自己的心情，以健康快乐为主。

有些年轻人追潮流，赶时髦，喜欢颓废的感觉，总是穿着一些纯色和暗色调的衣服，要知道衣服的颜色是可以影响人的心情的，如果你经常穿着黑色等深沉的颜色，会变得抑郁，没有生气，所以建议年轻女性还是多选择活泼、阳光的颜色。年轻就应该要张扬一些，鲜艳的色彩才符合你们花一般的年纪,让自己的心情也跟着美丽的色彩明亮起来。

10 领型与脸形的搭配技巧

同样的衣服为什么穿在不同的人身上就会出现不同的效果呢?相同的服装为什么给两个身材相似的人穿也会出现美丑的分别呢?这是因为虽然身材可以相似,但是每个人的脸庞与别人还是有很大区别的。

人的脸形大致可分为圆脸、方脸、长脸、尖脸四种类型。每种脸形都有自己的优点和缺点,所以往往与之最接近的领口形状可以起到美化脸形还是丑化脸形的作用。在各种脸形中有一种椭圆形的脸,俗称鹅蛋脸,算得上是最完美的脸形,通常不需要任何修饰,各种领型都适合。但是,圆、方、长三种基本脸形在不同领型的衬托下都会有一定程度的视觉改变。

女性在选择服装时一定要把这个因素考虑在内,领型选不好,再漂亮的衣服也穿不出美感来。领型一般分为方领、圆领、V字领和一字领,领型的不同不仅决定了衣服款式的不同,也可以代表着不同的地域特色和民族风情,是决定服装整体风格和效果的一个非常重要的细节。

如何准确把握自己的脸形特点,并选择适合自己脸形的服装,是对女性穿衣风格的重要考验。

圆脸。一般来说,圆脸形的人都比较胖,或者会有一些婴儿肥,脖子显短。带圆圈图案的高领或横开的窄领领型是圆脸人的禁忌。领口太小就会把面部显得更加宽,脖子显得更短,很不好看。圆脸的人一般比较适合穿V字领和长方形领口的衣服,无领或矮领以及领口稍下的尖领服装也都很不错。这些领型一方面能够使脖颈、锁骨和部分酥胸袒露在外,充分展现女人的性感和魅力;另一方面领尖自然下垂,起到拉伸脸部轮廓的作用,人看起来也会显瘦。但这种领型配合下巴较尖的脸形可能会适得其反。

方脸。方脸也被称为国字脸,比较方正,给人一种棱角分明的感觉,一般来说,男性中方脸形比较多。对于方脸形的女性而言,在选择领型时尤其要对这一点进行修饰,尽量选用可以减少脸部棱角感的领型,圆领光滑圆润的弧度最为柔美，根据弧度大小的不同可以柔化脸部轮廓，是最适合方脸形人的。选用外衣和衬衣时，以领口开得深一些的圆领、尖领为佳，如双翻领、青果领等，不宜采用方形、横向圆领口服装，因为这些领型会加重脸形的棱角感。

长脸：长脸形的人最希望的是让脸看起来不要太长，所以切忌采用长型、或狭长型等容易在视觉上夸大脖子与脸形的长度的领式。应多选用能使颈外露较少的领型，开领越浅越好。一字领就比较适合长脸女性穿着，一字领与其他领型相比开口位置较高，呈一字型的肩部线条可以增强水平感，减少纵向拉伸，从视觉上缩短了脸形。除此以外，圆披肩领、圆领等也是适合长脸女性采用的领型。

尖脸：尖脸也就是很多女人都羡慕的瓜子脸，瓜子脸比起前三种脸形都更容易搭配服装，几乎任何领型都可以搭配。

11 女人，不要忽视内衣的魅力

内衣是女人的专属品，它给予女性无限美感，内衣的魅力，只有女人自己才能体味。

内衣是穿在衣服里面的，它被外面的衣物遮挡住，不会轻易示人。但即使这样，内衣的魔力也紧紧吸引住了每一位爱美的女人。

每个人都说"女人要爱自己"，那么女人该怎样爱自己呢？当然是让自己身体得到最好的呵护。女人的胸部是女性性感的特征，拥有傲人的胸部是大多数女人的追求，如果在不伤害身体的情况下来美化自己，相信每个女人都会选择内衣来帮忙，况且，它也是塑造女人胸型的宝贝。

对于女性来说，在不同的季节、不同的场合以及不同的服装搭配，对于内衣常常有各种不同的需要，因此每位女性都有多种不同款式、色彩、面料的内衣。但是，在选购内衣的时候，以下这些小细节你注意到了吗？

内衣的面料

内衣的面料一般采用纯棉、莱卡和丝绒等。其中莱卡、棉质感细密薄滑，弹性极好，被称为人体的"第二皮肤"。然而要说舒适感还是以纯棉为最好,纯棉布也是内衣最常使用的材料。棉布本身具有独一无二的透气性和天然性,使穿着感受绝不同于其他面料。并且平纹棉布的印花效果和针织棉布的染色效果,都有一种天然纯朴和青春气息,为其他面料所难取代。丝绒具有棉布所没有的典雅华贵,而其天然的滑爽感,也是莱卡所缺少的。涤纶、尼龙、氨纶类化纤原料,弹性方面较莱卡差些,但仍具有各自的特性。女性在挑选内衣时应该注意面料及其性能。

内衣的质量

内衣是女人最贴身的衣物,与女人的身体零距离亲密接触,所以舒适感是最重要的。一些工薪阶层的女性,对内衣的要求不高,经常购买一些处理品或者廉价内衣,要知道这些没有品质保证的内衣不仅对你的身材起不到修饰的作用,严重的还可能会影响你胸部的发育。俗话说"一分钱一分货",质量好的内衣不仅杯型好,穿着舒适,穿着时间也比普通内衣要长久,在清洗晾晒的时候也不容易变形。

内衣的形状

很多女人在选择内衣时,喜欢穿一些紧身的、能够把胸部挤得高挺的内衣,虽然从外表看很美,但却委屈了自己的胸部,而且穿戴时间过长会影响胸部的血液循环,长时间的挤压很容易让胸部走形。有关专家说:"松松垮垮的内衣,穿了和没有穿一样,缺乏有效承托、支撑,既无助于修形,也无法帮助你进行长期的体形保持,还会给人造成不精神的感觉;而过于紧束的内衣,不仅不会突出身材曲线的美感,还会在身体上勒出痕印,造成赘肉感,在内衣外的肌肉还会逐渐向下沉降;不适合自己身材的内衣款式,即使外形漂亮,穿在自己身上却未必好看,因为内衣的款式不同,实际功用也不同。"

你的年龄

年轻的女性主要注重内衣是否真正能够对"美体"有所帮助;怀孕后的少妇宜穿用宽带、松紧自如的文胸;分娩后一个月的产妇宜穿用背心式文胸;孩子满月后,则应注意文胸是否对产后的体形变化有修正功能;中老年妇女由于年龄的关系,应把健康放在第一位,注意内衣在"修形"的同时,更考虑对健康是否有真正的帮助。

你的胸型

圆盘型。乳房隆起不高,但底部不小,东方女性多属此类。建议选择1/2罩杯或有插片的文胸,增加胸部丰满度。

圆锥型。乳房隆起较高，底部不小，但整体挺拔，呈圆锥状。建议选择3/4 罩杯的文胸，能有效地衬托乳房。

半球型。乳房隆起较大，饱满，是理想胸型。建议选择全罩杯文胸。

纺锥型。乳房隆起较高，底部不大，乳房向前突出并稍有垂感，像纺锤。建议选择 3/4 罩杯或全罩杯的文胸。

下垂型。乳头指向地面，呈下垂状。建议选择 3/4 罩杯、较宽肩带设计的文胸。

外扩型。双峰向两侧外扩，不集中。建议选择中心集中的文胸，如 5/8 立体罩杯或 3/4 罩杯。

季节

夏季出汗较多，女性应穿戴纯棉、漂白布或府绸布面料的文胸；春秋季可穿戴涤纶面料的文胸；冬季宜穿戴较厚实的或衬有海绵的文胸。若乳房不丰满或者左右乳房的大小明显不对称，可选用衬有海绵的突型胸罩。

旧内衣要及时舍弃

内衣穿旧了要及时更换，质地不好、过旧或者已经变形的内衣，由于材料缺乏或失去弹性，胶圈发生扭曲变形，没有包容力，起不到很好的承托、修体作用，如果不及时更换，不仅不会美化身材，还会对身体造成伤害。

不少女性对买内衣很上瘾，喜欢购买很多不同的内衣，当然如果自己喜欢而且有能力购买，这无可厚非，但是你真正了解自己的胸部吗？答案很可能是否定的。很多女性都是盲目地选择内衣。女性一定要注意，在购买内衣之前，要充分了解自己的胸型、胸围，并且并非只依照尺码来买就可以了，还要看罩杯的大小。还有些女性的皮肤对蕾丝过敏，那么就不要光为了性感和漂亮而牺牲自己的皮肤。

愿所有的女性都从爱护自己的胸开始，从穿着最舒适的内衣开始，成为一个漂亮、健康、有品位、有内涵的女人！

12 女人夏日防走光妙计

短衣、短裙、抹胸礼服，爱好一身短装打扮的你是否经常为走光而烦恼呢?想要清爽与安全兼得,这些妙计你不得不学。

炎炎夏日,哪个女人喜欢厚重呆板的着装?青青草地上,哪个女人不希望自己成为那万绿丛中一点红?女人是夏日的天使,在火热的天气用短裙薄纱尽情展现自己。然而女性在爱美的路上却总为"走光"的问题烦恼不已,该怎样做才能摆脱"走光"的困扰呢?来看看这些妙计。

人们在日常生活中做得最多的几种动作无非是"坐、立、行、走、蹲、弯腰、抬脚"等几种,下面一一来介绍如何防止做这些动作时的"走光"。

坐

对于爱穿短裙的女性来说,"坐"还真是一个令人头痛的问题,稍不留神就会"走光"。有些女性在无遮无拦的沙发、椅子上很会保持淑女风范,对容易走光的部位也遮挡得较好,但是一旦面前有了桌子等可以挡住别人视线的物品,就喜欢无拘无束地把双腿分开,却不知实际上在离得稍远的地方,这样反而更容易让人看到裙下的"风光"了。

小锦囊:坐下之前先把裙子拉好,坐下的时候拿包包等物品挡住容易走光地带,迅速坐下。坐下时可以双腿交叉或者靠拢紧闭以防走光,当然跷腿时不能像很多男士喜欢的那样,把一只脚的脚踝搭在另一只腿上面,这样不仅不雅观,也很容易有走光的危险。刚开始很多女性很注意这一点,但是和朋友聊天聊到兴头上,很容易就忽略了,双腿自然而然地放松了,这样是不行的,身着短裙,一定要时刻保持紧张感。对于女人来说,坐下时不要整个身子陷入沙发中,也不要贴着椅背坐,最好只有2/3的臀部坐在椅子上,这样大腿是向下倾斜的,有助于防止走光。

站立和行走

一般而言,站立和行走时面临的走光问题比较少,但是并非没有走光的危险。一些女性在从座位上站起来的时,拿起东西就走,怎知裙子在刚才被坐得皱皱巴巴,本来短裙的长度刚好能够盖住臀部,这下裙子变得更短了,怎能不春光外泄呢?有的紧身超短裙为了走路方便,采用开衩设计,女士在穿着这种裙子时要多加注意,一方面起身时要注意开衩处有没有内折或者外翻;另一方面走路时要合拢双腿,步伐要适中,过大的步子也可能让你成为"风景"。

小锦囊:起身之前先查看,起身之后先把裙子拉平整好再迈步,步伐要小要优雅。

蹲

如果穿裙子，下蹲时面临的问题比较大，如果姿势不当的话就很容易走光。而且穿着低腰裤下蹲时也常常会出现露出内裤等尴尬、不雅的情况。

小锦囊：下蹲时双腿靠拢，一腿平蹲，另一条腿向下尽量靠紧，同时双手抹平裙子并遮挡双腿间可能露出的缝隙。这样的做法，既可以有效地防止走光，而且使人展现出很好的仪态。如果是物品掉到地上，最好求助周围的人帮忙捡起，如果必须自己亲自拾取，动作要迅速，不给那些偷窥者任何停留的时间。

弯腰

当女性上身微倾或弯腰时，由于领口较低或者宽松，很容易暴露胸前“春色”。同时，如果身着短裙，弯腰过度也会走光。

小锦囊：女性朋友在弯腰时，要用一只手挡住前胸，防止胸前走光。身着短裙时切不可翘着臀部直接弯腰捡东西，应该先蹲下，再用手挡住胸前，迅速地拾起掉落物品。

抬脚

抬脚这个动作往往容易被人忽视，在不同场合要区别对待。

上车时。如今交通发达，公交给人们的出行带来了便利，但是女性在乘坐公交车时，怎样才能避免走光的危险呢？上车时因为台阶过高，你也不得不跟着做高抬腿的动作，对于穿着短裙的女孩子来说，这可是个危险地带，很容易就“春光乍泄”了。

上楼梯时。现在的商场一般都有滚梯和直梯两种，乘坐滚梯时和上公交车一样，抬脚迈步要遮挡，站好之后要注意自己的站姿，否则你在上，下面的人很容易看见一些不该看到的东西。

小锦囊：上车、上楼梯、登高的时候，将裙子稍微折叠裹住双腿，如果是超短牛仔裙等，最好用随身的包包、外套、书本等物品遮挡臀部，防止尴尬情况出现。

其他情况

镜子和玻璃是很神奇的东西，女性在乘坐透明观光梯、走在四面都是镜子的地方或者玻璃地板上时，要格外注意这两种东西的透光和反射作用。走在人多的公共场所，忽然一阵风来，裙子被无情地掀到头顶，该是多么尴尬的情况呀，所以女性在遇到风比较大的天气时，一定要多加小心。

教你一招

很多时候，光靠我们的姿势和高度注意还是不能完全地“防止走光”，这时，不妨试试下面这些小物品，它们的出现可以起到事半功倍的效果。

安全裤。在穿着迷你裙、短裙或高开衩的旗袍时，安全裤必不可少，它在内衣之外给了你多一层的保护，让你可以不必为“走光”、“露底”等问题时刻担忧。安全裤从外观上来说就像一般简单的紧身短裤，颜色丰富，可以根据外衣的颜色来选购，购买方便。

胸贴。也叫隐形内衣，看起来就像两片圆形的胶布，基本上是直接贴在胸部的，是保护上半身的最后一道防线。在穿着低胸、露背装或者一些比较裸露的晚礼服时，普通内衣不仅会露出肩带，颜色也不容易搭配，用上这种小小的胸贴，问题立刻解决，而且可以将上半身最容易走光的部位遮住。

透明内衣肩带。对于不喜欢用胸贴的人来说，透明肩带和透明内衣可以帮助你避免尴尬，这也是日常女性运用最多的“防走光”小物品。

肉色紧身衣：功用和上面几种一样，但是比胸贴和透明内衣保护更全面，更安全。

低腰内裤。在穿着低腰裤时一定要搭配低腰内裤，女性的内裤外露是很不雅观的，而且给人一种轻浮的感觉，还是应该精心挑选，保护自己的形象。运动型低腰内裤看起来比较健康，即使不小心露出来，也不会给人不好的印象。

衣物定位胶贴。可以全方位地防止走光，不论是衣领、背心还是文胸肩带，任何位置都可以使用它来防走光。衣服临时破损也可以用它来修补。其原理类似双面胶，可以把衣物和皮肤粘连在一起，但是性能优于双面胶，不仅更容易撕下、不损坏衣料，而且可以持久防汗4～8小时，保证全天使用不走光。

13 女人穿鞋应注意事项

鞋子从最初单纯保护脚部的功能发展到现在，已经是人们生活中体现自我审美观的一种工具了。尤其是女鞋，款式之丰富，色彩之绚丽，让每个爱美的女性都为之痴狂。

鞋的种类丰富，比如皮鞋、运动鞋、休闲鞋、雨鞋、板鞋、高跟鞋、平底鞋、凉鞋、拖鞋、靴子等。除了不同季节要选择不同功能和款式的鞋子之外，还要根据个人喜好、与衣服的搭配以及要出席的场合等来进行选择。

鞋子虽小，但是对整体形象却有很大影响，对于职场女性来说，脚上的鞋子更不能随意穿，不仅要和自己的职业、身份相匹配，还要对整体造型有一种提升作用。当然，任何鞋子的首要功用还是保护我们的足部，所以鞋子的舒适度对每个女人来说都是至关重要的。在选择鞋子的时候，应该注意这些方面的细节。

怎样的鞋子才算舒适？

职业女性的工作时间一般为 8 小时，若赶上加班时间还要延长，因此鞋子的舒适度十分重要。一双不舒适的鞋子会使脚部受到不当的压迫、束缚，工作自然会受到脚部不适的影响，长时间穿着这样的鞋子，会使脚部变形以及产生水泡、老茧等，使本来漂亮的脚丫变得难看丑陋。

因此女性朋友在选购鞋子时，应把舒适度作为第一要素考虑，一般来说，人的脚在下午会有略微膨胀，因此此时选购鞋子，比较能够选到适合自己的。很多人在购买鞋子时，喜欢到品牌店和专卖店，专业品牌的鞋子质量有保障，款式也新颖，做工也信得过，但是否舒服，一定要试过才知道。

每个人的足部都有自己的特点，足部有扁平足和弓足之分，扁平足的人穿着高跟鞋会比较累。有些人的脚后跟比较浅，所以在穿船鞋的时候经常有不跟脚的情况出现，这样的女性在挑选鞋子时更要注意，不跟脚的鞋子不仅难穿，还很容易磨脚。不要单纯为了漂亮而选择一些很时尚的鞋，只有适合自己的才是最好的。穿上一双舒适的鞋子，走起路来才会轻松、愉快。

鞋子的穿着有讲究

夏季天气比较炎热，因此很多女性喜欢穿凉鞋去上班，事实上，在严肃的工作场合中，露出脚趾会对个人形象造成负面影响。另外，有些女性坐着时容易把鞋脱离脚跟，类似“半穿鞋”，甚至干脆脱掉鞋子，这些都是极端不雅的形象。

在鞋子颜色的选择上，以黑色、咖啡色、土黄色、灰色和米色等中性色彩为好,这些颜色给人沉着、冷静、干练的印象,是上班族女性的最佳选择。颜色鲜艳的鞋子最好少穿,如果不是节日或者参加特殊活动,还是以素净为上选。

女性在选购皮鞋时,最好选择全“真皮”的鞋子,也就是鞋里、鞋面、鞋跟都是真皮制成的。真皮鞋具有吸汗的功能,且曲张度好,可提供脚足够的呼吸空间,穿起来不但舒适自在,看起来也非常有质感,优于布面、人造皮的材质。

鞋子的保养

任何鞋子都不是永远穿不坏的,在外面忙碌了一天,鞋子上肯定会有灰尘、污垢,因此回家之后要好好清理。再好的鞋子若不精心打理、保养,也会很快变形,失去它原有的价值。皮鞋要经常用鞋油擦拭或保养,用废旧报纸塞到鞋内保型。

鞋子和人一样,也会呼吸,也知道累,所以不要长时间穿着一双鞋子,两三天就要让鞋子休息一下,以便恢复原有的柔软度和弹性。

如果鞋面、鞋跟已经磨损,应该马上拿去修理,不要以为别人不会在意你脚上鞋子的小瑕疵,也许,除了你自己,别人对你的任何缺点都看得清清楚楚。

鞋子的选购

我们在购买鞋子时,要注意以下几点:

理想的鞋跟高度在2~4厘米之间,最好不要超过6厘米。鞋跟与足底凹陷处的弧度必须合脚,踝骨与脚尖不应该直接碰触到鞋子。脚尖要有一定的摆动余地,而后跟不能摆动。

鞋的重量每增加1克,对足部造成的负担相当于在人的脊背上增加几十克的重量。因此,应尽可能选择轻巧的鞋子。

正确的鞋子应该从购买的那一天起就合脚。不要妄想多穿两天它就不磨脚了,在一次次痛苦的磨合过程中,你的脚会出现许多问题,甚至会变形,以至于今后再也不能适应任何一双好鞋。

第 3 章

气质如花，绽放出鲜活的魅力

——女人的气质在细节中提升

气质的提升不能移植复制，也不可能一蹴而就，必须有内涵及阅历积淀，气质才可以在举手投足间流露出来。女人的气质并非是那些出身豪门或者地位显赫的人才能拥有的，也不是必须有超人的学历、非凡的思想；女人的气质，是对待生活的一种态度，是女人不经意间流露出来的才情。女人若要拥有姣好的气质，必须要做到不媚俗、不盲从、不虚华……

14 女人别忽视微笑的魅力

微笑不仅能够帮助我们度过挫折和困难的日子,也有助于减少抑郁,可以放松心情并暂时远离生活的烦恼。

女人总是喜欢用化妆品和漂亮的衣服来装扮自己,但是你们知道吗,一个人的面部表情比穿着更为重要。有人说"微笑是世界上最美的表情",而女人是世界上最爱美的,所以女人的微笑拥有着无穷的魅力。笑容能照亮所有看到它的人,像穿过乌云的太阳,带给人们温暖,真诚的微笑能使别人快乐,使自己得到幸福。一个微笑往往比华丽的外表更让人喜欢。

在一个宴会上,有一名宾客——一个获得巨额遗产的妇人,由于她急于留给每一个人良好的印象,因此花费了很多金钱在她的貂皮大衣以及钻石、珍珠首饰上面。但是,她对自己的面孔,却没有下过什么工夫,她的语言尖酸、为人自私。

这个贵妇人企图用满身的珠宝来赢得大家的赞赏,却不懂得"一个女人的面部表情,比她身上所穿的衣服更为重要"。金钱或许可以带给你权利、满足你的欲望,但是也可能把你和朋友变得疏远,而微笑恰恰是一座桥梁,使你能够亲切、和善地融入朋友之间。蒙娜丽莎的微笑是美丽的,也许我们无法笑出她那样的高贵和恬静,但是我们可以笑出内心深处的善意以及对生活永远饱满的热情,一个微笑只是嘴角向上翘一翘,而它的力量却是每个人都难以想象的。

冰洁是一个事业有成的职业女性,从小继承了数目庞大的家产,使她年纪轻轻就已经是数家公司的老板,是大家都羡慕的女强人。

她虽然聪明、有才能,但也有一个缺点——那就是从小养成了颐指气使的大小姐脾气,追求名牌,自负。她身上总是穿着至少数万元的套装,手腕上也不停更换着各种世界名牌的手表,钻石项链和耳坠更是数不胜数,名牌包包更是几天就换一个,一切使她看起来确实颇为招摇。而且,她平时为人也非常傲慢,只为自己着想。所以,大家都不喜欢她。

但是在经历了一件事之后,她却有了惊人的变化。平时总是身穿名牌的她,竟然开始穿起了普通的T恤;手腕上也不再佩戴名表,而换了一只极便宜的石英表。她对别人的态度变得很随和,脸上总是带着微笑,这微笑使她看起来美极了。

事情是这样的:

一个月前,身穿名牌服装的冰洁,打算去一家大型百货公司为躺在病床上的母亲买一件礼物。由于母亲这两天病情有了转机,因此她的心情特别好。

当她停好自己的宝马车,准备走出停车场时,突然有一个身材矮小而且粗壮的男人,从侧面猛力地撞了过来,不仅没有道歉,还非常无礼地瞪着她。按照她平时的习惯,肯定会冲上前去理论一番,但她那天心情比较好,况且是来为母亲买礼物,所以她并没有发火。甚至,她像一个老朋友般地向那个男子点头微笑,并说了一句:"对不起!"

看到她微笑的表情和那一句"对不起",那个凶狠的男人似乎有些惊讶,并露出了一种不可思议的表情。就在那一瞬间,他凶恶的表情渐渐软化下来。突然,他转身向外跑去。

冰洁当时感到有些莫名其妙,也没有在意。后来才发现,手腕上的香奈儿手表已不知在何时不翼而飞。

回家后冰洁看到晚上的新闻报道,在当天中午,在某商场的地下停车场里,发生了一起重大劫案。劫匪砍伤了一个驾驶着豪华跑车的老板,抢去了许多贵重物品。

当屏幕上播出这个劫匪的照片时,冰洁发现,原来正是那个无礼碰撞自己的男人!显然,当时如果冰洁与他冲突起来,极可能也会被劫匪砍伤。

望着事主满脸鲜血的惨状,她不禁想到,究竟是什么救了自己,让这个凶狠的劫匪愿意放弃呢?

也许就是她当时的微笑——像朋友般真诚的微笑。

是微笑感动了凶恶的歹徒,是微笑救了冰洁的性命,这就是微笑的力量。试想,如果当时冰洁没有露出微笑而是大发雷霆,她会不会也如同另外一个被抢劫的老板一样,伤痕累累呢?

现代社会发展的速度飞快,人们行色匆匆、疲于奔命,很少有人能够安心地坐下来细细品茶、闲话家常,尤其对于职业女性来说,工作和生活的双重压力使她们每天在家和公司这两点一线之间奔走，无暇休息。邻里之间或许住了几年还相互不认识，朋友相遇也只是简单寒暄几句，同事之间更是打个招呼就过，似乎工作中只有严肃，生活中只有忙碌。女性朋友，为什么要板着你漂亮的脸蛋呢，即使生活和竞争激烈的工作压得你喘不过气来，也要试着微笑，对每个人微笑，对每件事微笑，不久你会发现，你的微笑像是冰天雪地里的阳光，融化了冰川，温暖了周围每一颗冰冷的心。

微笑不仅能够帮助我们度过黑夜和困难的日子，也有助于减少抑郁心态、放松心情并暂时远离生活的烦恼。美国科学家曾在《新科学家》上发表过这样一项研究结果：生活态度认真可以增寿 4 年，每天微笑能多活 7 年。既然微笑有如此大的作用，我们还等什么呢？微笑吧，对每一个人，要知道，善意是可以通过空气传送的，你的微笑换来的必定也是别人的会心一笑。

中国古人讲究“和气生财”，怎样才能和气呢？当然首先是要微笑。对于女人来说，未必会去经商，但一定会和钱打交道，想要“财源滚滚”，就请亮出你的“招牌笑容”，用你的笑容照亮所有能够看到它的人。女人要做发光体，应该让微笑成为你美丽的光源，女人，请别忽视每一个微笑。

15 让你的声音优雅起来

有人说：“女人的气质在她开口说话的瞬间，便能让人一览无余。”打造自己优雅的声音，培养自己高雅的谈吐，对女人来说是一堂必修课。

声音在人与人的交流和相处中起着巨大的作用，因此古人对动听的声音有“绕梁三日不绝于耳”的形容，而优雅的声音更有一种致命的吸引力，它或许不像百灵鸟的声音那样婉转动听，也不像女歌唱家的声音那样高亢悠扬，但是，它却能散发出一种能量，把周围的人深深吸引住。这是一种能力，是女人优雅的魅力。

语言是展现女性内涵的最佳载体，而优雅的声音能够提升语言的魅力。有人说：“女人的气质在她开口说话的瞬间，便能让人一览无余。”打造自己优雅的声音,培养自己高雅的谈吐,对女人来说是一堂必修课。声音可以动听,声音可以优雅,要做美丽女人,你该这样说话。

调整你的语速

生活中你肯定会遇到这样两种人,一种是说话慢吞吞,半天时间说不清楚一件事情;另一种是语速超快,好像你刚听到他的声音,他就已经说完了。这两种说话方式都会让人觉得不舒服,甚至会感到和这样的人交流是一种折磨,所以你在自己说话的过程中就应该多注意这个问题。可以看看电视剧中人物是怎样说话的,有时间可以模仿他们说话的语气和语速,通过反复练习找到一个适合自己的语速。

有意识美化自己的声音

当你在谈恋爱的时候,接到恋人的电话,一定是用很温柔很动听的声音说:“喂,亲爱的……”这时,不管你本身的嗓音是粗是细,是高是低,你都可以把自己动人的一面和对对方的爱意通过几个字、几个音节传达给你的恋人。为什么会这样呢?因为你已经在无意识的情况下美化了自己的声音,你想把自己的美好形象传达给对方,所以不由自主地就把精神集中在了一个较好的状态上,因此你也就让自己更有魅力了。

同样,在与其他人交流的过程中,你也可以通过控制自己的声音和语气来美化自己的声音,只是这次是有意识的罢了。哪个女人不希望别人喜欢自己呢?既然“女为悦己者容”,让你美丽的声音为自己加分,何乐而不为呢?

控制好音量

如果说声音的低沉、高亢我们无法控制,语速的快慢我们需要练习,那么音量的控制就取决于你的意识了。大家都知道,在医院病房附近要小声说话,以免影响到患者;在菜市场说话声音大些没关系,不然那么多吆喝声中别人很难听清你的声音;山里人说话都喜欢喊,因为距离太远,不喊就听不见。通过这些我们不难看出,音量的控制要看场合、看时间、看对象,具体的还需要你在生活中多观察,以别人能听清,又不影响周围人为原则进行调节。

发音要准确,吐字要清晰

发音准确,别人才能明白你说的是什么;吐字清晰,和人交流起来才顺畅。不论你说的是方言还是普通话,是中国话还是外国话,发音准确是必须的，英文中有很多词语发音很相似，若发音不准确就可能把意思弄混。针对这一点，平时可以多读读报纸，记得是“读”，要大声清晰地读出来，坚持下去，你一定可以做到“发音准确，吐字清晰”的。

一个人的嗓音是天生的，有的低沉，有的尖细，有的沙哑……然而你并非一生只能用一种声音，通过适当的练习，你可以通过改变发声的方法来让自己的声音更动听。优雅的女人要时时注意自己声音的力度、音色和速度。当然，要做到熟练地控制自己的声音，还应该多练习，只要你用心，美丽便属于你；只要你愿意，口吐幽兰又有何难？魅力女人应该让自己的声音也优雅！

16 梦想，让青春飞翔

女人的美丽，不仅来源于外在的超凡脱俗，还应该有一个富有爱和理想的精神世界。

纪伯伦曾经这样说：“愿望是半个生命，淡漠是半个死亡。美好的梦想使心灵充实，使生活多姿多彩……”女人注定要成为斑斓世界的主角，而青春让女人攀升到人生的顶峰，此时的女人娇艳如牡丹，芬芳如幽兰，淡雅似百合。梦想，让女人有了留住青春的冲动，让女人的青春成为无价之宝，真正聪明的女人不会只追求倾国倾城的容貌，她们知道只有梦想才是人生旅程的指路明灯，当一切的浮华淡去，只有梦想指引人们前行。

女人的美丽，不仅来源于外在的超凡脱俗，还应该有一个富有爱和理想的精神世界。这种精神更吸引男人，于是有了“秀外慧中”等一些华丽的辞藻，来形容对好女人的夸赞。灵魂的美丽源于对梦想的追求，只有将梦想坚持到底，女人才能焕发异彩！甚至可以说，梦想是支撑女人最重要的东西，梦想一消失，一切美好便随之消失了。曾经有这样一个故事：

一个乡下女人的丈夫被迫应征入伍，去前线打仗，之后不久她的儿子也被抓走了。丈夫和儿子是女人一生的希望，所以她日日坐在门口盼望他们回来，别人劝告她不要再等下去了，她的丈夫和儿子一定都死了。她告诉自己,她的丈夫和儿子一定还活着,她等了十年,她的丈夫和儿子都没有回来,别人说:“你的丈夫和儿子一定都死了。”她却告诉自己:“儿子一定是上学了,丈夫也一定没有离开他。”又过了十年,她的丈夫和儿子还是没有回来,大家都对着她唉声叹气,她却告诉自己:“儿子应该娶媳妇了,丈夫也应该还活在世上。”又过了十年,当年村里的孩子都有了孩子,她望着这些孩子,想自己的儿子也应该有孩子了,说不定自己的丈夫正抱着儿子的儿子呢。老妇人每天活在自己的梦想中,她感到很幸福、很满足、也很快乐。

另外一个女人,和老妇人的命运很相似,她的丈夫和两个儿子都去了前线,然而在前方带来了小儿子死讯的时候,她绝望了,她想丈夫和大儿子一定也已经战死,永远不会回来了,因此整天愁眉苦脸,唉声叹气,不久便因为伤心过度去世了。

两个境况相同的女人,因为梦想的不同而过上了截然相反的生活,这就是梦想的力量。

只有拥有梦想,人生的叶子才不会枯黄,女人应该和男人一样,做生活的强者,只要有梦想,女人一样可以展翅飞翔。有些女人总是活在浑浑噩噩和迷茫困惑之中,做任何事情都患得患失,总想依靠别人,不知道自己活着是为了什么。这样的日子过一天和过一百天又有什么区别呢?

没有梦想的女人就像失去翅膀的天使,无法感受到天空的美丽和飞翔的快乐。梦想是精神的力量,女人可以凭借对梦想的渴望站到世界最高处。

1998年7月21日晚在纽约友好运动会上,一名年仅17岁的中国体操运动员正在进行跳马比赛的赛前热身,在她起跳的那一瞬间,受到外界干扰,导致她动作变形,从高空栽到地上,而且是头先着地。从此,她离开了自己热爱的体操运动。但是,这个来自浙江宁波的笑容甜美的姑娘,并没有放弃希望与信心,她表现得非常勇敢,从未抱怨什么,从她身上我们能看到勇气。就算是知道自己再也站不起来之后,她也绝不后悔练体操,她说:“我对自己有信心,我永远不会放弃希望。”

她的坚强感动了整个中国,她就是桑兰。因为她的坚强、乐观,美国人称她为“伟大的中国人民光辉形象”。

每个女人都希望自己花容月貌、倾国倾城,希望自己拥有一个温馨的家庭,希望自己有一份令人羡慕的职业,女人天生就是爱做梦的。她们幻想自己生活的美好,没有风浪和坎坷。可是,天不遂人愿,每个人的一生都不可能是一帆风顺的。很多女人在生活中都会遇到这样或那样的困难，在困难面前，有人选择了屈服，有人选择了坚强。

只有拥有梦想的女人，才会选择无畏地同困难作斗争，因为有一个不屈的信念在支持她们。因为梦想的存在，让她们心中充满了希望。命运可以因为一个梦想而改变，一个有梦想的女人才有可能成为一个成功的女人，一个有梦想的女人才可能拥有一个完美的男人。拥有梦想，青春才能飞翔。

17 造就女人的仪态美

美是由内而外的，拥有姣好的容貌只能被称做漂亮，而拥有优雅仪态的女人才是美丽的。

女人是一道风景，这个世界若是缺少了女人将会变得黯淡无光。作为女人，一生都在追求美好的东西，但很多女人，在追求尽善尽美的过程中却误入歧途，忽略了美的本质：美是由内而外的，拥有姣好的容貌只能被称作漂亮，而拥有优雅仪态的女人才是美丽的。

一个女人想漂亮，可以通过化妆品，可以烫发，可以穿漂亮的服装，甚至在如今高科技的打造下，可以改变自己的容貌，而要提升一个人的气质却不是那么容易，有气质的女人有着无穷的魅力。漂亮女人可以吸引人一时的注意，而有魅力的女人却可以时时成为焦点。所以，女人一定要培养自己的气质。

年轻的女人，正是一生中最美的时候，她们拥有傲人的身姿，年轻的容貌，激情四射的活力。她们穿着名牌服装，出席各种宴会，曼妙的身影留在了每一个去过的地方。然而，你可否想到：任何美丽都不能够永远存在，年轻是资本，但是有期限。所以，女人必须要拥有除去美貌之外依然能够让自己骄傲的资本，比如学识，比如自信，比如修养，比如优雅的仪态。

所谓仪态，就是你举手投足间的礼仪和神态，它包括了日常生活中的各种动作，小到伸手去拿一件东西，大到参加一场表演或者演讲，都应该保持最优雅的仪态。具体来说，仪态分为以下几个方面。

表情

在与别人相处时,别人最先注意的就是你的脸,所以时刻保持微笑是与人亲近的最好方式。头是人最重要的部位,其传递给别人的信息也是最重要的。如果你害羞或者不自信,就会不自然地垂着头。如果你对对方的话题不感兴趣,就会表现出头部摇摆不定,眼神游移,这是对别人一种极大的不尊重,像这样的动作最好不要出现在你身上,一个年轻女性做这样的动作,会给人轻浮、不稳重的印象。所以在与人交流时,无论话题多么无聊,你也应该尽可能地让头部保持中立,面带微笑,给人一种你十分感兴趣的印象。和别人握手或交谈时,目光要和对方的目光接触,都说眉目传情,你的眼神不仅可以清楚地传递出你的喜、怒、哀、乐,也能够把你对别人的尊重、关心和谅解传达给对方。听人说话时,表情要配合对方话语的内容作恰当的回应,这样也可以增加别人对你的好感。

手势

手是非常重要的身体部位,人的身体除了头之外,恐怕手是最忙碌的了。大多数成功的女人在说话或演讲时都会有一些固定的手势,就算是在聆听别人说话,也会把手交叉半握放于胸前略下位置,这会给人一种不张扬而高贵的感觉。如今许多年轻女性,为了漂亮喜欢涂指甲或者做水晶美甲,看上去的确漂亮,但是切忌不要在与人交谈时摆弄你的手指,那样会让人觉得你轻佻,不尊重对方,是不礼貌的举动。

再者,指人或示物时,应伸右手,掌心向上,使人有被尊重的良好感觉。反之,用食指指示,那会给人轻率、不懂礼貌、不被尊重的感觉。要时刻注意手部的动作,比如在别人面前挖鼻孔、摸耳朵、揉脸、捂嘴、玩弄衣角等都是不雅的小动作。对别人说话时指手画脚、用手指点别人,都是不好的习惯。两条手臂交叉抱于胸前,表示你处于一种防御状态,会给人一种不易亲近的感觉。说话时两手叉腰或是扭捏不安,都是十分不雅观的,有这些习惯的女性一定要注意改正。

站姿

站立是一个女人最先应该注意的仪态。每个人都会站立,但如果要提升到仪态的层次,就需要一定的技巧了。

要做好优雅、自然的站姿,首先要使你的脊背挺、直、高。站立时,身体尽量放松、舒展,两腿直立,双膝并拢,收腹挺胸,不耸肩,不驼背,下颌微收,目光直视前方，这样会给人一种挺拔的感觉。也可以学习舞蹈言语的站姿和面部表情，并常常参照练习，相信不久的将来，你也可以站得“亭亭玉立、优雅动人”。

坐姿

优美的坐姿是女人必备的技巧，无论是在参加会议还是与异性交往，都需要表现出自己优雅的一面。坐姿要做到端正、自然、大方。坐椅子时，腰部适度挺直，以臀部为支撑点，使腿和上体配合协调；两腿自然并拢，也可以前后相掖，或收在椅下，或两腿平行并拢略前伸，也可以两腿并拢后可正放或略向斜侧；肩部要放松，双手交握放在膝关节上。与人交谈时，身体要适当前倾，这样既可以听清对方讲话，又显得谦和有礼。坐沙发时，要注意两脚的收放姿势，不要一直前伸，不要把头仰到沙发后面去。在社交和会议场合里，要正襟危坐，入座要轻盈，起坐要稳当，不要争坐猛起，否则有失体面和礼貌。无论在什么场合，切忌两腿分开，特别是穿短裙时，以免给人以轻浮的感觉。其次，坐着的时候切忌跷二郎腿、抖腿，这些都是坐姿中容易犯的错误，会让旁边的人感到不愉快甚至厌恶。“距离产生美”，与人交往时，不同的距离可以表现出双方亲密程度的不同。45 厘米以内是亲密距离，如果女性在与异性交往，一定要注意把握好这个度，否则一旦进入这个距离，很容易让对方感到压抑或产生误解；正常的社交距离应该保持在 150 厘米。

18 女人自信而不傲慢

在自信的女人眼中，你可以看到坚定而耀眼的光芒，但绝不会咄咄逼人，而是平和安详，让人感到舒服。

在我们周围，有很多这样的女人，她们或许没有迷人的外表，或许没有青春的年龄，但是她们却有自己独立的人格，拥有自己的事业和朋友。她们每天积极努力地工作和生活，带给朋友和家人灿烂的笑容、甜美的声音、诚挚的祝福。这样的女人不会因为丈夫冷落或离开自己就感觉天塌下来了，整天哭哭啼啼、怨天尤人,她们总是给人一种赏心悦目、如沐春风的感觉,她们深深地懂得,不经历风雨怎么见彩虹,她们清楚地知道自己的幸福只掌握在自己手中。

自信是一种可以使人内心饱满丰盈、外表光彩逼人的内在气质,自信的女人有"拥繁花似锦,坐看云卷云舒"的淡定气度。在自信的女人眼中,你可以看到坚定而耀眼的光芒,但绝不会咄咄逼人,而是平和安详,让人感到舒服。自信的女人,不管外表是美丽的还是平凡的,都要凭着自己的能力去生活,不依附于某一个男人,不会让自己的心情随着别人的心情而起起落落。做一个独立的个体,经济独立,事业独立,感情独立,这样的女人才会永远幸福快乐,这样的女人才是男人心甘情愿为之效劳、为之追逐一生的女人。

自信让你更美丽

练过舞蹈的女人一般都比较自信,因为她们接受过专门的心理训练:抬起头,挺起胸,对自己说"我很美,我是独一无二的"。果然她们就很美,美在形态上,美在神态上。一个对自己满意的人才会产生这种美感,自信的女人无疑就是这样的人,给自己以信心,然后给别人以信心,这个过程是欣赏美和接受美的过程。

美丽对女人的重要性不亚于财富之于男人,每个女人都应该找到让自己最美丽、最自信的方法。和爱人可能转瞬即逝的赞美相比,由你自己打理的美丽能带给你永远不会被摧毁的自信,所以,能让自己最自信的方法就应该是让你最美丽的方式,找到了它,就是找到了一生快乐的秘诀。

美丽与自信可以"以点带面",找到你身上最美的一点,围绕这一点坚持并且放大它,就能建立起自己的个人标志。这其中的奥秘远不止你想得那么简单,你的身份、职业不该成为限制你美丽的因素,却决定着你该以怎样的方式表达你的美丽,既然要选择"一点式"美丽,就更要有"一击即中"的把握。自信与美丽有因果关系,满满的自信让我们坚信,发挥自己的某一处优势就赢得满身的美丽;而那"一点式"的美丽也能帮助我们在寻找幸福、成功的征途上永远充满自信。

自信让你离快乐更近

你还记得在你年纪轻轻初恋失败的时候,你是怎么哭的吗?也许你是站在熙熙攘攘的大街上,或者靠在密友的肩膀上,号啕大哭,完全不顾及当时你的头发已凌乱，鼻涕眼泪控制不住地倾泻下来。失恋之后，你有很长一段时间不愿意照镜子，不愿意修饰自己，你自暴自弃，感觉生活失去了乐趣，结果垂头丧气的你也确实抑郁了很长一段时间。

而现在呢？自信成熟的你又遭遇了如此不幸，而你照旧在镜子面前细细地化好妆，按约定和闺中密友一同去了酒吧，你们漫无目的地闲聊，只是在一首首煽情的歌曲中，你不自觉地又红了眼眶，朋友为你递上纸巾，哽咽中，你问朋友的不是“感情为什么善变”，而是问她自己有没有变成“熊猫眼”。时刻保持美丽让你对自己充满信心，你相信离开你是他的损失，于是新的快乐也很快与你不期而遇。

自卑的人不会有快乐，因为不自信，会被淹没在别人成功的浪潮里，再也找不到自我，快乐自然成了一件奢侈品。所以学习让自己自信吧，它会让你离快乐更近一些。

保持自信的良好心态

一个自信的女人，一定要懂得如何保持良好的心态。自信的女人知道如何把今天的不快乐化解掉，以避免影响明天的心情。对于自信的女人来说，每天的日出都意味着新的开始，每天的早上都要用如花的笑脸迎接。当然，自信不是建立在虚无缥缈的空中楼阁之上，它是有感可触的。同时，自信的另一面又是脆弱的，它需要我们具备坚强的意志力。在某些特定的情境下，也许我们认为很难找到充足的证据和优势来证明自己，但其实此时你那种顽强坚忍的精神，就是你可以凭借的资本，正如戴尔·卡耐基所说：“表现得有自信就是真的有自信。”

与自信形影不离的一个优秀品质是谦虚。一位哲人说过：“谦虚是自信以本来的面目出现。”谦虚与自信是孪生兄弟，就像一枚硬币的正反两面。自信是相信自己，谦虚是尊重别人。一个内心充满自信的人，必定是个懂得欣赏别人、尊重别人的谦谦君子。爱自己，才会爱别人；悦纳自己，然后才能包容这个世界。一个自信的女人，通常也是有自知之明的人。她走过千山万水，尝过千辛万苦；她知道“人外有人，天外有天”；她知道未知的永远比已知的多；她知道没有完美的个人，只有完美的团队；她知道个人对于社会而言，不过是沧海一粟。所以她豁达、通透、谦虚。谦虚不是低声下气，更不是人云亦云；谦虚是一种内敛的做人智慧、一种圆熟的处世风格。就像冬日暖阳，虽没有灼人的光芒，依然能让人感受到温暖；又像是一把历经淬炼的宝剑,百炼钢已化作绕指柔。谦虚,是一坛陈年酒,只有曾经沧海的人才深知个中滋味。

傲慢是冒牌的自信

自信对每个人来说都很重要,但如果因为自信而让自己变得固执和傲慢就不好了。在很多时候,自信与自负只有一念之差,自信的人令人产生好感,自负的人却令人厌烦。傲慢是冒牌的"自信",是一种虚张声势。貌似底气十足,骨子里其实自卑。"一个自卑的人近乎于一个傲慢的人",心理学家早把这种人分析得透透的。傲慢者往往缺乏清醒的自我认识,常常坐井观天,自以为是。听到表扬洋洋得意,遇到挫折一蹶不振,情绪起伏不定,时常活在"别人的嘴里"。

当然,自信和傲慢既不是天生的,也不是一成不变的,而是一个人的经历和所处环境的产物。一次次的成功,一次次的鼓励,就会累积自信;同样,一次次的失败、一次次的批评,就会瓦解信心。而真正的自信者是那种身处逆境、在一片反对声中也从不怀疑自己的价值和判断的人。说到底,自信与傲慢都是一种习惯,这种习惯是一个人日积月累所养成的。所以,培养自信、克服傲慢绝非一朝一夕之功,需要我们从一言一行入手,从一点一滴做起,水滴石穿,功到自然成。虽然不容易,但只要你下定决心,你一定可以办得到!

19 宽容永远是女人可贵的品质

宽容是一种无声的教育。唯有懂得宽容的女人,才是高贵、有魅力的。

宽容是人类生活中至高无上的美德。因为宽容包含着人的心灵,可以超越一切。宽容是人类情感中最重要的一部分,这种情感能融化心头的冰霜。而缺乏宽容,将使个性从伟大堕落成平凡,甚至平庸。

宽容是一种无声的教育。唯有懂得宽容的女人,才是可贵、有魅力的。不求回报的给予,是以爱和宽容为基础。要取得别人的宽恕,你首先要懂得宽恕别人。尽管我们不求回报,但是美好的品质总会在最后显露它的价值,更让人感动。“责人不如帮人”，倘若对别人的错处一味挑剔、呵责，只能更加令人反感，而且可能激起对方的逆反心理并且一错再错。

深受广大观众喜欢的香港著名女艺人沈殿霞于2008年2月19日在香港辞世。她的谢世让很多人倍感欷歔，因为在她的身上有许多别人不具备的美德，最突出的一点就是，她是个很宽容的人，以能宽容别人而备受尊重。

当年，在沈殿霞是红透香港的金牌司仪的时候，与名不见经传且饱受生活打击的郑少秋一见如故，她不顾舆论压力，全力扶持郑少秋的事业并安慰他的情感，在与他相恋九年后毅然同他登记结婚，且不惜冒着生命危险为他怀孕生女，然而他们的女儿来到人世还不到两个月，郑少秋却移情别恋。他们十年情感一朝云散，最终以沈殿霞遭到沉重打击而结束。

多年以后，沈殿霞在TVB主持的谈话节目开播，第一期节目的第一位嘉宾就是郑少秋。两人相对而坐，待节目结束后，沈殿霞突然很意外地问郑少秋：“有个问题好久前就想问你了，今天借这个机会问你一下，你只需回答‘Yes’或是‘No’就好，这个问题就是：在多年以前，你有没有真心地爱过我？”郑少秋听后，几乎只是稍加思索，便坚定而认真地回答说：“我真的好爱你！”此言一出，沈殿霞立刻泪流满面，随即那幸福的笑容便荡漾在她迷人的脸上。仿佛历经多年的苦难和恩怨都在那句“我真的好爱你”这六个字中烟消云散了。

是啊，宽恕伤害自己的人是很难的，但能做到这一点的人却是高贵的。沈殿霞以女性不多见的博大的胸怀宽恕了曾深深伤害过她的人，也为自己创造了一个融洽的人际环境，她这种化怨恨为祝福的智慧确实令人惊叹。所以说，宽容意味着一个人能够使自己做到诚实、开朗，在生活中保持乐于进取的精神。宽容是善意的理解和爱的关怀，宽容的伟大在于发自内心，真正的宽容总是真诚的、自然的。宽容是一种充满智慧的处世之道，“吃亏是福”，即使自己遭到了误解、谩骂、忘恩负义，也不去计较，这种“吃亏”，其实就是一种宽容的智慧，以一种博大的胸怀和真诚的态度去宽容别人，就等于送给了自己一份神奇的礼物；宽容别人带来的愉快本身是至高无上的。

宽容是一种可贵的美德，没有人穷困到无机会表达宽容的地步，没有人能比施行宽容的人更强大、更自豪。一个人的心胸有多宽广，他就能赢得多少人的尊重，付出宽容，你将收获无穷。“世界上最宽阔的是海洋，比海洋宽阔的是天空，比天空更宽阔的是人的胸怀。”如果每个人多一分宽容，人类就会多一分理解,多一分真诚,多一分珍重与美好,生活中的酸甜苦辣也将化作五彩的乐章,在生活中学会宽容,你便能明白很多道理。献出你的爱心,学会宽容,乐于赏识和称誉别人,并时刻保持能够使自己得到成长和增加学识的灵活性,也许这一切可以帮助你得到幸福、和谐、美满和事业有成。

公共汽车上人很多,一位女士无意间踩到了一位男士的脚,赶紧红着脸道歉说:“对不起,踩到你了。”不料男士却说:“不不,应由我来说‘对不起’,我的脚长得也太不苗条了。”车里响起了一片笑声。显然,这是对男士幽默和宽容的赞美。而且,身临其境的人们也不会怀疑,这美丽的宽容给这位女士留下了深刻印象。

一位女士不小心摔倒在一家整洁的铺着木板的商店里,手中的奶油蛋糕弄脏了商店的地板。便歉意地对老板笑笑,不料老板却说:“真对不起,我代表地板向您致歉,它太喜欢吃您的蛋糕了!”于是女士笑了。既然老板的热情打动了她,她也就立刻下决心“投桃报李”,买了好几件东西后才离开这家商店。

宽容是一种美德,但宽容绝不是毫无原则的妥协和退让,在宽容的天空下,我们也要讲一些原则。

宽容不是软弱

许多女人也许会有这样的想法,如果宽容了对方,会让对方感到自己是软弱的,女人软弱只会被人欺负,其实这是对宽容的一种片面的理解。软弱的宽容并不是真正的宽容。真正的宽容是人生难得的境界,是一种需要修行才能达到的境界。

明明知道对方是故意出错,而且这个错误不是第一次了,你还选择原谅,这种宽容是软弱;知道对方是个不能知错就改的人,面对他的错误你却选择一次次地原谅,这种宽容其实是纵容;知道对方并不是有意犯错,知道他能做到知错就改,你在这时选择原谅,才是真正的宽容。

懂得宽容的女人不是软弱,宽容是一种修养,一种风度,会让女人变得更有吸引力,更有魅力,所以宽容不是息事宁人,不是向丑恶屈服。当然你必须要能表现出,既对人宽容,又不让别人以为你是软弱的,这就要求我们的宽容要有个限度。

宽容不是妥协

宽容不是意味着对错事或做错事的人妥协,谁都有犯错的时候,都不可能是完美的，宽容是用善意的态度去善待犯错的人。在自己的利益和别人的利益发生冲突的时候，宽容对方不是表示妥协，而是表示你的胸襟宽广。宽容不是妥协，虽然宽容有时需要妥协；宽容不是忍让，虽然宽容有时需要忍让；宽容不是迁就，虽然宽容有时需要迁就；宽容更多的是包容和原谅。

女人要宽容，但面对对人格的伤害，对原则的侵犯，选择宽容就是一种妥协。女人需要宽容，但绝不能妥协，这样的女人不会得到尊重，只会让人看不起。

宽容要讲究技巧

宽容是需要技巧的。给犯错的人一次机会是宽容，不是纵容，也不是免除对方应该承担的责任。但要记住，每个人都需要为自己的行为负责，每个人都要承担自己所造成的后果。如果对方一而再、再而三地犯同样的错误，宽容就意味着纵容。生活中会遇到很多不如意的事情，会遇到犯错的人，这些人可能是你的亲人、朋友、同事以及你周围的人，宽容会让我们的人生道路更宽广。但是如果面对的是不能知错就改的人，你的宽容就成了纵容，无限的宽容只会让常常犯错的人感觉不到自己的过错，对方可能会多次犯同样的错误。

宽容是有必要的，是必须的，但应该是有限度的。宽容不是纵容，不是无原则的宽大，而是建立在原则上的宽大，必须遵循法制和道德规范。对于绝大多数可以知错就改的人，宽容是应该的；而对于那些屡教不改的人，则绝对不能心软，以免造成纵容的后果。

20 信任的力量可以打开人的心门

朋友之间的信任会带给你温暖，爱人之间的信任会使你感到甜蜜。友情、爱情都是缘于爱，爱需要信任，而信任正是爱的基础。

影片《手机》开头有这样一段情节，严守一把手机意外地落在家里，妻子于文娟听到手机铃声后便接听电话，谁想到听到武月的一句“你干吗不接我电话”，而严守一假装轻松的解释更增加了于文娟的怀疑。许多已婚女士看过此情节后感到坐立不安,因为她们都觉得丈夫说过类似的话。更有甚者,据某报纸报道,一对夫妻看完《手机》后,妻子非要查看丈夫的手机,丈夫不肯,妻子上前去抢,丈夫大怒,拿起手机将妻子砸昏……

在这个复杂的世界里,让自己变得简单,把别人看得简单,这就是一种深层次的信任。可真要做到简单又谈何容易?不知道真是自己的猜疑心在作怪,还是相互的信任已经消失。心里就有那样一种淡淡的感觉,觉得不信任感又在他脸上闪现。那种神态,那种语气,都带给自己一种他不信任自己的感觉。而随后自己无意中发现他的手机刚收到的短信不见了却让自己也处于了猜疑之中。

信任,有时候竟然如此脆弱,甚至不堪一击!

朋友之间的信任会带给你温暖,爱人之间的信任会让你感到甜蜜。友情、爱情都是缘于一种爱,爱需要信任,信任正是爱的基础。

信任与被信任,都是一种幸福,也是一种感动。有时,信任一个人需要很长时间;而有时,信任一个人就发生在一霎间。

他是一个杀人犯。为了逃避追捕,躲到了一处深山里帮人种植梨树。每一个惊恐寂寞的夜晚,他的灵魂都会受到痛苦地折磨。四年来,他没有一个朋友,没有一个可以听他说话的人。后来,他买了一台收音机,劳动之余把全部的时间都送给了它。

他很快便从电波里认识了她。她是一个晚间节目的主持人,她那邻家女孩一般亲切的话语深深地震撼了他。他记下了她留给听众的短信号码。

2005 年 3 月的一个黄昏,他经过激烈的思想斗争,终于给她留了言:"我是个杀人犯,想去自首,你能陪我去吗?"她的心一颤,一下子牢牢记住了这个陌生的手机号码。

以后几天,他又连续发了多条短信。从他的短信中,她逐渐知道了他的事:因为他的妻子生性风流,与人私通,他一怒之下杀死了那个男人,自知罪责难逃,便只身逃亡在外。好在他有一手绝好的种梨本领,靠给别人种梨树来维持生活,整天过着提心吊胆的日子。他说:"这样的日子我不想再过下去了,我想去自首,希望你能陪我去,好吗?"

他终于不再仅仅满足于短信交流,而是开始给她打电话。

她听到了一口浓重的陕西方言,他们之间的距离又一次拉近了。她说:"还是我给你打电话吧,长途电话费挺高的。"他说:"我怎么能让你花电话费呢？你能听我说话，我已经感激不尽了。”

她问他准备什么时候去自首。

他说：“等梨树的第二拨虫药洒过之后就去。因为如果不治了这拨虫，梨树将没有收成，主人就会损失惨重的。”他激动地述说着，她听着，哽咽得说不出话来。

4月1日的早晨，她还没有起床，便接到了他的电话。这是他已经干了半天活后从果园里打来的。他说：“第二拨虫药已经洒过了，等不到第三拨治虫了。我已买好了去北京的车票，明天就能见到你了。”他显得无比兴奋，她也特别高兴。

他们约好了在她电台门口的传达室见面。

第二天上午10点半，她和两位同事在传达室里见到了他。他穿着胶鞋、一身很旧的牛仔工作服，每个指甲缝里都残留着泥土屑，憨憨地笑着。

他说：“我来了，很高兴你信任我，没有现在就带警察来抓我。”

她把他带到附近的小吃店，给他要了两大碗馄饨。看着他狼吞虎咽地吃着，她的泪不由自主地流了下来。

吃完馄饨，警察来了。他把手一伸：“来吧，我等这一天已经很久了。”他的脸上无比坦然。他回过头来，又对她说了声：“谢谢你！谢谢！”

这是从一档电视访谈里看到的节目。他叫袁炳涛，陕西人。她是中央人民广播电台《神州夜航》节目的主持人向菲。

袁炳涛原本是个善良诚实的农民，偶然的失足使他成为杀人犯。他以为自己的世界完全塌了，他已成了一个被所有人所不齿所唾弃的罪人。

信任，使他完成了从卑微堕落到迈向光明的关键一步。

信任的力量到底有多大？也许，只是几句坦诚的话语，便能打开一扇关闭的心门，改变一个人的人生。

21 不卑不亢的女人受人敬重

不卑不亢就是不卑躬屈膝，亦不高傲自大，对人一视同仁。不卑不亢是一种境界，这样的女人才会受人敬重。

许多女人都想成为优雅的女人,而且也羡慕优雅的女人,有人以为只要轻声慢语、姿势优美就是优雅,其实不然,想成为优雅的女人,首先要做到拥有不卑不亢的气质。

不卑不亢就是不卑躬屈膝,亦不高傲自大,对人一视同仁。不卑不亢是一种境界,这样的女人才会受人敬重。

不卑不亢是自信的表现。一个缺乏自信的人不仅办不成大事、难事,恐怕连小事也很难办好。不卑,就是不卑躬屈膝;作出一副讨好、巴结的样子,这是有损人格的。不亢,就是不自傲,不以老大自居;盛气凌人,自视比别人高出一筹,必然会引起别人反感。和人交往,不论对方地位高低,资历深浅,条件优劣,学识深浅,都要奉行不卑不亢、热情谦让的准则。只有不卑不亢才能够得到他人的尊重。

古时候有个有名的大将,一次,他乘船送客往浙江,夜晚投宿在钱塘县的驿亭中。当时钱塘县令沈充也正好送客过江,来到驿亭。亭吏不知道大将的身份,为了接待县令,就把他赶了出来。出门在外就得受委屈,大将心里有数,犯不着与亭吏过不去,于是他悄悄卷起行李到江边的牛屋住下。

不久,钱塘潮水涨起,县令沈充观潮来到此处,远远望见牛屋下竟住着人,感到非常惊奇,忙问亭吏是谁。亭吏不敢隐瞒,回答说:"昨天有一个北方人来投宿,因为老爷驾到,所以把他暂时安置在那儿住。"

沈充当时微微有些醉意,所以想开个玩笑,他就叫道:"嗯,北方佬,过来吧！快快报上你的姓名,我可以给你一些饼子吃呢!"在当时,当官的对平民百姓无礼是常事,但如果是宦官侮辱外戚,文官蔑视武将,那就不一样了,一般是会生出风波来的,有时互不相让,甚至一直闹到皇帝那里。

这位大将,受到别人的轻视嘲弄,心里有点不大高兴。他心里想:上梁不正下梁歪,有什么样的县令,就有什么样的官吏,瞧瞧这个县令无礼的样子,也难怪会有亭吏这样的恶吏了。生气归生气,他还是彬彬有礼地自报了姓名。一下子把沈充镇住了。

沈充早就知道大将的大名,现在把他得罪了,很希望对方能责备那个该死的亭吏和自己一顿,自己才好趁机下那难堪的台阶。但大将站在一旁不开口,根本不提起被驱赶的事情,沈充要鞭挞亭吏也被他制止了。于是沈充吩咐杀鸡宰羊,备妥丰富的酒宴款待大将,请大将赏脸。大将也丝毫没有架子，爽快地答应下来了，和知县把酒言欢。大家对于大将不卑不亢的风度都赞不绝口。

在现实生活中，有些人之所以办不成事，其中有很大一部分原因就在于他们不自信，心理素质不好。有些人一见到强大的对手就怯场、自卑，而遇到地位比自己低的人又容易骄傲自负。要想受人尊重，就要跳出这些心理陷阱，正确地看待自己，做到不卑不亢。在做事的过程中，态度不卑不亢，可以使人对你产生与众不同的印象，从而刮目相看，这样别人才会尊重你，做起事来也就更容易成功。

22 用这些动作来提升你的气质

漂亮，是所有女人都在追求的一种美的境界，然而女人的美却不仅仅只表现在外表的漂亮上面，内在的气质同样重要。

每个女人都想成为众人注目的焦点，而众人注目的又是什么样的女人呢？你首先想到的肯定是漂亮女孩，是的，漂亮的女人的确是一道亮丽的风景，不仅常常让男人驻足，即使女人，也不禁会多打量几眼，不时露出羡慕的眼神。漂亮，是所有女人都在追求的一种美的境界，然而女人的美却不仅仅只表现在外表的漂亮上面，内在的气质同样重要。试想，一个拥有漂亮脸蛋、魔鬼身材的女人，走路时含胸驼背，坐下时跷着二郎腿，跟别人说话又挖耳朵又抠手指……这样的女人你还会觉得她美吗？相反，一个相貌平平的女性，用优雅的举止装点自己，随时随地都注重礼仪和尊严，我们能说她不美吗？女人的美丽可以用气质来衬托，想做个真正的美女，试着用下面几个动作来提升你的气质吧。

抬头、挺胸、收腹

“抬头、挺胸、收腹”这几个词我们时常听到，军人站军姿时要做到这几点，舞蹈人员训练时要做到这几点……因为这是最基本的站姿，只有这样站立，人才显得精神，人一精神，气质自然就出来了。每天弯腰驼背低头走路的人，不是老人就是那些懒散至极的人。

作为一个爱美的女性,即使没有傲人的身姿,只要做到随时随地“抬头、挺胸、收腹”,也会给人留下有精神、有活力的好印象。时间长了,这就会变成你的一种习惯。有人说:“人的姿势与人的内心体验是相适应的,姿势的表现可以与内心的体验相互促进。”是的,你的精神面貌代表了你的自信程度,抬头、挺胸、收腹的动作会让你有一种有信心、有力量的感觉,这样生机勃勃的你,怎能不成功,怎会不美丽呢?

主动与人交往

许多女人认为自己应该是害羞的,淑女嘛,就是要矜持,要腼腆。其实不是的,现代社会的女性,有了更多的权利和自由,可以做任何自己想做的事,没有人再会去强迫你去干什么,你要得到自己想要的东西,就必须努力去争取。在与人交往上也是一样,每个人都忙忙碌碌地过自己的生活,无暇去顾及别人,或许他们也在希望有人来联系自己,你为什么不做主动者呢?主动与人打招呼,主动对别人露出微笑,主动去关心朋友,主动去照顾家人,主动帮助一些需要帮助的人,主动,不仅仅是一个动作,它会让你的人生有很大的转变,它会让你成为主宰生活的人,成为别人需要的人。

主动,会让你感觉生活越来越有意义,因为你每天都在做着有意义的事。就像《士兵突击》中许三多说的那样:“活着,就是要做有意义的事;好好活着,就是做很多很多有意义的事。”当你在主动之中感受到人际交往的乐趣和人与人之间的温暖时,你会对生活充满信心,你会觉得活着真好。

主动把快乐和欢笑带给别人的你,怎能不美丽,做过很多很多有意义的事的你,怎会不是焦点?

不谄上不慢下

战国的询况曾经说过“不谄上而慢下,不厌故而敬新”,就是告诉我们,不要趋炎附势,对待任何人都要公平公正,不能因为某些人有权势、有地位、有财富就去巴结讨好,而对待那些穷苦人则傲慢无礼。好的气质来自于好的人格,一个懂得尊重别人、平等待人的人才能为自己赢得赞赏的目光,这种不卑不亢的气质是发自内心的,是最能证明一个人的内涵和修养的。

电视剧里经常会有这样的情节,某某的母亲看到有钱的男人,就使劲把自己的女儿往外推,而看到穷酸的男人,就用尽力气把人家往外推,这样的“势利眼”让人很反感。如果你是个年轻女性,这种性格更是要不得,一心想钓“金龟婿”,结果可能是“赔了夫人又折兵”,每个人都有自己的命运和缘分,你想要过上好的生活,就要通过自己的努力去争取,要相信“一分耕耘一分收获”,天上不会掉馅饼。

落落大方,不拘谨

一个有气质的女人绝对是冷静沉稳的,遇事不慌不乱,即使天塌下来也能够处变不惊。一个有气质的女人,遇到任何人都表现出最优雅的一面,被别人称赞要微微一笑,表示谢意;被人误解了,受人指责了,也要微微一笑,解释明白就好,若是解释不清楚,干脆什么都不说,谎言在时间的洪流中必然走向消亡。而你,始终是那个美丽、大方的女人。

每天赞美自己

有人将经常赞美自己的人说成是“老王卖瓜,自卖自夸”,可是转念想想,自己的东西自己都不喜欢,怎能吸引别人来买?现代社会的商人,不都是在推销自己的产品如何如何好吗?女人也一样,外表的美别人可以通过眼睛看到,而你的气质,你的内在,是需要别人用心去感受的,在这个过程中,你不断地赞美自己,就是在不断地完善自己。如果你愿意,相信即使是缺点,也能够在自己的赞美中变成优点,成为你身上值得骄傲的闪光点。

23 书香是最有价值的“化妆品”

古人道“腹有诗书气自华”。女人想要美丽高雅,又追求与众不同,那就更需要多读书。

高尔基说:“学问改变气质。”学问从何而来?当然是从读书而来,因此读书关系着女人的才情、智慧和气质。漂亮的女人或许受到男人的喜爱,但未必能够长久,爱读书的女人则不同,她们有内涵、有思想,她们从来都是自己为自己做主,她们恬淡平和,用洞穿一切的眼睛看人来人往和多彩的生活。

古代人认为“女子无才便是德”,然而这些“无才”的淑女无一不是在社会的压迫下默默一生,在“三从四德”的约束下,将自己本该绚丽的一生奉献给了丈夫、孩子和永远做不完的家务活。读书的女人则不同，她们用智慧书写自己的人生，三毛的勇敢洒脱，张爱玲的爱恨纠缠，让埋藏在女性心底的热情喷薄而出，从此，与文字为伴的女性更多几分愁思，多几许感伤，更多了高雅、迷人的气质。

读书能够使女人修身养性，陶冶情操，提高品位，开阔视野，得到娴静、文雅的气质。一个没有思想、没有知识的女人，即使是华装艳服、浓妆艳抹也无法抵挡内心世界的苍白，只会用外表的美丽吸引人的眼球，而无法达到用内心的美丽来吸引人们永恒的注意力。久而久之，你会发现不读书的女人只是空有一副美丽的外表，只能做一个花瓶而已。

古人道“腹有诗书气自华”。女人想要美丽高雅，又追求与众不同，那就更需要多读书。让书的精华提升你的性格、思想、内涵、素质、修养，在潜移默化中升华，过滤掉世事的尘埃，还心灵以纯净。不读书的女人，华服亮装修饰了美艳，可是却无法阻挡美丽背后的空洞。只有通过读书，使自己不只停留于固有的智慧，才能让女人更能散发出女人味，才能得到男人的爱慕。

有些漂亮女人，与她们接触多了就会发现，尽管她有漂亮的脸蛋，玲珑的身材，但走近与她交谈几句，就感到她缺少修养，缺乏书卷气，甚至显得肤浅、粗俗，于是她的美丽在我们心中会大打折扣。据一项调查显示，在当今巨大的生活压力之下，很多女人只顾着追求物质生活的丰富，而忽略了精神文化生活，她们多数因为工作的压力、家庭的负担和自身的惰性而放弃了读书。一个精神世界空虚的女人，只能成为浮华世界的俘虏，变得急功近利、甘于平庸，长此以往，不爱读书的女人终将被时代所淘汰。

女人不爱读书，心灵世界很难避免浅薄、狭隘、小气以及出现因缺乏知性而衍生的弱点，虽然文化修养不等于人的性格，但知性的缺乏必然导致心灵的缺陷。因而女性较多的地方，不大容易保持和谐相处的局面，常常生出些是是非非。女人之间交流的内容、交流的信息，显得太实在、太具体，当然这也可看做她们的长处，但从长远来看，终归是制约她们发展的原因。

做现代气质“书”女，让书籍给你大脑丰富的营养，使自己做一个超凡脱俗、平心生活的魅力女人！

第4章

十分美丽，七分妆出来

——女人的妆容因细节而靓丽

漂亮的脸蛋，细腻而富有弹性的肌肤，清秀的五官加上苗条的身材，是每个女性都梦寐以求的，然而在这个由压力、污染和各种化学物品造就的世界中，应该怎样做才能够保持容颜的美丽，怎样才能让自己青春永驻，永远成为美丽的焦点呢？在这里，从细节开始，教你从头美到脚……

24 女人面部卸妆应有序

化妆是件麻烦事，但是爱美的女性不怕麻烦，卸妆也是件麻烦事，可这个麻烦很多女人就省去了，结果造成皮肤干燥、粗糙。

许多女人在早上花了不少时间化妆，忙碌一天终于挨到了晚上，由于急于休息，便把卸妆这一步给省略了，或者草草地洗洗脸就算完事。其实这种做法对皮肤的伤害是非常大的，即使没有化妆，临睡前也要清洁皮肤，更不用说化了妆的脸庞了。我们都知道化妆品中含有化学物质，对人体有伤害，并且经过了一天的奔波，皮肤上沾染了大量尘埃、细菌，若不好好卸妆的话，皮肤很快就会衰老、出现皱纹。

当然，在你卸妆的时候，要遵循如下步骤仔细进行清洗，千万不能敷衍了事。

眼部卸妆

首先要卸的便是眼妆，眼睛是心灵的窗户，是帮助人们看见色彩和光明的宝贝，一定要好好爱护。

步骤：首先把少量的眼部卸妆油倒在化妆棉上；然后闭上眼睛，将蘸了卸妆油的化妆棉轻轻涂抹眼睑、睫毛，使化妆品溶解于卸妆油中；最后，用化妆棉由内眼角至眼尾轻轻擦拭卸掉眼影。

细节提示：眼部的皮肤组织很脆弱，所以使用质地柔软的化妆棉非常重要，并且清洁用品要选择眼部专用的卸妆油，卸妆时更要注意手部力度。此外，如果你佩戴隐形眼镜，记得要先取出眼镜再卸眼妆，防止手部力度过重弄坏镜片或者化妆品把镜片弄脏。

眼睫毛卸妆

纤长浓密的睫毛是爱美女性的追求，现代睫毛膏和假睫毛的发明使得女人这个愿望得以实现，因此涂睫毛膏也成了众多女性每天必做的功课。

步骤：首先将蘸了卸妆油的棉花棒放在上睫毛处，另取一片化妆棉在眼睛下方,然后用棉花棒小心地在睫毛上转动,让清除掉的化妆品落在化妆棉上。卸除睫毛膏要由睫毛根部往梢部卸除,如果是防水型睫毛膏,可以使用水油混合的卸妆液。用沾上卸妆液的棉花棒,再次清洁睫毛根部。

细节提示:眼睫毛距离眼睛相当近,如果卸妆不慎的话,容易使化妆品掉落眼睛里,引起不适,所以动作必须小心轻缓。应选择眼部专用的卸妆品为佳。

眉部卸妆

眉部的卸妆方法比较简单,用蘸有卸妆品的棉签轻轻擦拭。

细节提示:千万不要因为简单而省略这个步骤,若眉粉没有被清理干净,很可能会在你卸除面部彩妆时被揉到毛孔内,造成毛孔堵塞。

唇部卸妆

嘴唇是女人的性感特征之一,因此女人不会忽略唇妆,滋润的红唇让女人魅力大增。

步骤:首先把少量的唇部卸妆品倒在化妆棉上,将化妆棉轻轻由外唇往中间擦拭,反复几次,直到化妆棉上没有唇膏颜色为止。

细节提示:在卸妆时,特别是对于不容易脱落的口红,要使用唇部专用卸妆品,否则会导致唇部脱皮、干燥等情况出现。

脸部卸妆

在五官的妆卸完成之后,就要做脸部的全面清洗工作。

步骤:首先要选择适合自己的清洁用品,然后把卸妆油轻轻擦在颈部、面部及额头上。卸妆的手法也是值得女性朋友注意的,要从鼻子两侧上下滑动,其他部位由内向外轻揉,时间不宜过长,待污垢完全与卸妆油混合后立即擦掉或冲洗掉。

细节提示:卸妆油不可来来回回在脸上涂抹,这样很容易将污垢又揉到毛孔内。卸妆油和冷霜的含油量很高,只适合卸浓妆;一般生活妆用洁面啫哩或乳状卸妆品就足够了,要防止“油上加油”而导致粉刺青春痘等肌肤问题。化妆棉使用过后就应立即丢弃,不要重复使用。

洗脸

千万不要以为脸部卸妆完成之后就万事大吉了,实际上使用卸妆油卸妆之后,即使用化妆棉反复擦过,还是会有一些残留的油留在脸上,所以一定要用洗面奶对脸部进行全面清洗。

细节提示：洗脸时水温要适度，冷水对油脂的洗净力差，而热水又会过度洗去皮脂膜，使皮肤干燥、敏感。一般水温在38～40摄氏度比较适宜；之后最好再用22～24摄氏度的温水轻敷，以达到收敛毛孔的作用。

完成脸部的清洁后，记得要用化妆水和保养品，为疲劳的肌肤补充足够的营养，使你的皮肤始终保持良好的状态。

25 女人要关注的眼部保养细节

女人过了25岁，就要开始积极护眼了，当然主要还是应该从日常用眼着手，单靠眼霜和保养品很难让逐渐老化的肌肤焕发青春的……

对于一般人而言，眼睛是心灵的窗户，是人们看书、写字、感受色彩的器官，而对于爱美的女性，它还担负着提升女性魅力的责任。女人们每天要通过戴隐形眼镜、涂睫毛膏、画眼影、眼线等方法，打造出魅力四射的大眼睛，可是，诸多化妆品使得本就脆弱的眼睛变得更加敏感，结果随着年龄的增长，再多的保养也无济于事，黑眼圈、皱纹还是纷纷出现了。

女人到了25岁，皮脂和汗腺分泌比青少年时期更加旺盛，再加上每天化妆、外在环境的变化等诸多方面的影响，就导致了这个年龄层的皮肤呈现不稳定的状态。而对于眼周皮肤来说，虽然还没有出现各种不适的症状，却是潜藏危机的。因此，到了这个年龄，女人就必须开始眼部的护理了。

日常生活中我们最常做的护眼工作，无非就是擦眼霜、贴眼膜，这些虽然能够对眼部皮肤起到一定的保护作用，但是面对过于激烈的眼部拉扯，比如挤眉弄眼、大笑、不戴眼镜时眯眼看东西、长期对着电脑或者长时间在强光下工作等，都会使眼部皮肤加快老化，产生皱纹。

因此，对于眼部肌肤的保养，我们要做到这几点：注意日常用眼卫生，日常护理要勤做，选择适合自己的眼部保养品，注意饮食调节。

日常保养细节

（1）女性应注意避免长时间使用眼睛，经常远眺风景，尤其是绿色植物，可以缓解视觉疲劳,使美目动人。

(2)不要用手用力地揉眼睛;化妆、护理时动作要轻柔,不要用力拉扯眼部肌肤;避免不良表情。

(3)常做眼部护理。如做眼膜、用黄瓜片贴眼、用冰过的棉花片敷眼等,都可以使眼睛和眼部皮肤得到滋养和保护。

(4)应适时滴几滴滋养眼睛的眼药水,可以使你的眼睛更加明媚动人。

(5)饮食应注意多吃富含胶原蛋白的食物,如鸡蛋、猪肘、鱼头,以及保护眼睛的富含维生素A的食物,如羊肝羹、草莓、动物的肝脏等。

眼霜使用细节

为减少眼部四周的皱纹,必须供给足够的养分及补充失去的水分,选用合适的眼霜是重要的环节之一。最好选择蕴涵天然成分的眼部护理产品,因为有“心灵之窗”美誉的眼睛是脸上最重要的部位,但也最容易受到伤害。而蕴涵天然成分的眼部护理产品没有添加剂,也没有副作用,这对眼部的保养是尤为重要的。眼部护理产品主要有以下几种。

滋润眼霜。含有更多的水嫩滋润成分,其保湿功能较强,适宜干燥的秋冬季节和长期在空调房间工作的女性使用。

紧实眼霜。富含特殊的滋养成分,油性成分高于滋润眼霜,适宜黑眼圈和皮肤衰老现象显著者以及极干性肤质者。

抗老化眼霜。能抗皱、防晒,适合夏季和电脑操作者使用。

抗敏眼霜。适宜敏感性问题肤质的女性。

年轻肤质和成熟肤质各有不同的特点,对保养品的接受能力也不同。最好使用一些含水量高、质地轻柔的清爽型保养品,几乎没有不适感,特别适合年轻肌肤及中油性肌肤。

请根据自身肤质和年龄选用适当的眼部滋养品。避免选用过于营养而不适合自己的眼霜,以免造成眼部脂肪颗粒,建议年轻女性选用稀薄的眼部保养品,眼部保养品不能“越级”使用。

涂眼霜时切忌胡乱涂抹,正确的方法是:首先以无名指蘸上少许眼霜,用另一手的无名指把眼霜匀开,轻轻地涂在眼皮四周,顺内眼角、上眼皮、外眼角、下眼皮做环形按摩,以打圈方式按摩5~6次即可,使肌肤均匀、充分地吸收营养。另外,应注意早晚洁肤后都要使用眼霜,之后再涂抹面霜等,并注意避开眼部。如需要在眼部化妆,注意应使用专门用于眼部的遮瑕膏、化妆品以及卸装液，防止造成对眼睛的刺激和伤害。

26 爱上美丽，爱护鼻子

鼻子是女人的宝贝，一个高耸而挺直的鼻梁是每个女人都渴求的，当然鼻子最重要的作用还是帮助呼吸，因此好好爱护我们的鼻子，不仅是保护美丽容颜，更是珍视我们的生命。

第一步：杜绝不良习惯

常用手指挖鼻孔，既不雅观，又是一种不良的卫生习惯，它能使鼻毛脱落、黏膜损伤、血管破裂而引起出血。挖鼻孔还会使鼻腔感染，严重时甚至会危害大脑健康。

过分干燥和污浊的空气常会使鼻子的排尘运动受到限制，甚至造成纤毛脱落，抗菌能力降低，容易引起感冒、鼻窦炎等疾病。因此，室内应经常开窗换气，以保持空气的湿润和新鲜。

经常剪鼻毛亦是不良的习惯，会削弱鼻腔防御机能。

第二步：防治粉刺

鼻子上长了粉刺和痤疮会影响美观，同时也会引起鼻部不适。为了防止粉刺的发生，应注意皮肤卫生，保持皮脂腺和毛囊的畅通。平时多吃些蔬菜，保持大便通畅，少吃或不吃刺激性强的食物，更不要喝酒。鼻子周围的粉刺和痤疮，不能用手挤压，以免引起不良的后果。

第三步：避免气味刺激

应当尽量避免灰尘、化学有害气体或特殊气味的刺激，因为过多的不良刺激，可能影响鼻黏膜的功能，使嗅觉发生障碍。鼻腔的温度一般在32摄氏度左右，气温过热或过冷，都对鼻黏膜的功能有不良影响。

第四步：经常洗鼻子

无论何季节，均提倡用冷水洗脸，并在清洗时适当按摩鼻部，以改善鼻内血液循环，提高抗冷御寒能力，减少伤风感冒的机会。另外，适当运动增强体质，也有利于鼻炎、鼻窦炎的早日康复。

第五步:用正确方法擤鼻涕

人在感冒之后,往往伴有鼻塞或者流鼻涕等症状。有鼻涕需要清除时,切忌用力同时猛擤两边鼻翼,宜以轻柔手法,先擤一侧再擤另外一侧,以防止鼻涕进入咽鼓管和鼓室,引发急性中耳炎。

第六步:避免引发鼻病

许多鼻部疾病的发生与伤风感冒等呼吸道感染有很大关系。因此,预防伤风感冒对预防鼻病尤为重要。鼻腔疾病不易被发现,但一经发现,往往为时已晚。如果有鼻塞、脓涕或涕中带血丝等症状,要及时到医院就诊。

冬季滴鼻药要警惕

在严寒气温下,鼻敏感最容易"发作",患者切勿急于消除鼻患而贪方便,滥用市面出售的滴鼻药水,容易导致鼻黏膜永久肿胀,呼吸受阻塞,甚至可能出现窒息危险。

市面及药房有售的滴鼻药水,种类繁多,由于有些滴鼻药是利用收缩血管药物来抑制鼻黏膜发胀,达到快速通鼻塞的效果,这种药物不能长期使用,否则鼻黏膜会因此产生依赖性,只在用药后收缩,不用药时便会永久肿胀。而且依赖滴鼻药水的后果非常危险,不但影响医生开药的效果,而且可能要动手术切除肿大的鼻膜。

27 帮你解决掉发的烦恼

你是否羡慕许多女明星那一头瀑布似的黑发呢?你的头发是否枯黄、干燥、分叉、易断呢?赶快来学习解决掉发问题的方法吧。

脱发的原因有很多种,你是否了解自己脱发的原因呢?你是否经常让你的秀发暴露在炎炎烈日之下呢?面对脱发的困扰,你是否很着急却又束手无策?其实,你很可能犯了很多细节上的错误,这些小错误的积累,日久天长便成了破坏你发质的最大威胁。所谓"磨刀不费砍柴工",先了解一下自己脱发的原因是很有必要的。

遗传因素。当血液循环中的男性激素缺乏或失调时,便会间接造成头发脱落，而这一点是会随着遗传基因遗传给下一代的。因此当直系亲属三代内有脱发病史，那么后代受遗传的可能性就很高。然而遗传基因是不可能改变的，但可以通过及早预防最大限度地推迟脱发年龄。防止脱发要从日常的头发护理开始，尽可能巩固头发的发根，避免头发因为松动而脱落。

压力过大。从事紧张、复杂的脑力劳动的人，精神压力大，而且大脑消耗能量极大，很容易导致头皮上的皮脂腺分泌旺盛，从而出现脂溢性皮炎，脂溢性皮炎如果得不到及时治疗，发根部细菌生长繁殖产生一种溶解酶，导致发根残缺不全，发根松动，毛囊逐渐萎缩，生发功能逐渐减退，头发逐渐减少，甚至光秃。

生理因素。除了各种外界的刺激之外，服药、生理期等荷尔蒙分泌不正常或者遗传等许许多多复杂的内因，也会引起“头皮的健康循环”失调，造成头皮层微血管循环不良，养分供给受阻，让毛囊细胞逐渐衰退、老化，丧失活力，头皮变得敏感脆弱，使得头发再生能力减弱。

外界刺激。季节的转换会对头皮造成刺激，温度与湿度的迅速变化会令脆弱的头皮无法很快适应，血液循环与代谢能力也相应变差。头皮正常的新陈代谢为 16 ~ 25 天，但因为营养不均、洗发品使用不当、过度染烫刺激、经常热风吹袭等都会导致皮屑芽孢菌的异常增生，从而产生头皮屑，头皮的免疫能力降低。

俗话说“养发如养花，施肥才能发”。人为原因如烫染次数过多等对头发造成的伤害，只要我们停止无休止的烫染，并注意营养的补充，相信很快会长出漂亮的新头发的。

除此之外，无论何种原因引起脱发或发白、发枯，都是血虚阴亏所致。中医认为，颜色为红或黑的食物、中药材是补血和生血的佳品，有益于养发和生发。因此，日常应多吃乌骨鸡、紫米、黑芝麻、桑葚、黑木耳、核桃、墨鱼、阿胶、赤小豆、大枣、猪肝等食品。

解决之道：洗头时水温不要高于 40 摄氏度，否则会破坏头皮表层保护膜，引发头屑；延长产品在头皮的停留时间，洗发时轻揉，千万别用指甲用力搔抓头皮；季节更替是头屑产生的频繁期，换季去角质的净化处理，十分必要。

如果头皮油脂分泌旺盛，头屑都粘在头发上，属于油性头皮屑。不少人有头皮出油的问题，过度染发烫发、作息失调、压力都会导致皮脂腺分泌不正常。头皮不正常出油，不仅使头发厚重、油腻、难以造型，而且油脂积累在毛囊中,阻碍细胞新陈代谢,降低头发生长速度,严重的还会导致脂溢性皮炎,甚至大量掉发。

解决之道:使用含控制和调理油脂分泌成分的洗发水。护发素尽量不要涂到头皮上,它对头发能形成一层保护膜,但是如果在头皮上反而会堵塞毛囊。感觉到头发油腻时,条件允许的话应该立即去洗头。

头皮保养建议

洗发时,用指腹按摩揉洗,不要用指甲挠、抓或用力拉扯头发,以免抓破头皮而诱发感染。

保持正常的生活作息与充足的睡眠,避免过度劳累及长期的情绪紧张与过大的压力。不要过量摄取咖啡、烟、酒及麻辣等刺激性食物,多接触自然环境,有助于维持头皮湿度平衡,避免过度干燥。

在饮食中不妨多摄入对头部皮肤和头发的护理起重要作用的元素,比如角蛋白、碘、维生素 H、泛酸(维生素 B_5)等。

注意调节生活节奏与自己的情绪,保持乐观放松的心态,经常做些减压运动,不要令自己长时间处于过度紧张的环境中。

避免使用含有酒精等化学成分的油性、强定型类产品,可以采用天然植物成分的水质产品来代替,会有助于秀发健康。在使用定型产品后要做到及时充分清洗,不要带着此类产品过夜。

28 女人学会正确护理头发

护理头发并非像大多数女性想象的那样,只要洗干净头发、常用护发素就可以了。很多被你忽略的小细节,正是让你的头发问题不断的罪魁祸首。

一头秀发是女性魅力的重要标志之一,如何正确地护理头发是很多女性关注的问题。电视广告中洗发水模特的黑亮长发,是很多女性羡慕的对象,如何能使自己也拥有一头如此靓丽诱人的长发呢?以下需要注意几点。

根据季节选择适合你的洗发水

很多人买洗发水喜欢买很大瓶的,一来便宜,二来不用总去购买,甚至一年下来一瓶洗发水就够全家人用了，其实，这是大错特错的一个行为。要知道，我们的头发和我们脸上的肌肤一样脆弱，在不同日照和温度下，需要不同的呵护。春季油脂分泌较多，应该选用清爽去头屑的洗发水，如果是在北方，春秋季节风沙大，又干燥缺水，所以要选择可以锁住水分的滋润护理洗发水；夏季炎热，阳光充足，每天都要洗头发，那么应该选择带有修护作用的洗发水；而在寒冷的冬季，选择营养丰富的洗发水，为你的头发做一个全面的保养，无疑是最好的选择。

洗发、护发要分开

市面上二合一、三合一的洗发水越来越多，这似乎在暗示我们，只用这一瓶，洗发、护发就全部解决了，实际上不是这样的。任何洗发水，无论是几合一，它首先的用途还是洗发，是为了清洁头发和头皮，即使里面含有一些营养成分，短短的一分钟两分钟也不足以使营养完全渗透，并且随着洗发水的泡沫被水冲走，营养物质也被带走了。所以说，洗发、护发一定要分开，洗完头发，用专门的护发素来进行保养，让护发素中的营养成分完全进入到头发中，这样才能达到保养头发的目的。

再者，每个人的头发和头皮的情况不同，要根据各自的需要来选择发膜和护发素，市面上很多免蒸的焗油膏也是居家使用的好产品，一边看电视，一边给你的秀发补充营养，既不会耽误时间，又能拥有一头靓丽的秀发，只是千万不能偷懒，否则再好的护发素对你的头发也起不到任何作用。

护发用品不能太单一

在感情上，我们说“从一而终”才是真感情，值得尊敬，但是在护发的问题上，我们还是应该灵活多变一些。而且，很多女性充分发挥了自己爱一个就要一直爱下去的风格，自从用上了某一种护发产品，就不再换了，而事实上，每个人的发质情况都会随着季节、天气、心情以及自身营养吸收情况的变化而变化。这就是说，在不同的情况下，我们要选择不同的护发产品来修护和保养头发。

你若想使自己的头发有光泽，就要选择具有保湿和补水作用的包含顺滑性复合维生素的护发产品；如果你的头发太软，缺乏韧性，或者总是贴在头皮上，那么就应该选择能够加强秀发韧度、让发丝饱满有活力的含丰盈性复合维生素的护发产品；假如你的头发发生了断裂、分叉等现象，你就要选择深层修护的产品，发膜和营养焗油更是要常做。

秀发的护理和皮肤护理一样,不是一朝一夕就能看到成效的,这需要长期坚持,不仅要做好头发的护理,平时还要注意对头发的保护,比如防尘、防晒、防酸等。

头发也要防晒

面对强烈紫外线的照射,每个女人都知道出门前要擦防晒霜,这样可以避免皮肤被紫外线伤害,也可以防止灰尘、污染和细菌对皮肤的侵蚀,然而你知道吗?头发和你的皮肤一样,也需要防晒,强烈的阳光不仅会伤害皮肤,也会伤害我们的头发。烈日会造成你的发色减淡、头发缺乏韧性、干燥发黄、脆弱易断、发尾分叉等可怕的伤害。因此,各位女士们夏日除了做好肌肤防晒之外,也一定要记得帮你的秀发防晒。

为秀发防晒,最基本的就是使用遮阳伞和帽子这种简单易行的方法;其次,你也可以在头发上涂抹具有抵挡紫外线功能的免洗护发素,并且,洗完头发后要及时做护理,不要让头发过久处在干燥状态中,用几滴润发液或者增光发蜡把头发的天然水分锁住,就是不错的方法。

教你一招:

在外面奔波了一天回到家里,是不是只把脸上的妆卸掉就休息了呢?对于日晒一天的头发,清洗是很重要的一步。在清洗的时候,应该用手指的指腹轻轻按摩头发,这样不仅能洗净头发,还能促进血液循环。用冷牛奶可以缓解日晒造成的头发脆弱,将牛奶倒在头发上,保留5~10分钟,然后,用清水彻底冲干净。也可以用橄榄油来修护晒后的头发,将橄榄油涂在头发上,用梳子梳理之后用毛巾包裹,过一个小时左右,用洗发水冲洗干净,再抹上护发素,即能让头发恢复柔亮。洗发时多用含有润发和补充油脂功效的专用柔性洗发水和护发素。洗发后,最好不要用暖风吹干,尽量让头发自然晾干。

29 如何打造纤纤玉手

女人对双手的呵护绝不亚于脸部,一双光滑细致的手,是女人的骄傲,保护好“第二张脸”,是爱美的女人最迫切的需要。

看着广告中女主角的纤纤玉手，你是不是非常羡慕呢？看着别人做出漂亮的彩甲，你是否也想试一试呢？身边的朋友双手白皙、皮肤粉嫩，佩戴任何手链、戒指都美丽无比，看看自己粗糙的双手，你是不是有些许自卑呢？来看看这些美手的细节，掌握它们会让你也生出一双令人羡慕的双手来。

双手每天做各种工作，遭受环境压力，尤其作为女性，在家务劳动中，难免被洗涤剂、洗衣粉等化学物品腐蚀双手，为了避免手部皮肤的老化，做家务时一定要带上塑胶手套，洗手之后要及时擦上护手霜，不要怕麻烦而省去这个步骤，在家中也可自制护手膜进行保养。

如果手部皮脂腺分布和油脂分泌较少，角质层就容易变厚，手部干纹比面部的出现更早，加上做家务时不注意等，手部很可能会出现老茧，临睡前滴几滴甘菊香熏油混合润手霜进行按摩，然后戴上棉质手套入睡，可以有效地防止这种情况的出现，含小麦芽的香熏油可以起到很好的保湿防皱作用。

每周最好抽一定时间给双手做个简单的按摩。做法是轻轻转动手指的各个关节，同时轻柔地拉动每一根手指，使关节得到放松，但千万不要做令手指关节啪啪声作响的动作。然后把手翻转，顺着手腕关节的方向轻轻按摩手掌心。最后按摩虎口，可以起到放松筋骨的作用。

在打字或者反复用手动作时，应在中间适当休息，避免手腕和手肘酸软情况的出现。如果在户外活动，最好涂上护手霜和防晒霜，以避免手部肌肤被紫外线伤害、老化。

按照上面的步骤坚持美手，用不了多久你就会发现手部惊人的变化。有人说“手是女人的第二张脸”，每个女人都要像爱护自己的脸蛋一样呵护自己的双手，一双漂亮的手绝对可以为你增色不少。

目前，最让年轻女性着迷的手部美容就是“美甲”了。在指甲上面涂上自己喜欢的色彩，再配上几颗闪亮的水钻，阳光下一举手一投足，真是耀眼无比。可是，美甲也有很多要注意的细节，如果你不注意，很可能会伤害到你的手部或者指甲，所以赶快来看看吧。

自己做美甲，首先要为指甲修剪出一个好看的形状。千万不要用指甲锉来回锉指甲，为防止指甲裂开，只能顺着一个方向，呈45度角锉指甲。不建议利用指甲钳剪指甲，因为它有可能令甲面产生细微的裂纹，最好选择刀口较阔、可一次剪去长甲的专业指甲钳。也可以用指甲锉粗糙的一面锉去指甲，以幼细的一面修整形状。而修剪“倒刺”也千万不可使用指甲钳，因为指甲钳可能带有细菌,消毒后的死皮剪刀才适合修剪“倒刺”。

然后对指甲进行护理。因为指甲油含有化学物质,经常涂甲油会令指甲变黄,可以用含维生素A、维生素E和维生素F的润甲油,按摩甲面和甲缘皮肤。除了利用底油防护甲油侵蚀指甲,还可以考虑抛光护理,去除甲面的黄渍。涂甲油也不应太频繁,每6天便要留出1天时间让指甲休息一下。指甲上出现坑纹是由于甲床受到损伤,或者是锉刀对甲面过度用力刺戳和挤搓,或者由于缺乏锌,定期用护甲油按摩,可使指甲渐渐变得平整光滑。在涂指甲油之前,不妨利用坑纹填充剂作为底油,使甲面平滑。

接下来把双手在温水中浸泡5分钟,擦干后在甲缘滴一滴润甲油,进一步软化死皮。用去死皮棒将甲缘死皮推开,再剪去死皮,便可以涂上护甲底油。甲油应先涂于中央,稍为用力压下刷子,扩大范围。注意指甲两侧留下1毫米空间,避免甲油直接接触皮肤。甲油干透后在表层加一层面油,保护甲色,甲面更光泽。如甲油出界,可用棉花棒沾少许洗甲水擦掉。含闪粉的甲油较难干透,滴快干甲油会有帮助。

30 脚是不可忽略的细节

如果说你拥有一双纤纤玉手,怎能搭配一双黝黑丑陋的脚呢?如果你没有一双美丽的手,那么为何不让你的双脚来弥补遗憾?

金庸曾在他的武侠小说《天龙八部》中这样写道:“她赤着双脚,踏在地毯之上。游坦之一见到她一双雪白晶莹的小脚,当真是如玉之润,如缎之柔,一颗心登时猛烈地跳了起来,双眼牢牢地盯住她一对脚,见到她脚背的肉色便如透明一般,隐隐映出几条青筋,真想伸手去抚摸几下。两个契丹兵放开了他。游坦之摇晃了几下,终于勉强站定。他目光始终没离开阿紫的脚,见她十个脚趾的趾甲都作淡红色,像十片小小的花瓣。”纵使阿紫那般任性刁蛮、狠毒霸道,一双莹润美丽的小脚却虏获了游坦之的心,几次出生入死,救她于危难。

可见,女人的脚有如此大的魅力,如果说你拥有一双纤纤玉手,怎能搭配一双黝黑丑陋的脚呢？如果你没有一双美丽的手，那么为何不让你的双脚来弥补遗憾？冬天你的脚可以被包裹在鞋子里，漂亮不漂亮只有自己知道，不会影响你外在的美丽，但是到了夏天，穿着凉鞋就无法掩盖脚部的缺点了，要做美丽女人，足部护理绝对不能忽视。

上了一天班，高跟鞋陪你度过了七八个小时的上班时间，到了家里，双脚和小腿都有些浮肿。这时你可以躺在床上，双脚斜倚在墙上，与身体形成45度角，放松30分钟后按摩双脚，注意不可过度用力按摩小腿，有的医生认为按得太多会令肌肤松弛。可用紧致霜按摩，效果更理想。另一个较方便的做法是，在水中放些石块，双脚浸下转动石块，同样有增加血液循环的作用。乘坐飞机时，双脚最容易肿胀，因此一定要提前做好准备，穿上宽松舒适的鞋子。过一段时间就在通道来回走动，帮助双脚血液循环。

像护手一样，护理足部也要定期去角质。走路过多或者鞋子尺码不合适、不舒服，会产生恶性摩擦，时间久了脚部便很容易生出硬皮和茧来。想要去除厚厚的角质，可以将双脚在热水中浸泡15分钟，然后用浮石轻轻地在死皮上打圈，每星期做2次，逐渐清除死皮。需要注意的是，泡浸时间越长，足部皮肤越软，这时要避免太用力摩擦，以免擦损皮肤。

对于脚爱出汗的女人来说，鞋子的透气性非常重要。如果你的双脚特别多汗的话，就不必涂太厚的润肤霜。夏季在鞋里撒上一些特制的吸汗爽足粉，不仅使鞋子保持干爽，而且利于穿上和脱下鞋子。在冬季尽量不要穿尼龙袜子，棉袜较透气，或可以在鞋子里垫上棉质的鞋垫。不管在什么季节，都要避免穿胶质鞋子。

不要以为漂亮的双脚是天生的，其实后天的保养非常重要。就连基本的站姿对双脚的塑造也是有很大作用的。不良的站姿会引发各种问题，如背痛、消化不良，甚至头痛。可以通过下面的方法改善站姿，先站在一面大镜前，两脚微微分开。检查一下姿势是否正确，你很有可能在站立的时候将全身重量压在一条腿上，并把关节扭向一边；而正确的方法是让两条腿平均地分担全身重量，同时使关节和双肩保持水平状态。优美的仪态不仅可以减轻压力，而且可以有助于收紧腹部肌肉。

除了自己做一些简单的足部护理，也可以到专业的足疗店找足疗师按摩。

当然，在你双脚非常疲乏的时候，可以试试用冷热水交替泡脚的方法来解乏。方法是先将双脚在冷水中浸泡大约30秒钟,然后在热水中再浸泡3分钟。这样做的目的是促使血液循环,保持血管顺畅,利于预防静脉曲张。浸泡完毕后,用毛巾将双脚包起来,把双腿稍微垫高一点,躺在床上休息20分钟,舒缓紧张的肌肉。冷热水可加速血液循环,冬天戴手套和棉袜保持温暖,但谨记手套和鞋子不可太紧,否则会抑制循环。

31 防晒霜的选择与使用

如今,臭氧层被破坏严重,太阳辐射和紫外线的杀伤力甚是厉害,女人要学会使用防晒霜来保护自己娇嫩的皮肤,当然,选择防晒霜的学问也很多。

炎炎夏日,防晒霜是每个女人的必备品,对于爱美的你来说,你是否了解每天使用的防晒霜?你知道如何正确地选择和使用防晒霜吗?每个女人都有自己的性格和特色,化妆品也一样,不同情况下它们的作用也是不同的,女士们要根据自身情况,有选择地决定使用哪一种,要让它的功用发挥到最大,在保护女人敏感肌肤的同时也带给女人美的享受。

防晒霜一般分为物理防晒和化学防晒两种。物理防晒,顾名思义,就是利用物理学原理,这种防晒霜的原子微粒是片状的,当在脸上涂开的时候,就像镜子一样,反射阳光,达到防晒的目的。化学防晒就是用化学成分来防晒,这种防晒霜是利用吸收的原理来防晒,这是一种透光物质,可吸收紫外线,使其转化为分子振动能或热能来达到防晒的功效。理论上,物理防晒要优于化学防晒,但是目前市面上大多是化学防晒产品。

不过不管是物理防晒还是化学防晒,只要对我们的皮肤能够起到保护作用,都是可以大胆选择使用的。只是在选择时,我们还需要了解自己的肌肤状况,肤质类型的不同要求我们选择不同种类的防晒霜。

对于干性皮肤。干性皮肤的爱美女士应该选择补水功效强的防晒霜,这种防晒霜质地滋润,涂抹之后不会感到油腻,并且由于干性皮肤经太阳照射后很容易产生晒斑,所以防晒霜中含有抗氧化成分是非常重要的,这样可以增强肌肤的免疫力，不仅不会晒黑，而且也可以有效防止晒斑的产生。

对于油性皮肤。油性皮肤的女性选择防晒霜要慎重，一般市面上的防晒霜涂抹之后感觉会比较油，这种产品容易堵塞毛孔，不适合油性皮肤的人使用。很多女性朋友的皮肤虽然爱出油，可是感觉还是干干的，很难受，所以想涂油性的护肤品。这种做法和认识是十分错误的，油性皮肤的干燥，是由于肌肤深层缺水的原因导致的，所以当务之急是补水，一般的护肤品只能做表面的缓解工作，并不能从根本解决干燥的问题，因此除了经常做保湿面膜外，还要多喝水，多吃水果，应该选择渗透力较强的水剂型、无油配方的防晒霜和护肤品。对于油性肌肤来说，物理防晒霜要慎用，防晒油更是禁忌。

对于痘痘皮肤。每个女人都爱美，可是并非每个女人都拥有一张光洁的面孔。年轻女性脸上不时冒出几颗恼人的痘痘，已经让人心情很低落了，偏偏又不得不出去，可是涂上厚厚的防晒霜对痘痘而言真是一种折磨，弄不好被太阳一晒，便又红又肿了。建议脸上有痘痘的女性，尽量采用物理方法防晒，比如用遮阳伞、遮阳帽等，如果痘痘不是很严重，可以参考油性皮肤选择防晒霜的方法，但是谨记，从外面回来，一定要彻底清洗皮肤，并且要用消炎保湿的面膜，这样才能防止痘痘进一步恶化。

对于敏感肌肤。皮肤敏感的人，任何保养品都不能乱用，更不要说防晒霜了，任何产品在购买之前，都要在自己的手腕或者耳后涂抹一些试用品来测试，如果 10 分钟内出现皮肤红、肿、痛、痒等情况，说明自己对这种产品有过敏反应，就不要购买了。对于敏感性皮肤，最好购买那些专门针对敏感肤质的护肤品和防晒霜，不过即使这样，也不要经常使用防晒霜，最好选择物理防晒品，而且要时常注意自己皮肤的变化情况。

还有一点需要提醒的是，即使你不是敏感性皮肤，如果服用了降血压、减肥药或者镇静剂，那么就应该提高防晒霜的防晒系数，因为服用这些药剂的人的皮肤容易对光过敏，所以要格外注意。

选择防晒霜不仅要看自己的皮肤情况，还要结合你将要去的场所、环境的情况来变化。大家千万不要以为只有在室外，紫外线才会对皮肤造成伤害，实际上，即使在冬天、阴天以及室内都会有紫外线的照射，只是强度会比夏季和室外弱一些，因此对一般人而言，防晒霜最好每天使用。

一般来说，日常用防晒霜的 SPF 值保持在 10 ~ 15 之间就可以；而如果外出或者旅游，最好选择 SPF 值为 15 ~ 30 的防晒霜；游泳、日光浴或者打球等长时间户外活动，最好选用SPF值在30以上的防晒霜。

在涂抹防晒霜时，要注意用量，如果太薄起不到防晒的作用，太厚又会加重皮肤的负担，堵塞毛孔，所以一般以涂抹量为每平方厘米2毫克，一双手臂一次应涂抹2～2.5克，面部一次应该涂抹1～1.5克。因为防晒霜并不是涂上之后立刻就能发挥作用，所以应在出门前半个小时左右涂抹较好。

32 晒伤皮肤的护理方法

不晒不知道，一晒吓一跳，烈日炎炎中，你的皮肤是否受伤了？赶快学学简单方便的自我护理方法，拯救你的肌肤吧。

炎热的夏季，紫外线照射过于强烈，人们在户外停留时间过长的话，皮肤很容易出现红肿、刺痛、脱皮、水泡等现象，如果你或者身边的人出现了类似的现象就要注意了，你们的肌肤可能已经晒伤了。

肌肤晒伤之后要赶快实施抢救策略。首先应该离开太阳的直接照射，可以到气温较低的房间中让皮肤自然冷却，此时不要再涂抹任何加重皮肤负担的保养品，以免皮肤的伤情加重。当你感觉身体舒服一些之后，要用无刺激的温水把脸部清洁干净，涂抹温和的、有消肿、消炎、舒缓功效的保养品，或者可以做个清凉舒服的面贴膜，先让自己的皮肤镇定一下，然后再涂上有细胞修护、再生和缓解皮肤晒伤症状的护肤品进行护理。

如果你感觉自己的脸部皮肤像火烧似的发烫、疼痛，那么你的皮肤是真的被晒伤了。此时，要赶快用棉片蘸冰水给皮肤降温，也可以把面膜放到冰箱里冷冻一会儿后敷脸。等脸色恢复正常之后，再做进一步的清洁，然后涂上天然的芦荟胶来进行消炎平复。

如果感觉晒伤过于严重，自己很难处理，那就要赶快去医院的皮肤科就诊，让专业的医师来帮你拯救脆弱的肌肤。

在日常生活中，晒后修复和防晒同等重要，试着用身边的一些小东西来进行晒后修复，既简单又方便。晒后修复工作最好在回家之后立刻着手进行，首先就是要把防晒霜洗掉。很多人会想，反正在室内也需要防晒，不如先不洗，等晚上睡觉之前再处理吧，其实这样就错了。因为你刚从外面回来，防晒霜已经吸收了大量的灰尘，而且一部分杂质可能会渗透进皮肤内部，如果不及时清洗，就会产生杂质和色素的堆积、沉淀，很容易长痘痘和雀斑，所以回家第一件事就是把防晒霜清洗干净。然后，我们就可以用黄瓜、蛋清、西瓜皮和蜂蜜等来进行晒后修复。

黄瓜。富含丰富的维生素C，能够增强肌肤的再生能力，而其充足的水分，既能让你的皮肤喝得饱饱的，又能治疗脱皮、红肿现象。

蛋清。含有丰富的蛋白质，可协助皮肤生长。

西瓜皮汁。西瓜皮汁具有清润的效果。曝晒后，可以用西瓜皮捣汁，掺入蜂蜜做面膜，不会出现滴漏情况。整个敷面过程为15～30分钟，之后用清水洗净脸庞。

蜂蜜。含有丰富的维生素、葡萄糖等，能滋润、美白皮肤，还有杀菌消毒的功效，使伤痛早愈合，皮肤恢复光泽。

33 牙齿美丽的小妙方

一口洁白、整齐的牙齿，给人清新干净的感觉，好的牙齿不仅可以让我们"吃嘛嘛香"，更能体现出个人品位。

我们经常看到非洲人笑起来露出一口白牙，因为对比强烈，所以让人印象深刻。对于女人，相信漂亮性感的红唇下面若是露出一口黄牙、假牙、四环素牙，真是太煞风景了。所以，时尚的都市男女，除了注重皮肤的美白外，如今也开始关注牙齿，想方设法地美白牙齿，彻底做到"武装到牙齿"。

不过不要以为天天刷牙，牙齿就不会变黄。刷牙是可以去除牙齿表面的污垢和细菌，但是还有一些残留物会沉积下来，使牙齿逐渐变色。牙齿泛黄其实跟饮食习惯也有很大关系，经常喝茶、饮咖啡、吸烟等都会在我们的牙齿上留下色素，然后这些色素就会吸附在牙齿上，时间久了就会使牙齿表面变黄或变褐黑色。下面介绍几种简单实用的牙齿美白小窍门。

少抽烟,勤漱口。经常喝茶、喝咖啡或者抽烟等都会造成牙齿变黑或黄,饭后记得漱口,可以及时赶走附着的细菌及色素。

勤刷牙及使用牙线。每天坚持至少早晚两次刷牙,最好是早晚各一次,牙缝处可使用牙线,不要给牙齿间隙的污垢留下可乘之机,如果能配合使用有洁白亮丽作用的牙膏,效果会更好。

使用牙齿美白产品。美白笔和美白涂剂是比较流行的美白牙齿产品,涂抹时尽量避开牙肉,不要涂到牙龈,而且也不需要整个牙齿都涂,只要涂牙齿前端,微笑或说话时会露出的部分就可以。

牙齿美白后的48小时内,不宜食用太冷或太热的食物,也不能喝咖啡、茶、可乐等具有染色效果的饮料。为防止牙齿在此时吸收更多色素,一星期内,最好不吃容易染色的食物,比如麻辣火锅,也不宜咀嚼槟榔、吸烟等。

时下,给牙齿美容也成为一种风尚,根据日本著名时尚杂志公布的消息,是否拥有洁白闪亮的牙齿已经成为衡量美女的标准之一。在韩国,融牙医学和审美学于一体的美学牙科逐渐受到重视,“艺术牙科”、“微笑中心”比比皆是。这些都说明越来越多的人开始意识到口腔护理和牙齿美白逐渐成为一种时尚健康的生活方式,就像护肤和健身一样,是对自身整体形象和魅力指数的提升。

然而无论是何种的“牙齿美白”技术,或多或少都会对牙齿和我们的身体造成危害,想要避免这些,不如从日常饮食下手,吃出洁白的牙齿。

芹菜

当你大口咀嚼芹菜时,它正在帮你的牙齿进行一次大扫除,让你减少蛀牙的机会。一位牙科主治医师解释说:“这些纤维粗的食物就像扫把,可以扫掉一部分牙齿上的食物残渣。”另一方面,当你越是费劲咀嚼,就越能刺激分泌唾液,平衡口腔内的酸碱值,达到自然的抗菌效果。嘴馋的时候,别尽想着甜点零食,可以将芹菜、小黄瓜和胡萝卜切成条状,一嘴馋就嚼一嚼,不但可以按摩牙龈,而且可以补充一天的蔬菜量。

芭乐

想让自己的牙龈保持健康,吃芭乐也是个好方法。芭乐的热量低,很多人节食的时候以它来增加饱足感,而其维生素C含量又高居水果之冠。维生素C是维护牙龈健康的重要营养素,严重缺乏的人牙龈会变得脆弱,容易出现牙龈肿胀或流血以及牙齿松动或脱落等症状。

除了芭乐之外，维生素 C 的最佳食物来源是各种蔬菜和水果，如甜椒、球茎甘蓝、绿花椰菜、西红柿、奇异果、柑橘类水果、木瓜、草莓等。每天均衡摄取 3 种蔬菜、2 种水果，大约就能满足身体的需求。建议经常在外吃饭或工作压力大的上班族，可以带一颗芭乐或一些小西红柿到公司，等下午肚子饿或精神不济时，拿来当下午茶吃，既可以补充体力，也不必担心发胖。

奶酪

大家都知道钙摄取不足会有损骨骼，其实这也会耗损牙齿健康，所以每天要从各种天然食物里补充钙。奶酪不但是钙的良好来源之一，它对牙齿还能发挥保护作用。英国的研究指出，奶酪里含的钙及磷酸盐可以平衡口中的酸碱值，避免口腔处于有利细菌活动的酸性环境，造成蛀牙；而且经常食用奶酪能够增加齿面的钙，有助于强化及重建珐琅质（因为钙是组成珐琅质的最主要成分），使牙齿更为坚固。

早餐可以吃一份西红柿奶酪三明治。准备 2 片全麦吐司、1 片约 3 厘米厚的西红柿及 1 片低脂奶酪。首先，将奶酪片置于吐司上，再放上擦干水的西红柿；依个人口味，适量挤上少许黄芥末酱及洒上少许黑胡椒粉；然后用另一片吐司将材料夹起来。以锡箔纸将吐司整个包好，放进预热的烤箱，烤几分钟即可。

绿茶

被日本人视为长寿之宝的绿茶，对健康的好处实在多到让人无法抗拒它，许多研究都指出它的抗氧化能力相当强，可以预防多种癌症，常喝的人也会减少罹患心血管疾病的风险，就连牙齿也会因为喝了绿茶而变得更健康。一方面，绿茶含有大量的氟（其他茶类也有），可以和牙齿中的磷灰石结合，具有抗酸防蛀牙的效果；另一方面，据研究显示，绿茶中的儿茶素能够减少在口腔中造成蛀牙的变形链球菌，同时也可除去难闻的口气。

视个人喜好，每天喝 2～5 杯绿茶，建议在用完餐或吃甜点之后饮用。整天都处在空调环境里的上班族，皮肤较其他人更容易出现问题，干涩、容易长小细纹。补充水分自然是最佳的选择，因为人体如果缺少水分，尿液会减少，也就不容易排除身体内的毒素，随之而来的是容易疲倦、思维混乱。但补充水分也有学问，在空调环境中的人，最好改喝绿茶，绿茶除了可以补充水分外，还可以预防计算机辐射。需要注意的是，绿茶里含有咖啡因，所以孕妇应该限量饮用。

建议每天吃半颗生洋葱,不但可以预防蛀牙,还有助于降低胆固醇、预防心脏病及提升免疫力。制作生菜色拉时,可以放几片新鲜洋葱;或者在汉堡、三明治中,夹上一些生洋葱丝。

香菇

菌类在近几年不但成了提升免疫力的热门食物,一些研究还发现,它对保护牙齿也有帮助,原因是香菇里所含的香菇多醣体可以抑制口中的细菌制造牙菌斑。香菇为侧耳科植物香蕈的子实体,又名香蕈、冬菇、花菇、香菌、香信等,其味甘性平,具有补气益胃、增智健脑、降脂减肥等作用。菌类带有独特的风味,而且热量低,不论煮汤、清炒或凉拌都很可口。每周吃2~3次各种菌类,是简单又不用花大钱的保健方法。

芥末

品尝日本料理的生鱼片或者寿司,都要配上那呛得让人眼泪鼻涕直流的芥末,主要目的是为了杀菌。芥末会产生如此辛辣、呛鼻的味道,是因为它内含一种特殊成分,这种物质也存在于其他十字花科蔬菜里,如菜花、西兰花等。

如果你坚持按照上面的窍门去做,养成良好的饮食习惯,相信拥有一口人人羡慕的白牙并不是梦,当你展现自己迷人的笑容时,让你的牙齿如钻石般为你增加一个亮点,让牙齿也成为你的自豪吧!

34 小窍门助你打造完美肌肤

细腻润滑的肌肤是每个女人都渴望拥有的,如果你依然希望得到人人称赞的肌肤,那么尝试一下下面的小窍门吧。

肤如凝脂,是中国女人皮肤中的极品,一般只有婴儿才能拥有如此细腻柔滑的皮肤。皮肤是女人身体的底牌和基础。女人皮肤的好坏直接影响别人对自己的感觉,男人对极好皮肤的女人,会像看到了精美艺术品那样心动。在男人眼里,拥有完美皮肤的女人无疑是优雅的,即使长相普通,也会得到额外的加分。皮肤代表着质感和身体的品质。因此有些男人会因为女人的好皮肤而疯狂地爱上她。

然而随着女人年龄的增加，皮肤年轻度会下降，所以很多男人喜欢年轻女孩，不仅是喜欢年轻人的活力四射，还包括年轻有弹性的皮肤。

可见平时对皮肤的保养对于女人来说是多么重要，条件允许的女人喜欢去美容院，去做拉皮或其他整容，用高科技武装自己，而大多数女性并没有如此优越的条件，那么就要从日常保养入手，从细节着手，让自己留住年轻，留住美丽。保养皮肤，这些保养品是必不可少的，来看一下吧。

爽肤水

爽肤水是洁面后的二次清洁和重整肌肤，可以选择无酒精、含水量高的配方，可以充分滋润和调整皮肤状态。

润肤乳

不管你的肌肤性质如何，选择一款含有大量水分的面部乳液都十分必要。因为化妆品可能会使肌肤干燥、敏感或油光浮面，而润肤乳中充足的水分可以使这些问题一一缓解，一张持久饱含水分的脸庞才是亮丽妆容的最佳体现。

眼霜

眼部肌肤最为脆弱，一旦缺水就会产生皱纹，女人需要经常化妆以保持她的魅力，而化妆又是催生皱纹的高危动作。这就需要在化妆前先为眼部好好补水，选择清爽不油腻的眼霜，为双眸生艳添魅。

隔离霜

户外活动少不了风吹日晒和空气污染，在妆前打上一层有防晒效果的隔离霜，既可以隔离彩妆刺激，又可以防御外部侵害，是户外妆必不可少的步骤。好的隔离霜不但防晒效果要出色，而且清爽保湿，令妆效更完美。

面部水分喷雾

一瓶小小的喷雾，只需轻轻一按，细密的雾状小水珠顿时让你的脸面变得水灵，是即时舒缓肌肤干燥、肿胀等的法宝。不过喷在脸上 1 分钟后一定要用棉片把多余水分吸干，否则水分的蒸发会把皮肤里原来的水分也带走，只会令皮肤变得更干燥。

补水面膜

干燥的皮肤是最难上妆的，粉会一粒粒浮在表面上，像刚在面缸里蘸过一样难看。这时候你需要一款速效的补水面膜来救急，敷在面上 10 分钟，立即为肌肤注入充足水分，喝饱水的肌肤柔软水嫩，上起妆来自然服帖。最方便实用的是棉式面膜，只需从密封的独立包装中取出整张敷在脸上即可，棉式载体可保存充足的水分和养分，又可防止水分在使用过程中迅速蒸发，是随身携带的补水面膜的最佳选择。

修正液

早春寒冷的空气和夏季室内的空调都会让皮肤因敏感而发红，看上去的确不美。要想让肌肤变得白皙粉嫩，就要用绿色的修正液来平衡红色；而如果你的脸色晦暗泛黄，就要靠紫色修正液来还你净白明亮了；如果你的脸上肤色不匀或有小小雀斑，黄色修正液的掩饰效果值得一试。

精华素

精华液含高浓度的有效成分，渗透力特别强，容易被肌肤吸收。晚间，当肌肤的新陈代谢进入最活跃的阶段时，精华液中的成分可渗透角质层之间进行修护，重组因环境污染、生活压力等所引致的受损细胞。睡前洁面及爽肤后，以数滴的精华素均匀点在脸上，轻轻按摩，然后用润面霜将所有成分锁住。

除此之外，你还需要内调，从里到外的保养，才是完美的保养之道。

注意补充营养

维生素是维持生理功能的重要成分，特别是与脑和神经代谢有关的维生素 B_1、维生素 B_6 等，这类维生素在糙米、全麦、苜蓿中含量较丰富。也许你的工作很忙，饮食很单调，那就更应该用各种新鲜蔬菜和水果来补充，必要的时候还可以在医生指导下服用一些维生素补充剂，来保证体内维生素的均衡，从而保持美丽的容颜。

饮茶有限制

现在，很多女性朋友喜欢喝茶，她们觉得多喝茶更能促进食物消化并提神醒脑。营养专家提示，饮茶是分时段的，不然的话不仅影响睡眠，对身体也有一定的伤害，女性在孕期和哺乳期不要饮茶，这是众所周知的。

还应该提醒的是，生理期来临时不要饮茶，此时经血会消耗掉不少体内的铁质，若此时在饭饱之际喝茶，由于茶叶中含有高达50%的鞣酸，它会妨碍肠黏膜对铁质的吸收，对身体很不利，女性朋友在此时更要多补充含铁丰富的蔬菜、水果。正值更年期的女性最好不要饮茶，这个时候会出现头晕、浑身乏力、心跳加快、易怒、睡眠质量下降等现象，如果再喝茶更会加重这些症状。

睡前需保养

睡前，最好保持房间内适宜的湿度，以保证肌肤不干燥。有时也可用加湿器将水蒸气加到空气中。

每晚临睡前用温和的清洁剂（弱酸性）彻底清洗面部，不要用磨砂清洁剂或是收敛剂（油性皮肤除外）。临睡前，将蔬菜油点少许在眼睛四周和眼角处的柔软肌肤之处，以减少皱纹产生（最好用皮肤生长因子原液护理）。

睡前做轻微运动，可使血液均匀地分散到全身，有助于肌肤的新陈代谢。

轻微按摩脸部，从脸的中心至四周逐渐按摩，可以加速脸部的血液循环，促进新陈代谢。使用温和的滋润剂、乳液和晚霜（营养型为主），加强真皮的保护，防止肌肤干燥产生皱纹。睡觉时不要把头埋在被子里，这样会妨碍脸部皮肤呼吸，造成脸部起皱纹的现象；而且由于被子的絮状物质会吸收你脸部的水分，脸部会大量缺氧呼吸不畅，造成脸部水分的流失。

睡眠前热水浴是女性最重要的项目。热水浴的外加热作用，使人体血液循环加快，肌肉松弛，皮肤毛孔扩张，加上将体表汗、油、污物除去，能增强人的新陈代谢功能，浴后对人体的神经和内分泌系统均有影响，尤其对皮肤的酸碱度、毛细血管的抵抗力、皮肤温度、氧化还原能力、皮肤水分量、发汗量等更有影响。

第5章

风姿卓越，五光十色的女性风情

——女人的品位因细节而升华

一个女人的品位与自身的修养有关，与自身的思想有关。有品位的女人，拥有自己独特的个性和智慧，她能够从平凡的事物中看到不一样的东西。她们未必漂亮，但是她们会打扮，她们懂得用最适合自己的物品来装点自己；她们或许并不出众，但是她们健康快乐地生活，她们的内心是知识的积淀，她们是最有品位的女人……

35 披肩尽显女人的风情

披肩是一种美艳和私语的东西，一般女人是“降不住”它的，真正能驾驭它的女人，身上必然有一般女人所没有的气质，仿佛一种含香吐韵的经典，或者静眠千年的灵韵，构成一种生命力的律动。

披肩的作用，除了御寒就是装饰。女性在日常生活中所用的披肩，大多是些比较朴素、质地比较厚实的，一般在秋冬季节使用，目的在于御寒。而活跃在社交场合的女性，使用披肩是不分季节的，这是借用面料与质地，尽最大可能地发挥披肩的装饰作用。

侧重装饰的披肩，一般女人是“降不住”它的。凡能让披肩披出风采的女人，身上一定有某些气质，或美艳或才气，这是十分美妙的感觉。她们的肩头或胳膊上随意搭着一块很长、很宽、带有与巾身图案同色的流苏大披肩，使人联想到一首诗，“流光总是把人抛，红了樱桃，绿了芭蕉……”

作为时尚道具的披肩，不管色彩朴素还是斑斓，都为了表达某种意境，成熟、优雅、缠绵或静若处子。纯粹的素色、黑和白或者同色的密密交织的花纹表现出朴素，犹如一个细节复杂的故事不动声色地写在那里；相反，色彩斑斓的意味却单纯得多，别有一种宁静的忧伤。日本人赞美盛夏的花为“一朵深渊色”，对于那些色彩艳丽、图案复杂的夏季披肩，感觉上是一样的。

披肩的色彩丰富，还有一些诸如印花、格子、绘画等风格的披肩，上班、逛街都可以搭配。特别是在风大的时候，带一件大大的披肩，既可以挡风还可以保暖，而且这种披肩比较随意，只要搭配合理，就会很好看。

微冷的秋天，太厚的衣服可能还穿不到，穿一件薄外套或者薄毛衣，将设计简约、图案丰富的披肩随意地披在身上，既暖意十足，又风情万种。在搭配的时候要注意，纯色披肩尽量搭配简约的服装设计，比如，你穿一身灰色系或者深色系的服装，那么在使用披肩的时候，尽量不要在颜色上相差太远，可以是同色系，也可以是邻近色。

其实作为生活中常用的披肩，最好不要选择色彩过于独立的颜色。比如你突然看到喜欢的颜色,买回去却发现无法和自己的服装搭配,显然不实用。所以在购买披肩的时候一定要先考虑自己日常穿着的服装色彩,然后再进行搭配购买。

职场女性的披肩多以棕色、黑色或者灰色为主,在谈判或工作交流的时候给人干净、利索、沉稳、严肃、端庄的感觉。热爱休闲生活的女性可以选择花样繁多、色彩感强的披肩,如波西米亚风格、吉卜赛风格、印度风格、阿拉伯风格等,还有夹杂着金棕色丝的、镶着亮片的、鸵鸟羽毛的等,都是可以选择的。

当然披肩对于服装的搭配很有挑战性,需要根据不同的人来选择不同的风格。从事艺术或者教育的女性,往往生活品位较高,很注意自己的格调,在选择披肩上面尽可能地要体现自己与众不同的文化教养与艺术修养,这类女性多可以选择呢子的、纯棉的、真丝的、羊绒的、有流苏的、未车边的、宽幅的、镂空织花的、带荷叶边的等设计的大披肩。

请记住,在身上不要出现三种以上过于抢眼的色彩,如果你非常喜欢纯色的披肩,那么你可以选择以一种高饱和的色彩为主、其余两种色彩为辅的搭配。比如你穿一件白色暗花衬衣和一条淡蓝色牛仔短裤,搭配黑色长袜、深棕色腰带,这些服装的色彩比较灰暗,给人感觉沉闷。但是如果你搭配一套正红色的大披肩,色彩立刻与众不同,抢眼而醒目,这样的搭配就给人非常深刻的印象,既时髦又独具特色。

36 拿项链和女人说事儿

现在都说女人的脖子最值钱,看一个女人是否迟暮,观察她的脖子即可。

时尚的女人必须拥有一条项链。珠珠翠翠,繁星点缀,即使是点滴的颜色,挂在细长的脖颈上,你即会像天鹅一般优雅。现在都说女人的脖子最值钱,而若想发现一个女人是否自信,不看她戴的项链怎么能行?

项链之所以百益而无一害,关键在于它令众多女性获得社会认可的自信心。某摄影网站统计，明星走在星光大道时，百分之九十九点九的女性会戴项链出席，在一些八卦网站上评论最多的也是她们的珠珠串串，其中明星因为佩戴名贵项链而凸显美丽的数不胜数。项链最能透露一个女人的品位，这也难怪一些视珠宝为生命的诸如伊丽莎白·泰勒这样的女人也会自己掏钱买首饰参加宴会。

众多首饰中，项链永远是最能展现工艺和设计的饰物。无论是多大的珠宝品牌，一套得到美称命名的套装里，缺什么都行，但就是不能缺少项链！不同性格的女人对于项链的喜好与选择也各有不同。

出众型女人。她们期盼着别人的注目，所以所有的赞美与欣赏都会聚集到她们身上最显眼的位置，她们喜欢佩戴名贵的项链。这样的女人一般年龄为三十岁左右，单身或者有男朋友，她们平时会将自己打扮得时髦且漂亮，就算去超市，也要精心选择一条醒目、夸张的项链才会出门。

情绪型女人。有一种女人天生两种性格，既自信又低落。她们平时喜爱打扮，却对首饰分外挑剔，因此也就很难选择到自己喜欢的项链。同时，她们亦有喜新厌旧的特性，很容易对戴过一两次的首饰失去信心。一旦没有漂亮的首饰装扮自己，她们就会感觉失去了阳光，这时候她们所需要的是一种类似于强心剂的东西，如果这时候给她们一条美艳出众的项链，她们一定会为你上演一场明星般的表演。

百变女郎。这种女人对项链有百变的功夫。羞涩的女生也好、白领也罢，无论她们的原型是什么样子，戴什么样的项链出现，她们就会变成一个与项链的气质完美结合的女人！

项链的风格

对项链一定要有明确的认知和态度，只有了解自己的风格，才能找到适合自己的项链，比如颜色、质地、长度等，每个人都有不同的需求。不要人云亦云，看到邻桌的同事戴了漂亮的项链就去购买相同的，这不是现代女性理智消费的主张。逛街时可以大胆地尝试佩戴不同款式的项链，哪怕是钻石，放在玻璃窗下再漂亮，也需要你亲自试戴，只有经常这样做，用不了多久，你就会知道哪一种风格最适合自己了。

佩戴次数

越名贵越显眼的项链，就越不能连续佩戴。就像同一件衣服最好不要连续穿两天的道理一样，几天都戴同一条项链出门，会让人对你品位的印象大打折扣。建议将名贵的项链搭配不同样式的服装,可以间隔几天再佩戴。

项链的搭配

如果女人不懂得项链的搭配之美,实在令人遗憾。如果把应该和晚礼服相配的钻石项链戴在高领毛衣外,把圆润的翠珠和休闲装配在一起,穿着高贵的拖地晚装搭配藏饰穿梭在宴会中,这些都不是明智的方法。正确的方法是,多观察时尚报刊中模特对首饰的演绎,学会欣赏的同时自然也会得到正确的收获。

在选择项链时,要考虑装饰效果,如果要突出项链上的挂件,项链就不宜太长太粗;如果只想突出项链的美观,那就要注意其款式,一般选花型项链较适宜。项链的大小应视佩戴者的情况而定。脖子粗的女性,项链的尺寸要大,反之要小。此外,选择项链也要考虑服装的领型。颈部短的女性,最好穿V字领服装或敞开衣襟,以此来突出颈长的感觉,然后再搭配长而细的项链和一个小小的心形项坠,与V字领相吻合,露在领口正中,这样就会显得颈部长而细。

37 瑜伽,在静止中感受律动

对于女性来说,瑜伽算是最安静的运动,然而它的效果却比很多剧烈的运动更好。

瑜伽对于现在的女性来说已经不再陌生,许多爱美的女性纷纷选择了瑜伽作为自己修身养性的日常运动。瑜伽起源于印度,是一个通过提升意识、帮助人们充分发挥潜能的哲学体系及其指导下的运动体系。瑜伽姿势是一个运用古老而易于掌握的方法,提高人们生理、心理、情感和精神方面的能力,是一种可以使身体、心灵与精神和谐统一的运动形式。

爱美是女人的天性。为了塑造健美、苗条体形这一宏伟目标,许多人忍痛割爱,不得不抵御美食的诱惑、忍受运动的艰辛、顶住减肥药带来的不适、坚持穿着塑形内衣,甚至不惜去做抽脂手术。肥胖者努力减肥的结果却往往不那么完美,或者无效,或者体重反弹,或者出现闭经等严重后果。然而,通过瑜伽减肥的方法可让你得到惊喜。

然而，更多的女性不再为了减肥而选择瑜伽，因为瑜伽的功用不仅是这些。长期练习瑜伽的姿势、调息法及放松法可预防多种疾病，尤其是糖尿病、高血压、饮食失衡、关节炎、动脉硬化、静脉曲张、哮喘等慢性疾病。有研究显示，长期练习瑜伽的人比其他人更懂得注意自身的体温、心跳率和血压水平。近年来，医学界已证实瑜伽可以有效调节神经系统及内分泌系统，进而改善个人整体健康。而它在心理及精神方面的影响力，更被用来改善囚犯的心理健康，帮助他们减轻精神压力、恐惧感、攻击性以及培养他们重归社会的能力。瑜伽的益处数不胜数。如果我们明白生理、心理和精神三方面的健康并不能分割处理，自然会对整体生命有更透彻的了解。瑜伽的最终目的，是拓宽个人意识，令我们更了解生命的意义和价值。

不少人由于不了解瑜伽这项运动，因此对瑜伽的认识并不正确。

并不是只有身体柔软的人才能够练习瑜伽，而是因为练习了瑜伽，身体才会变得柔软。此外瑜伽讲求适度即可，而并不追求动作完成的幅度大小，只要练习者尽力而为，便可收到理想的效果。

练习瑜伽可以起到减肥瘦身的作用，但其并不是一种减肥运动。瑜伽练习的最终目的是身（身体）、心（思维、情绪等）、灵（感知事物的本能）三者的平衡，因此练习者不仅获得了身体的健康，还获得了心理的健康和本能的发展。

瑜伽并不是舞蹈，也不是柔术，柔术和舞蹈是以表演为主要目的的，而瑜伽的练习目的是从身、心、灵三方面进行全面修习，过程中需要体位、呼吸、冥想、放松等多种技法的配合，其目的是完全健康和自我修习。因此瑜伽同柔术、舞蹈虽然“形似”，却“神差千里”。

练习瑜伽并不是一件痛苦的事，相反它可以解除疲劳，焕发精神，每天练习瑜伽就像做了一个由内脏、腺体到肌肉、骨骼、甚至大脑的全身的休闲按摩，其舒适感觉并非能通过其他方式可以获得的。

女性朋友在单独练习瑜伽动作时，要注意环境的选择。

（1）明亮开放的空间，要求地面必须是结实和稳固的。

（2）制造一个安静的环境，把电话线拔掉，手机调成静音模式。

（3）房间的温度应该保持在中等偏暖的范围内，不要太热，也不要太冷。避免在阳光直接的照射下练习瑜伽。

(4)用专业的瑜伽垫子或者铺上一条大浴巾、防滑垫等。

(5)穿一件舒适、宽敞或者有弹性的衣服,让身体能够自由地伸展运动,避免你的呼吸或循环受到限制。

(6)应该赤足练习,但如果太冷可以穿着袜子;把身上的首饰都取下来。

(7)练习之前请不要直接进食,若饱餐之后3~4小时,小吃之后1~2小时方可开始练习。

(8)在练习前尽量清除膀胱和内脏的杂物。

(9)在练习前先洗个温水澡,尤其是热瑜伽。

(10)正式运动前可以做一下简单的预热活动。

任何运动都是需要长期坚持的,瑜伽也并非练习一两次就能够得到你想要的结果,女人练习瑜伽,为的是保持好的身材,并且从心灵和精神上达到一种和谐、轻松的状态,如果你能长期坚持,相信不久的将来,你也可以成为一个有自信的、健康的女人!

38 极致女人的茶道

女人爱茶,女人如茶,女人是中国茶文化中不可缺少的一味,而身为女人,你究竟对茶有几分了解?

中国茶文化的历史悠久,各种各样的茶叶品种繁多,竞相争艳。只要将茶叶放入一盏茶具,加上合适的水质和水温,她们就能在任何一个角落散发着淡淡的清香,弥漫在空气中。很多书上,把女人比喻为花,茉莉女人,玫瑰女人,桃花女人,总之,都是花。花朵易凋谢,而茶回味长,每种茶都有各自不同的回味。因此,如果将女人比喻为茶,那么男人在品尝中懂得了如何爱自己的女人,明白了自己的女人又是什么滋味。

如此像茶的女人,如此爱茶的你,对茶又了解几分呢?

茶的种类

茶,按照其不同的加工方法,茶可分为以下几类。

绿茶。这是我国产量最大的一类茶叶,全国18个产茶省(区)都生产绿茶。我国绿茶花色品种之多居世界之首，每年出口数万吨，占世界茶叶市场绿茶贸易量的70%左右。绿茶制作工艺都经过杀青—揉捻—干燥的过程。由于加工时干燥的方法不同，绿茶又可分为炒青绿茶、烘青绿茶、蒸青绿茶和晒清绿茶。我国传统绿茶——眉茶和珠茶，以香高、味醇、形美、耐冲泡的特点，而深受国内外消费者的欢迎。

红茶。红茶与绿茶的区别在于加工方法不同。红茶加工时不经杀青，鲜叶失去一部分水分，再揉捻（揉搓成条或切成颗粒），然后发酵，使所含的茶多酚氧化，变成红色的化合物。这种化合物一部分溶于水，一部分不溶于水，而积累在叶片中，从而形成红汤、红叶。红茶主要有小种红茶、工夫红茶和红碎茶三大类。

青茶（乌龙茶）。属半发酵茶，即制作时适当发酵，使叶片稍变红，是介于绿茶与红茶之间的一种茶类。它既有绿茶的鲜浓，又有红茶的甜醇。因其叶片中间为绿色，叶缘呈红色，故有“绿叶红镶边”之称。

白茶。是我国的特产，主要产于福建的福鼎、政和、松溪和建阳等县，有“银针”、“白牡丹”、“贡眉”、“寿眉”几种。白茶加工时不炒不揉，只将细嫩、叶背满茸毛的茶叶晒干或用文火烘干，而使白色茸毛完整地保留下来。

黄茶。在制茶过程中，经过闷堆渥黄，因而形成黄叶、黄汤。分“黄芽茶”（包括湖南洞庭湖君山银芽、四川雅安、名山县的蒙顶黄芽、安徽霍山的霍内芽）、“黄小茶”（包括湖南岳阳的北港在、湖南宁乡的沩山毛尖、浙江平阳的平阳黄汤、湖北远安的鹿苑）、“黄大茶”（包括的大叶青、安徽的霍山黄大茶）三类。

黑茶。原料粗老，加工时堆积发酵时间较长，使叶色呈暗褐色。黑茶原来主要销往边区，是藏族、蒙古族、维吾尔族等不可缺少的日常必需品，如云南的普洱茶就是其中一种。黑茶有“湖南黑茶”、“湖北老青茶”、“广西六堡茶”、四川的“西路边茶”、“南路边茶”、云南的“紧茶”、“扁茶”、“方茶”和“圆茶”等品种。

再加工茶类。再加工茶以各种毛茶或精制茶再加工而成的称为再加工茶，包括花茶、紧压茶、液体茶、速溶茶及药用茶等。

茶叶品质的鉴定

茶叶的品质好坏，在没有科学仪器和方法鉴定的时候，可以通过色、香、味、形四个方面来评价。而用这四个方面来评定茶叶质量的优劣，通常采用看、闻、摸、品进行鉴别,即看外形、色泽,闻香气,摸身骨,开汤品评。

色泽。不同茶类有不同的色泽特点。绿茶中的炒青应呈黄绿色,烘青应呈深绿色,蒸青应呈翠绿色,龙井则应在鲜绿色中略带米黄色;如果绿茶色泽灰暗、深褐,质量必定不佳。绿茶的汤色应呈浅绿色或黄绿色,清澈明亮;若为暗黄或混浊不清,也不是好茶。红茶应乌黑油润,汤色红艳明亮,有些上品工夫红茶,其茶汤可在茶杯四周形成一圈黄色的油环,俗称“金圈”;若汤色暗淡、混浊不清,必是下等红茶。乌龙茶则以色泽青褐光润为好。

香气。各类茶叶本身都有香味,如绿茶清香,上品绿茶还有兰花香、板栗香等;红茶具有清香及甜香或花香;乌龙茶有熟桃香等;就是苦丁茶,闻起来也具有自然的香气;花茶则更以浓香吸引茶客。若香气低沉,定为劣质茶;有陈气的为陈茶;有霉气等异味的为变质茶。

口味。也叫做茶叶的滋味,茶叶本身的滋味有苦、涩、甜、鲜、酸等多种。如果其成分的比例得当,滋味就香醇可口,而且,不同的茶类,滋味也不一样。上等绿茶初尝略有苦涩感,但回味浓醇,令口舌生津;粗、老、劣茶则淡而无味,甚至涩口、麻舌。上等红茶滋味浓厚、强烈、鲜爽;低级红茶则平淡无味。苦丁茶入口很苦,但饮后口有回甜。

外形。从茶叶的外形可以判断茶叶的品质,因为茶叶的好坏与茶采摘的鲜叶直接相关,也与制茶工艺相关,这都反映在茶叶的外形上。例如,好的龙井茶,外形光、扁平、直,形似钉;好的珠茶,颗粒圆紧、均匀;好的工夫红茶,条索紧齐;好红碎茶的颗粒整齐、统一;好的毛峰茶芽毫多、芽锋露等。如果茶叶的条索松散、颗粒松、叶表粗糙、身骨轻飘,就不算是好茶了。

以茶待客

古往今来,“客来敬茶”是人们日常社交和家庭生活中普遍的礼仪。俗话说“酒满茶半”,奉茶时应注意,茶不要太满,以八分满为宜。水温不宜太烫,以免客人不小心被烫伤。有两位以上的访客时,应用茶盘端出,茶色要均匀,并要左手捧着茶盘底部,右手扶着茶盘的边缘,如果有茶点心,应放在客人的右前方,茶杯应摆在点心右边。上茶时应以右手端茶,从客人的右方奉上,并面带微笑,眼睛注视对方。

喝茶的环境应该静谧、幽雅、洁净,使人感到舒适。选茶也要因人而异,如北方人喜欢饮香味茶,江浙人喜欢清芬的绿茶,闽粤人则喜欢浓郁的乌龙茶、普洱茶等。茶具可以用精美独特的,也可以用简单质朴的。

当然，喝茶的客人也应该以礼还礼，双手接过茶，点头致谢。品茶时，讲究小口品饮，一苦二甘三回味，其妙趣在于意会，而不可言传。另外，可适当称赞主人茶好。壶中茶叶可反复浸泡3～4次，客人杯中茶饮尽，主人可为其续茶，客人散去后，方可收茶。

喝茶时要注意

新茶并非越新越好，若喝法不当易伤肠胃，由于新茶刚采摘回来，存放时间短，含有较多的未经氧化的多酚类、醛类及醇类等物质，这些物质对健康人并没有多少影响，但对于胃肠功能差、尤其本身就有慢性胃肠炎的病人来说，这些物质就会刺激胃肠黏膜，使原本胃肠功能较差的人更容易诱发胃病。因此新茶不宜多喝，存放不足半个月的新茶最好不要喝。

此外，新茶中还含有较多的咖啡因、活性生物碱以及多种芳香物质，这些物质还会使人的中枢神经系统兴奋，神经衰弱及心脑血管病患者应适量饮用，而且不宜在睡前或空腹时饮用。新茶应放置半个月以后再饮用。

平时情绪容易激动或比较敏感、睡眠状况欠佳和身体较弱的人，晚上还是以少饮或不饮茶为宜。晚上不宜喝浓茶。喝茶的时间最好在吃饭之后，因为空腹饮茶会伤身体，尤其对于不常饮茶的人来说，会抑制胃液分泌，妨碍消化，严重的还会引起心悸、头痛等“茶醉”现象。另外，隔夜的茶是不能喝的。

39 闻香识女人，浓淡总相宜

香水是有自己的个性的，要做到浓淡相宜、场合得体，从而使自己和他人都感到愉悦，并不容易，因此，很多时候从香水便可以看出选用者的品位和个人修养。

这世界上有一种神秘之物，看不见，摸不着，在不同场合要考虑不同的搭配，而且其搭配是否合理往往比精美的时装和高档的化妆品更能体现一个人的品位，这种神奇的物质就是香水。

配制香水是一个复杂的过程，这就决定了香水不仅是一种化学产品，更是一种礼仪文明的代表。进餐时，伙伴们频频皱眉、表现胃口不佳；逛街时，朋友却不愿并肩……诸多问题恰都来自摸不到、看不着的气息，公关不利，其实这一切都是香水闯的祸！香水是有个性的，关于如何选择香水的注意事项，优雅的女人应该铭记于心。要做到浓淡相宜、场合得体，从而使自己和他人都感到愉悦，并不容易。因此，很多时候从香水便可以看出选用者的文化素质和个人修养。

选择香水的基本原则

选择适合自己的香水是一门艺术。用香水最主要的目的是为了取悦自己，在你和香味之间应该有一种相互的好感。选购香水时不能随便，不能单凭视觉和嗅觉，必须在试用后，确定这款香水究竟是否适合自己；同时，还要根据不同的季节和不同的场合等因素，选用合适的香水。优质香水的香味应该没有刺激性，也不会引起别人的反感，而且能提升个人的吸引力，使人闻到后有心醉的感觉。

选购香水的技巧

购买香水就像挑选礼物，要相信自己的直觉，尊重鼻子的感受。打算去购买香水的时候，就先不要涂抹香水了，保持轻松愉悦的心情，用心感受不同的香调。最好不要同时选购很多款香水，否则就无法好好欣赏它的美妙了。试用新香水时，涂在手肘内侧，使其慢慢挥发，有一个充分呼吸的空间；如果立刻按摩或触动，可能会压碎香水的分子或混淆其中的香料。先用几秒钟的时间感受香水的开瓶香味，随后花些时间慢慢欣赏接下来的香味，不同的香调会随着时间诠释出不同的香味感受。

适合洒香水的位置

最适合点洒香水的位置，莫过于可以感应到心跳的脉搏处了，如手腕内侧和手肘内侧。将香水轻点于这些位置，可以完美地散发出香水的整体气息。在体温高的部位，使用香水的效果也会比较好，一般来说身体内侧的体温会比较高。另外，由于香气向上升，涂在下半身比涂在上半身的效果更理想。适合使用香水的部位包括耳后、脖后、手肘内侧、腰部、手腕脉搏处、膝盖内侧、脚踝。香水也可以喷在刚洗完的干净头发上，但如果头发上有尘垢或者油脂，就会令香水变质。不适合涂抹香水的部位包括两耳和胸前所连成的三角范围，因为喉咙和胸前的肌肤比较娇嫩、敏感，而且接近鼻子刺激太强。

七点擦香法

如果时间允许，涂抹香水有一个著名的七点擦香法，可以让你全身心地感受香水的魅力。其详细步骤是:首先将香水分别喷于左右手腕静脉处,双手中指及无名指轻触对应手腕静脉处,随后轻触双耳后侧、后颈部;轻拢头发,并于发尾处停留稍久;双手手腕轻触相对应的手肘内侧;使用喷雾器将香水喷于腰部左右两侧,左右手指分别轻触腰部喷香处,然后用沾有香水的手指轻触大腿内侧、左右腿膝盖内侧、脚踝内侧,七点擦香法就完成了。应该注意的是:擦香过程中所有的轻触动作都应该避免摩擦,否则香料中的有机成分容易发生化学反应,可能破坏香水的原味。

来场“香水雨”

如果使用的是淡香水,不妨来场“香水雨”。穿衣服前,在距身体 10 ~ 20 厘米处喷出雾状的香水,喷洒范围越广越好,随后立于香雾中 5 分钟;或者将香水向空中大范围喷洒,然后慢慢走过香雾。这样都可以让香水均匀落在身体上,留下淡淡的清香。若想要让你的皮包也有香味,可轻喷于手帕上,再放置于皮包内。当然,你也可以如香奈儿女士所说:“把香水点在期望被亲吻的地带。”

喷洒香水的合适距离

不少人都有在电梯里被香水味熏得头昏脑涨的经历,相信这一定是一段让人不舒服的经历。到底香水喷多少、怎么喷才合适呢? 一般来说,在平时工作的场合里,品质好的香水在适度地使用后,与香水使用者站在 50 ~ 80 厘米的亲密距离内,可以闻到香味;而 80 ~ 100 厘米的距离间,可以隐约地闻到香水味;100 ~ 150 厘米的距离,如果不仔细闻,应该是感觉不到香味袭人的。如果是在舞会等社交活动时,可以将香味的距离增加 20 厘米左右。

使用香水的注意事项

在使用任何香水前,应了解该品牌香水所附着的内涵是什么;要知道香水的使用有性别之分,有场合要求之分,有身份之分。

出席某种场合,如需喷洒香水,应先淋浴。否则,在几天不洗澡的情况下,不管你使用哪种品牌的香水,不管该香水如何能够压臭去味,香精与不良体味的作用大概是不会散发出令人心怡的清香的。

使用香水,不要往汗腺发达部位喷洒,否则,效果会适得其反。如果你出席某种正式场合需喷洒香水,应提前两小时,千万不要“临阵磨枪”。

妥善保护香水之道

香水就像女人自己一样,需要得到妥善的保护,才能让其香气更持久,这里就介绍几个保护香水的小方法。

使用后一定记得盖好瓶盖,最好收纳于产品包装盒中,使它远离空气、阳光和湿气的侵扰。要避光直射,还要避免高温,以免变色变味。

香水应该倒立放置。盖子盖得再紧,时间长了也会挥发,跟喷嘴连着的那根管子一直通到瓶子的底部而随着管子里的气压在底部香水会慢慢的因为气压的原因往外挥发;如果倒立放置的话,喷嘴处的香水挥发完之后,因为底部没有香水了所以就不会挥发了。若香水瓶倒着立不住,可以让它靠着某些东西或靠着墙。

香水应尽量装满。假如一瓶香水用得所剩无几时,应把它移入较小的瓶中,使剩下的香水保持满瓶,以减少瓶中的空气,从而减少空气对香水的氧化作用,保持香水的浓度和纯度。

40 优雅的睡衣不容小视

有人说,睡衣是女人的第二皮肤,女人因为睡衣的衬托而显出万种风情,女人有多爱自己,就要看你的睡衣有多少魅力。

多变的女人是神秘的,令人心驰神往。睡衣之于女人更是一种隐秘的美丽,之所以说是隐秘,因为睡衣纯粹是闺房之物,不可以示之于众。除了自己的爱人,别人无法看到一个身着睡衣的女人的神态。

女性下班回到家,脱下外衣,换上似便衣的睡衣,开始放松身心。当然,穿上睡衣,也是另一种烦琐工作的开始,如做饭、洗碗、洗衣服、擦地板。穿上睡衣的女人不会迈出家里半步,如果电话约见,只要对方说“我已穿上睡衣了”,就意味着她不出去了。

睡衣虽好,大部分女人却没有在意它、重视它,因为睡衣通常只在家中穿,或好或坏都不会被别人知道,然而,她们并不知道,正是她们对待睡衣的这种轻视态度,使得她们的婚姻岌岌可危,可她们自己还在为感情淡化的原因头痛不已。

茜茜刚与丈夫结婚2年,有一天她向闺中密友哭诉,丈夫说婚前的她美丽可爱，可是结婚以后却发现她的品位低。“怎么样才能算是品位高雅呢？是不是没有新鲜感以后就失去了对爱人的欣赏呢？他为什么会给我这样的评价呢？”茜茜非常注意自己的形象，她所有的衣服都是名牌，是个很时尚的女人，很难忍受丈夫这样的评价。后来，女友到茜茜家做客才发现了“秘密”，原来茜茜所有的睡衣的质量都非常一般，会褪色和起球。女友向她郑重地指出是睡衣的原因时，茜茜几乎已经呆住了，因为她从来没有想到是这个原因。茜茜以为只要是平时外出穿着入时就可以了，睡衣只有在睡觉的时候才穿，怎么会影响到个人品位呢？正是由于她对睡衣选择的疏忽，才让丈夫对她有了其他的想法。

女人在结婚之前，千方百计地打扮自己，希望引起男友的注意，希望恋人觉得自己是世界上最美的女人，而一旦走入婚姻，往往就忽略了这些。是谁让女人成了“黄脸婆”？是女人自己。不要去抱怨生活的艰难，不要去唠叨工资太少、开销太大，许多细节注定了你现在的生活状态，如果你能够把自己对待生活的积极态度放到选择睡衣上，相信不仅你的丈夫会重新看待你，你自己的心情也会因此舒朗起来。

怎样的睡衣才是好睡衣，怎样的睡衣才能穿出自己的风情呢？

首先要舒适

睡衣是穿在自己身上的，是与皮肤最近距离接触的东西，所以在面料的选择上不能马虎，比较理想的睡衣是针织睡衣，因为这种睡衣既轻薄柔软，又有一定的弹性。原料质地最好是全棉织物或以棉为主的合成纤维织物。因为棉的吸湿性强，可以很好地吸收皮肤上的汗液。棉质睡衣柔软、透气性好，可以减少对皮肤的刺激。棉不同于人造纤维，不会发生过敏和瘙痒等现象，所以，这样的面料贴身穿最舒适。

淡雅和轻浅的色彩，既适合家庭穿着，又有安目宁神的作用，而鲜红和艳蓝色的睡衣会影响人们心情的松弛，从而影响休息。因此，睡衣的颜色以选择各种淡色为宜，如粉红、粉绿、粉黄和米黄色等。

睡衣应比较宽松，绝不能过小或刚刚正好。因为紧束着胸部、腹部和背部等部位睡觉时，会非常不舒服，甚至可以引起做噩梦。另外，睡衣还应易穿、易脱和易洗。

根据功用选款式

时而性感撩人，时而乖巧可爱，最简单的衣着却能最直接地表现出女人的魅力与个性。你以为睡衣只是遮羞,只是为了穿着舒适方便,那就大错特错了,睡衣的穿着范围虽然有限,但其功能却是不容小觑的。

单身女人,居家穿休闲睡衣。一件丝绸的睡衣会使女人在高贵中有几分妩媚,随意中有几分闲适。在温馨的房间里,穿上丝质的睡衣,慵懒地倚靠在沙发上,随意翻看一本书,或者闭目养神,犹如油画中的女子,带有一丝朦胧和神秘。如果你穿上一双松软的拖鞋,穿行在地毯或地板上,煮一杯咖啡,坐下来慢慢品尝,则更富有情趣。这种得体的装饰,会楚楚动人。懂得这些闲情逸致的女人应该是生活中的精品女人。单身女人往往追求生活的质量和品位,一件漂亮的丝绸睡衣,让你享受到公主般高贵的感觉。

新婚女人,性感撩人只为爱。现在,各种媒体无不推崇睡衣对夫妻之间审美和爱情氛围的重要性。质量不好的睡衣,摸起来也没有好的手感,款式保守的内衣,对异性没有任何吸引力,如此情况下,夫妻之间也许会出现问题。一件性感撩人的睡衣,不仅可以展现自己的美丽和品位,也绝对会吸引爱人的眼球,在睡衣的半遮半掩下,女人美丽的身体才更有诱惑力,这一件小小的睡衣,也会为你们的爱助兴不少。

居家女人,家务、美丽两不误。当婚姻走入了平淡期,当家务成为生活中的一部分,女人更是要借助睡衣来展现自己的妖娆。没有一个女人不希望自己拥有白嫩的肌肤,没有一个女人不希望自己性感多姿、楚楚动人,没有一个女人不希望自己的爱人对自己宠爱有加,而当你穿着粗糙的、质量不好、款式落后的睡衣在你的爱人、孩子面前晃来晃去的时候,你在他们的眼中,会是怎样的形象呢?如果这种形象持续了一年、两年,甚至五年、十年都不去改变,想必任何人都会出现审美疲劳,曾经的激情也就荡然无存了。

穿着睡衣舒展在卧室的女人是娇美的,穿着睡衣守候在家里陪伴家人的女人是温馨的,女人应该时时刻刻关注自己的形象,即使在家里,即使最休闲的一刻,也要让自己是那道最靓丽的风景!

41 通过咖啡展现高雅

经常到咖啡店喝咖啡的女人会被形容为“小资女人”,其实“小资”没什么不好，一些情调，几许香氛，不仅是对自己的珍视，更是对生活的厚爱。

女人钟爱咖啡，是享受手中的温暖、口中的香醇；女人钟爱咖啡，是因为咖啡散发出一种独特而迷人的魅力，那种香气氤氲的氛围让女人沉浸其中，难以自拔。

咖啡种类知多少

咖啡的种类和女人的类型一样，丰富多彩，所以有人说女人像咖啡，或浓烈或醇厚，各有各的滋味。

蓝山咖啡。蓝山咖啡是较受大众欢迎的咖啡，产于中美洲牙买加的蓝山，拥有香醇、苦中略带甘甜、柔润顺口的特性，而且稍微带有酸味，能让味觉感官更为灵敏，品尝出其独特的滋味，为咖啡之极品。

曼特宁咖啡。盛产于印度尼西亚的苏门答腊，当地的特殊地质与气候培养出曼特宁咖啡独有的特性，具有相当浓郁厚实的香醇风味，并且带有较为明显的苦味与碳烧味，苦、甘味更是特佳，独具风韵。

摩卡咖啡。摩卡咖啡有多种含义，咖啡豆产于埃塞俄比亚，此品种的豆较小而香气甚浓，拥有独特的酸味和柑橘的清香气息，更为芳香迷人，而且甘醇中带有令人陶醉的丰润余味，口感柔和，带有酸、甘、苦味。摩卡还表示一种花式咖啡，意大利浓缩咖啡加入巧克力、泡沫鲜奶、糖浆、可可粉，浓郁的咖啡及巧克力香气扑鼻，而且甜味与咖啡中和，顺口而不腻，是适合大众的口味。

巴西咖啡。从盛产咖啡豆的巴西精选的极品，口感中带有较浓的酸味，配合咖啡的甘苦味，入口极为滑顺，而且又带有淡淡的青草芳香，余味能令人舒活畅快。

肯亚咖啡。是出自于品质较高的阿拉比卡品种，而阿拉比卡也是台湾咖啡的种类之一，味道更香醇、浓烈、厚实，并且带有较为明显的酸味，是德国人的最爱。

阴干咖啡。它与一般咖啡不同的是，阴干咖啡在水洗后，是采用自然烘干法，在自然的状态下烘干 6 个月，之后再经过一些程序，与一般咖啡豆的处理方式不同，而阴干咖啡属于中焙程度加工处理的，它所含有的咖啡因少 。

那加雪飞咖啡。属于顶级摩卡咖啡，其名字是用英文直接译成。

牙买加咖啡。是蓝山咖啡中较高级的咖啡豆。

曼巴咖啡。结合曼特宁及巴西咖啡特有的风味,味道丰厚、浓郁,而且还有淡淡的清香,曼特宁与巴西咖啡的组合,两者的特点融合在一起,是个不错的组合。

曼蓝咖啡。是由曼特宁和蓝山以1:1的比例混合而成,当曼特宁的苦味遇上了蓝山的微酸,两者相互中和,味道更是香醇。

拿铁咖啡。意大利浓缩咖啡加入高浓度的热牛奶与泡沫鲜奶,保留淡淡的咖啡香气与甘味,散发浓郁迷人的鲜奶香,入口滑润而顺畅,是许多女性的最爱。

卡布奇诺咖啡。将浓醇的意大利浓缩咖啡混合细致香鲜的泡沫鲜奶与香滑可口的巧克力粉,充分调和的柔顺口感与迷人的香气,加上优雅的装饰,凸显个人品位。

爱尔兰咖啡。既像酒又像咖啡,风味独到的特制浓咖啡佐以威士忌、糖和鲜奶油,让浓咖啡的香浓被威士忌提升得更为明显,并与鲜奶油调和出香滑顺口、甘苦适中的滋味。

玛琪雅朵咖啡。在意大利浓缩咖啡中,不需加鲜奶油、牛奶,只要在咖啡上添加两大匙绵密细软的奶泡,如此就是一杯玛琪雅朵。

康宝兰咖啡。属意大利式的维也纳咖啡。搅拌奶油既可以搅和在咖啡里,也可以当做小点心另外上,供宾客边吃边饮。后来,用加压方式煮咖啡后,便改称"搅拌奶油配浓咖啡"。

女人喜欢喝咖啡,不仅仅在于它香浓的味道和给人梦幻的感觉,品尝咖啡的礼仪也是人们喜欢咖啡的理由,对于女人而言,喝咖啡的整个过程是一种享受,因此这些礼仪,优雅的女人一定要知道。

怎样拿咖啡杯

在餐后饮用的咖啡,一般都是用袖珍型的杯子盛放。这种杯子的杯耳较小,手指无法穿过。但即使用较大的杯子,也不要用手指穿过杯耳端杯子。咖啡杯的正确拿法,应是拇指和食指捏住杯把儿再将杯子端起。

怎样给咖啡加糖

给咖啡加糖时,砂糖可用咖啡匙舀取,直接加入杯内;若是方糖,则用糖夹子把方糖夹在咖啡碟的近身一侧,再用咖啡匙把方糖加在杯子中。如果直接用糖夹子或手把方糖放入杯内,有时可能会使咖啡溅出,从而弄脏衣服或台布。

怎样用咖啡匙

咖啡匙是专门用来搅咖啡的，饮用咖啡时应当把它取出来。不要用咖啡匙舀着咖啡一匙一匙地慢慢喝，也不要用咖啡匙来捣碎杯中的方糖。

咖啡太热怎么办

刚刚煮好的咖啡太热，可以用咖啡匙在杯中轻轻搅拌使之冷却，或者等待其自然冷却，然后再饮用。用嘴试图去把咖啡吹凉，是很不文雅的动作。

杯、碟的使用

盛放咖啡的杯和碟都是特制的。它们应当放在饮用者的正面或者右侧，杯耳应指向右方。饮咖啡时，可以用右手拿着咖啡的杯耳，左手轻轻托着咖啡碟，慢慢地移向嘴边轻啜。不宜满把握杯、大口吞咽，也不宜俯首去就咖啡杯。喝咖啡时，不要发出声响。添加咖啡时，不要把咖啡杯从咖啡碟中拿起来。

喝咖啡与用点心

有时饮咖啡可以吃一些点心，但不要一手端着咖啡杯，一手拿着点心，吃一口喝一口地交替进行。饮咖啡时应当放下点心，吃点心时则放下咖啡杯。

如何品咖啡

咖啡的味道有浓淡之分，所以，不能像喝茶或可乐一样，连续喝三四杯，而以正式的咖啡杯的分量最适合。普通咖啡以 80 ~ 100 毫升为适量，有时候若想连续喝几杯，就要将咖啡的浓度冲淡，或加入大量牛奶，不过仍然要考虑生理上需求的程度，来加减咖啡的浓度，不要造成腻或恶心的感觉，而在糖的调配上也不妨多些变化，使咖啡更具美味。趁热喝是品美味咖啡的必要条件，即使是在夏季的热天中喝咖啡，也是一样的。

要懂得品咖啡

正式开始喝咖啡之前，先喝一口冰水，冰水能帮助咖啡味道鲜明地表现出来，让舌头上的每一处味蕾都充分做好感受咖啡美味的准备。然后先趁热喝一口不加糖与奶精的"黑咖啡"，感受一下咖啡在未施脂粉前的风味。之后加入适量的糖，再喝一口，最后再加入奶精。喝咖啡要趁热，因为咖啡中的单宁酸很容易在冷却的过程中起变化，使口味变酸，影响咖啡的风味。

懂得品味咖啡的女人必然是有心思的女人，试着在咖啡香中回味生活的辛苦与幸福，让生活中的点点滴滴都化作一杯热咖啡，让永久的香醇代替入口的苦涩，让永远的喜爱贯穿始终！

42 用包包点缀自己

有人说“包藏女人心”，这话一点儿不假，包包之中不仅容纳着女人的必需品，包包本身更是体现了女人的偏好和个性。

女人对包包的情感绝不亚于对衣服和鞋子的情感，包包不仅是女人出行必备的物品，更是体现一个女人品位和身份的重要介质。有句话说“男人看表，女人看包”，无论是表还是包，都不再是单一的配饰，它与服饰间的搭配，已经上升到关乎个人品位的位置。

女人的包包在造型和材质上可谓是异彩纷呈，数量和种类繁多，让人眼花缭乱。有麂皮刺绣的方形包，有银光闪闪的拎包，有黑色造型夸张的包；也有实用的资料包。以拎包的装饰为例，或以层层叠叠的立体花为装饰；或以精致的刺绣花吸引人的目光；或以手绣艳色花卉，配以经典竹柄标签，延续民族色彩；或以欧洲文艺复兴时期的绘画，大胆运用了一些色彩渲染，或借鉴国画的工笔勾线等，难怪有人说“对于整体风格的搭配，配件具有最后决定性的影响力”。

女人包包体现了女人的时尚观和品位，那么各种特色的包包该怎样搭配才能显示出自己的优雅与魅力呢？

只背一个好

全身上下只能背或提着一个包包，看起来才会干净利落。如果要带的东西真的太多，必须分装成两包时，最好能够“一背一提”，也就是一个用背包、另一个用手提包的方式来处理，背包和手提包除了要有大小之分，也要避免使用同一系列的产品，整体造型看起来才会轻盈活泼。

颜色搭配

如今是一个主张个性、提倡自由的年代，因此色彩的选择上也不必诸多限制，尽情发挥你大胆的想象，只要你感觉好，没有什么颜色不可以搭配。

但是需要提醒你注意的是，身为职业女性的你，如果在上班时间，包包和衣服的搭配还是要以大方、得体、高雅为主，如果长时间活动在办公室，应多选择纯度低的颜色，一是容易与其他颜色相互协调；而且容易增加人际间的亲切、和谐之感，有助于形成协同合作的氛围；同时，低纯度颜色可以给人以谦虚、宽容、成熟的感觉，并有助于增加人与人之间的距离，减少拥挤感，给个人更大的空间，使工作更容易获得他人的认可；最后，基于低纯度的色彩容易搭配的特点，可以将有限的衣物和包包搭配出丰富的组合，给生活增添许多亮点。

最后提醒你，每一次出门前都要记得背或提着包包照一下全身镜，花一点儿时间检查整体造型，看一看包包和全身服饰是否搭配，确定没问题之后再出门，美丽和魅力将会一整天如影随形地跟着你！

包包的搭配有讲究

一些女性为了节省时间，在不同场合均使用同一只皮包，有时因与装扮不搭配，看起来不协调。所以，女性最好准备几个款式不同的皮包，分别用于上班、休闲和晚宴等不同场合。上班时用的皮包应该大一些，可以存放较多的必备用品，但式样必须大方，与职业女性形象相符合。但如果感觉公文包太硬朗，可以尝试同时携带公文包和体现女性风采的挎包。这样的好处是让你更合理地放置尽可能多的物体，比你拎塑料袋或纸袋要专业得多。

如果是拿在手里的坤包，就不要选体积太大的、式样和花纹太复杂的，讲究的白领还会注意将坤包与鞋子颜色相搭配。在大多数穿职业休闲装的场合都不必搭配公文包，假如需要携带文件、资料的话，可以拎上个小巧的女用公文包或公文包款式的手提袋。包包的质地宜选择皮质、混纺麻质、做工精良的织品等，帆布包及草编包留到逛街或者野餐时再用也不迟，如果上班时使用，实在不够庄重。

女性应聘工作或面试时，绝不可将皮包放在考官的桌子上或抱在自己的胸前，最适当的做法是放在自己的右脚旁。对于一般上班族来说，最好不要使用比上司更名贵的皮包。

参加晚宴等正式场合，应选用比较考究的皮包，这样既与礼服相配，也是对主人礼貌的表示。出席宴会时最好使用手挽式或背式皮包。不要用手拿皮包，以免在交换名片或取用餐点时，造成麻烦。金、银色的皮包适合在晚宴时使用,因为在灯光下才会显示出其高贵。

在欧美,女士入座后,通常会直接把手提包放在脚边的地板上。由于她们对手提包的处理一直如此,所以,对欧美人来说,把手提包放在桌上,无异于把脚搁在桌上。因此,除了夹在腋下的小皮包外,其他手提包都不能放在餐桌上。如果你不习惯把手提包放在地板上,这时,你可以把手提包放在背后和椅背之间的位置或大腿上(餐巾下)。如果邻座没有人,也可以放置在椅子上,或挂在皮包架上。

用肩背包时最忌两边甩动,可用一手固持皮包,另一手自然摆动;用手提包时可以靠在身边,不可摇晃,或挽在手臂里,手臂由外朝内挽,手肘平放在腰间,与手臂成自然的90度;对于没有背带的皮包,可用单手,像抱书本般抱在右胸前或左胸前,也可托在腰际,切忌挟在腋下或用手指抓住皮包;如果除了皮包还拿着另一样东西如伞、书本等,最好用一只手拿两样东西,另一只手自然摆动,才能保持端庄和优雅的仪态。

各种包包在宴会上的拿法

单肩包。拇指从内侧、无名指和小指从外侧按紧背带,食指和中指轻轻搭在背带上,记得用臂夹紧皮包,歪歪斜斜地背着皮包给人感觉冒失,缺少优雅。

提包。拿包时双手的位置可以比站立时略高一些,右手从上方握住提手,左手轻轻搭在提手一侧。皮包放在身体右侧会比较优美。举杯或进餐时,只需将手袋自然地挽在手臂上即可。

手袋。小巧的晚装手袋闪亮夺目,如果被漫不经心地拿在手中,效果却适得其反。用手臂夹住晚装手袋,从背后不能看到手袋露出,因为手袋从后面探出去,可能会碰到别人,造成尴尬局面。

43 女人的红酒情结

红酒与美女是佳配,红酒的香醇和神秘如女人一般,让女人爱不释手,是女人爱红酒,还是红酒恋女人?

一个媚笑的女人，身着华丽的丝绸礼服，纤纤玉手轻轻托起一只高脚杯，缓缓晃动杯中红酒，然后托起放到鼻前迷恋地呼吸着红酒的芬芳，最后，用那艳丽而性感的红唇抿一口杯中美味，顿时有了极致陶醉的享受……这就是红酒女人，她们品位不凡，气质高雅，身上也散发着红酒一样的甜美香味，如此暧昧、充满浪漫的红酒正是因为这份与众不同而超凡脱俗。

女人偶尔喝点儿红酒，一是提升女人的品位；二是可以改善身体微循环。现在女人的工作压力比较大，不能酗酒，通过红酒既可以减轻压力，也可以得到大众的认同，同时红酒所带出来的红晕比化妆品所造出的"万众一面"要更朴素、更自然。

喝热红酒除了具有原本喝红酒的好处以外，还有补血、热身子、祛寒等功效；红酒里有葡萄皮和籽释放出的酚类物质，如红色素、类黄酮素，可以帮助对抗动脉硬化，预防中风及心肌梗塞，并减少高血压的发生率；红酒中所含的单宁可抑制细菌繁殖，有抗发炎与帮助消化的作用；其所含的维生素 C、维生素 E、维生素 B、胡萝卜素，具有抗氧化功能，可有效防止老化、免疫障碍、动脉粥状硬化、心血管疾病、脑血管病变及癌症；红酒含丰富铁质，加上酒精本身有活血暖身的作用，可改善贫血、暖腰肾，尤其女人经痛时喝点红葡萄酒，据说可改善腹腔和子宫的血液循环，缓解经痛与痉挛。下面介绍一下关于红酒的细节。

品酒

开瓶后，红酒会先"呼吸"一会儿，进行氧化，以达到饮用阶段。之后，侍者会倒入约等于一小口分量的酒进入酒杯。此时要做的是"试酒"，试酒的过程如下。

闻木塞：开瓶后，侍者取出软木塞，可以闻闻软木塞，有芬芳的果香和馥郁的酒香，没有异味，就能进一步确认酒的品质。无误后，就可以请他倒酒。

观酒液：拿起盛着葡萄酒的酒杯，向外倾斜，看看酒是否有木屑等东西，它们可能会影响酒的品质。再来看看酒的颜色，已成熟的酒（低档的轻清型葡萄酒例外），外围酒边带褐黄色，而里面的酒色泽较深；未成熟（可储藏更久才饮用）的酒内外大多呈紫红色。

嗅酒味：把杯子倾斜 45 度角，鼻尖探入杯内闻酒的原始气味，年轻的酒闻起来尚有果味，久酿的酒则有复合的香味。

尝味道：喝一小口酒，在舌间打转，如果单宁含量高，会有干涩的感觉，因为单宁有收敛作用,这说明葡萄酒还没有完全成熟。最好的口感是酸—甜—苦—咸达到平衡。在餐厅用酒时,这时可以决定是否接受此酒。试酒结果满意,便可示意侍者继续倒酒。如不满意,可对侍者表示不接受。

敬酒

敬酒时,杯子切忌碰到一起,以免串味。敬酒一般选择在主菜吃完、甜菜未上之间。敬酒时,手指握住杯脚,将杯子高举齐眼,注视对方,并至少要喝一口酒,以示敬意。

正确的持杯方法是用手指轻握葡萄酒杯的杯脚,而非杯身,因为这样白酒或香槟的酒温才能不受体温的影响而保持冰爽,同时也方便喝酒的人好好欣赏酒,包括红酒的美丽色泽。

持酒杯三部曲:手指轻握杯脚;向内侧晃动酒杯,使杯内的酒液旋转,产生香气;试酒后,若杯上沾有口红,应用餐巾抹去,以免有碍美观、影响口感。

斟酒

斟酒时,瓶口与酒瓶距离不用太大。一般在餐厅斟酒,都由侍者进行服务。客人自己不必互相倒酒。而在请侍者伺酒时,将酒杯置于自己桌面右侧即可。侍者会站在你右边,当着你的面倒酒。为保有酒香,酒瓶口与酒杯的距离不会太大,所有的红葡萄酒倒酒时瓶口几乎是挨着杯子。

接受伺酒时,杯子放于桌面即可,切忌举杯让侍者伺酒。侍者为你斟酒时,你不需要注意看杯口、观察倒酒细节等,只需微笑着看着侍者,对他的服务表示首肯即可,表现出良好的餐桌礼仪。

红酒就像女人,一旦开启,浓郁的醇香会即刻而出,无法阻挡。女人喜欢红酒,看红酒在柔柔光线下摇曳,喝一口,女人心情的放松达到极致。喜欢喝红酒的女人是有魅力的女人,所以女人应该学会品红酒并了解相关礼仪,不仅为了增添自己的魅力,也为它的特别——它也许有些妖艳,也许有些高雅。只那么一口,你会为其倾倒,唇齿留香,酸中回甘。

第6章

炫出个性，女人的性情尽情张扬

——女人的时尚在细节中凸显

时尚女人，并非指那些简单地追求流行歌曲、流行服装或者“哈韩哈日”的女人，真正时尚的女人，对时尚有自己独特的理解，她们为时代所推崇，或为人所倾慕，与简单的时髦是截然不同的两类。时尚女人外表时髦，内心也绝不落伍，爱好、兴趣也全是时尚的表率……

44 醉心 KTV 也做好女人

KTV 通常被人们看做放松身心的好地方，然而在这里，即使优雅的女人也很容易暴露出自身的缺点，有哪些是你不曾注意到却偏偏有失礼节的地方，赶快改正吧。

K 歌，就是去 KTV 里唱卡拉 OK，似乎已经成为现今社会最流行、最常见的娱乐休闲方式。不管过生日、节假日还是朋友小聚、请客吃饭，都免不了这样一个环节，这也是年轻女孩的最爱，周末休息，姐妹们三三两两约在一起，订个包房，舒舒服服地唱一晚上，真是再有趣不过了。

虽然说 K 歌是比较自由地唱歌，一般也都是熟人或者比较熟络的人聚在一起，但是这并不代表 K 歌就一点规矩都没有。自由自在并不是自我，如果一个人在唱歌的时候一切以自己为中心，完全不顾及别人的感受，相信以后再不会有人愿意和这样的人一起唱歌了。

所以，K 歌的时候有些礼仪也是需要多加注意的，尤其是女孩子，不能仗着男朋友的宠爱或是朋友们的礼让，就肆无忌惮，忽视别人的存在。

关于点歌

在 KTV 点歌时，要遵循一定的原则，可以从长到幼、从女到男，也可以从上级到下属，如果大家请你帮忙点歌，一定要注意照顾到每一个人，客人或者长辈的歌要优先播放，自己则可以适当延后。

如果大家是互相非常熟悉的老朋友，则可以按照喜好、依次点歌。点歌尽量遵循一人一首的原则，先确定今天的活动团队中有几个人是能唱的，有几个是纯粹的听众。然后，所有唱的人最好能本着一人一首的原则一轮一轮地进行。

再者，点歌时，尽量选择不同的歌手或歌曲类型，切忌千篇一律。多尝试一些曲风和不同歌手的歌曲，让大家都有快乐的动力。

关于唱歌

别人唱时仔细听。虽然不是专业歌手，但是每个人都希望在自己演唱时能有人认真倾听,在唱完后得到鼓励和赞赏。如果你也是这样想的,那么请将心比心,在他人唱歌时,尽量安安静静地听人家唱,要聊天可以,注意音量。当别人演唱完毕,要给予赞扬和捧场,对于真正唱得好的“民间歌手”不要吝啬掌声,当然也可以做一些烘托气氛的表现。但是对于“五音不全”和过分自信的人,不能发出“嘘”声,以免让别人感到难堪和下不来台,当然更不能无故中途离席或者公然退场,这对朋友是非常不礼貌和不尊重的。

不要抢歌。原则就是谁点的谁唱,抢歌是非常惹人讨厌的行为,人家可能在家辛辛苦苦练习了好几天,就等着今天一展歌喉呢,被你这么一抢,几天的时间就白费了。再者,人家唱歌的时候,也不用拿起另外一只闲置的话筒跟唱,如果你唱得不好,很容易把别人带跑调,如果你唱得好,掩盖了别人的歌声,也是非常不好的。如果真的非常想和某人合唱,那就单独选一首歌曲,经过对方同意后再一起唱。

展现自我风采。在轮到自己唱歌时,应该选择自己最拿手的歌曲,注意保持个人风度和魅力。在唱歌之前,要先问候大家,唱完之后要向大家表示谢意。别人在跟着你哼唱的时候,要微笑面对,并且用眼神传递友好和感激之情。每次只唱一首歌,切不可忘乎所以,一唱而不可收拾。唱歌的时候要投入感情,要放得开,随着歌曲适当地摆动身体不会有什么不妥。

搞活气氛。适当的时候应该选择一两首热烈的歌曲大家一起合唱,集体活动就应该让每个人都产生共鸣,一起制造美好的回忆。

关于切歌。一定不能随便切歌,如果真的要切,也要争得演唱者的同意。不然,无论对方唱得多么不好、多么难听,你都不可以擅作主张,这是对别人最起码的尊重。如果轮到自己,而时间又比较紧张,可以在高潮过够瘾的时候切掉,这样既不占用别人的时间,又能满足自己K歌的需求。

与异性保持适当距离。在KTV包房里,音乐震天响,气氛相当热烈,每个人都是情绪高涨。如果喝一些啤酒等作为润嗓的饮料,就更容易随便起来。但是如果有异性在场,作为女性一定要保持清醒,与异性相处时,不可动手动脚,做出大胆的动作,以免出现玩笑过火、不可收拾的后果。对于不熟悉的异性,更是不能主动去打扰、纠缠,女性的一举一动都应表现得落落大方,优雅得体。

不做麦霸。这也是到KTV唱歌的最大禁忌。所谓麦霸,就是拿起话筒就不愿放下的人,一连唱N多首歌都还不罢休,把这整个活动当做是自己的小型演唱会。不做麦霸，首先就要做到不要一上来就点很多自己喜欢的歌曲，大家约到一起出来玩，是想每个人都有表现的机会，如果你只顾着自己，恐怕下次不会再有人想约你出来了。当然一般做麦霸的人都是唱歌比较不错的人，但是即使如此，连唱两首已是极限，千万不要做让大家反感的人。

注意唱功和休息。虽然是在 KTV 唱歌，隔音效果比较好，不会吵到外面的人，可嗓子毕竟是自己的，所以尽量不要歇斯底里地喊叫。平时要注意积累一些唱歌的经验和技巧，一方面保护自己的嗓子，一方面也保护别人的耳朵和心脏。唱歌间隙可以喝一些苏打水来缓解嗓子疲劳。

不要光顾着吃。要知道你此行的目的是去唱歌，不是去吃饭。虽然现在很多 KTV 都提供免费的自助餐，也不要忘乎所以地一次拿很多东西，吃不完就会造成浪费。而且要注意不要吃太多干的东西，这样嗓子也会比较干，唱歌的时候嗓子更容易嘶哑。在吃自助餐的时候要注意用餐文明，不可去抢自己喜欢的食物或者直接用手取菜。

45 去旅游，让你的心快乐飞翔

旅游可以帮你减轻压力，达到彻底放松、忘掉烦恼的效果，与大自然亲密接触，才能让女人真正解脱！

旅游，早已成为了现代社会人人喜欢的休闲生活，工作了一段时间，去大自然中放松身心，或许是最好的减压方式了。可能是因为我们生活的空间过于拥挤，或者我们的心太累，所以我们渴望到一个从来没有去过的地方或者人迹罕至的去处，卸去所有的面具和伪装，让自己的心灵彻底放松，回归自然、亲近自然。

外出旅游，可以使心灵更充实

现代社会的女人，来自工作、家庭、社会的压力越来越大。虽说女人已经占据了半边天，在政治、经济方面享有权利与地位的同时，却在精神上遇到了很大的挑战。

出来走走吧，没有必要把自己完全束缚在由钢筋水泥构筑的城市当中。旅游可以让你忘记一切的压力与烦恼，可以让你真正解脱！

旅行是女人减少压力的方法

很多女人经常为了完成单位要求的工作量而不眠不休，费尽心思地考虑如何让自己获得更大的成功。而在家庭中，女人永远都被要求承担起“主妇”的责任，不论是单身还是已婚，家庭的重担往往是由女性完成的，整天还要为柴米油盐算计。因此，很多女人处于亚健康的状态，甚至由此患上抑郁症。

出去旅游，换了环境，自然见不到那些让你反感的人，也想不到那些让你犹豫和烦躁的事情，只有面前的风景，只有目前环境的风情。将自己与环境融合在一起，那种超脱红尘与世俗的境界，才是远离压力的最好办法。

卓依是一家杂志社的编辑，她每年都会让自己休息一个月的长假，去各处旅行。工作的时候，每天都要和文字打交道。每天邮箱里都会收到各种各样的稿件，良莠不齐，都要一一查看；很多时候她会为没有合适的稿件而发愁，就要动员知名作者来写稿，之后就是不停地催稿；还有读者褒贬不一的来信，都要一封一封地阅读，对于合理的有建设性的建议，要提给上司；对于那些严厉批评的意见还要一一回复及解释……

长时间的工作压力，使她疲惫不堪，于是，她每年都会请一个月的长假，出去走走，在旅行中忘掉这些烦恼。前些日子她去了漓江，在湖光山色中，头脑里唯一的念头就是让自己放松，每天考虑的事情就是今天去哪里玩、明天要去哪里玩……经过一个月的游玩，抛下烦恼，带走快乐。

旅行是女人最好的减压方法，女人要想美丽，最主要的就是减少压力。压力很少的生活才是健康的、美好的！

旅行贴近自然、净化心灵

日复一日朝九晚五的生活，是不是让你失去了工作的原始动力，渐渐感到茫然失措？很多女人都有这样的状况：

感到疲惫，提不起精神，工作没动力；

感觉自己免疫力下降，伤风感冒成为家常便饭，颈肩或腰臂部位会无故作痛；

皮肤干燥、眼睛不适；

情绪不稳，敏感且烦躁易怒；

喜欢独处，想去完全陌生的环境或换一份其他工作。

良好的心态是快乐的秘诀，心理学家告诫：先处理心情再处理事情，不要带着怒气去工作和生活。再聪明的人也会因为情绪不良而失败，做一个情商高的人并不难，只要你每天多留意一点点。怎样才能让自己拥有一个良好的心态呢？多出去旅行是最好的选择。对公司赋予的假期，应适时支取，对家务要尽量化繁为简，为自己留点空闲。平常应该培养自己的业余爱好，每周至少两次体育锻炼，每月参加一次娱乐活动。在倦怠情绪侵袭的时候，干脆休假去远途旅游，心情自然就豁然开朗。

在旅行当中，很自然地就将自己融入大自然当中，因为环境的改变自然不去想那些扰人心烦的事情。古人面对美景，曾经感叹“行到水尽处，坐看云起时”、“相看两不厌，唯有敬亭山”……面对眼前景物，自然就会认识到自己的渺小，而自然的力量是多么的伟大，那种闲适、那种超脱，不争不夺，自然会让经常心绪烦躁的女人忘掉所有的忧虑，而且可以感知忧虑是那么的没有必要。旅行，可以改变女人的心绪，抛却烦恼。

女人应该学会了解和掌握一些心理保健知识，在情绪易波动的特殊生理时期学会控制自己的情绪，如果你感到心里郁闷，不妨暂时离开平时的工作环境，打好行装外出旅游，让身心融入大自然的怀抱，让烦恼彻底远离自己。

46 做“拼客”，享受节约的时尚

勤俭持家的女人无疑是好女人，但若是勤俭过了头，导致生活水平下降，就会落得全家人的抱怨，怎么办呢？不如试试做“拼客”，既时尚又节约，真是一举两得。

“拼客”这个词很多人并不陌生，随着都市白领面临的越来越多的困扰，“拼客”盛行一时。拼客，简而言之就是：联合更多的人，形成更大的力量，花更少的钱，消耗更少的精力，做成想做的事情，获得更多的快乐，享受更好的生活。

因为拼客的出现,关于节俭、节约的话题,这种看似过时的消费观念,实际上变得越来越时尚了。生活中可"拼"的事物太多太多,拼客们也总是把能够想到的都拿来"拼一拼"。他们的口号是"爱拼才会赢",不过这个赢,不仅仅是节省开支,获得赢利,更是赢得一份分享的快乐,一种新的生活方式。

拼房。就是找人合租房。许多刚参加工作、收入不高的年轻人,选择了这样一种节约而又不会降低生活质量的方式,房租等费用共担,舒适共享,花得更少,住得更好,并且一个人孤身在外打拼,有了一起的同伴就有家的感觉,有什么困难能够互相照应一下,也着实让在外漂泊的年轻人感到暖。(提醒:与陌生人拼房时,务必要了解对方的身份、背景、生活习惯,另外,事先签订好合同,写清楚合租条款,以免日后的麻烦和担心。)

拼车。许多都市白领面临这样的困扰:公交太慢、地铁太挤、买车太贵、打的太烦,于是出现了"拼车族"。最初的"拼车"往往以公司同事、小区邻居为主要核心圈,但是随着一些网站"拼车 BBS"的诞生,如今的白领"拼车"有了与陌生人同行的新选择,使"拼"的范围更大,"拼"的方式更自由。

拼学。则是一起结伴考研、学英语、上培训班等,可以互相分享学习资料,交流学习心得,既省了钱,也避免了一个人学习的枯燥。也可以采取几个学生一起请一个家教的方法,学生之间互相交流,共同成长,每个学生比单独请家教所支出的学费相对减少,老师的收益则会有所增加。拼学可以让你效率提升,享受学习的快乐。

拼购。就是集体采购,有共同购买需求的人,大家可以拼到一起去买,这样既可以大幅降低成本,还可以找到一起砍价购物的乐趣。

逢年过节,一些知名品牌的化妆品都会搞一些促销活动,活动的形式往往是买几百或千元以上的商品,赠一些小型套装等礼品。由于化妆品价格比较高,一些精明的白领想出了"拼购"的对策。大家一起拼着买,享受团购价,便宜还有赠品拿,何乐而不为呢?

拼餐。"上班时候吃饭是不是很郁闷?自己带饭?麻烦哦;到楼下去吃?好挤啊;叫外卖?天天就那几样!吃饭真是太累了,我想建一个拼餐联盟,每周由一个人负责订饭,组织菜单,怎么样?"——这是某个论坛上的一则帖子,随即跟帖者无数,不仅响应拼餐的人多,很多人还把自己的工作地点和午餐时间都列在上面,寻求"饭友"。目前很多写字楼的白领都面临着

“吃饭难题”，顿顿吃快餐没营养，天天吃小炒伙食费又会入不敷出，久而久之，“拼餐”成了白领一族的午餐方式。

拼卡。就是让“卡”发挥最大价值。现代都市人，谁的口袋里没有几张卡？拼卡就是指两人或多人合办一张卡、共享一张卡，也可以是各自不同的VIP卡相互借用（助人又积分），比如购物卡、游泳卡、健身卡、美容美体卡等，由于这些卡一般都有使用期限，一个人很难在规定的期限内用完一张卡的使用次数，很难发挥卡的最大价值，这样几个人合用一张卡，就可以降低每个人的成本。

拼婚。婚期接近的几对新人，通过一起拍婚纱照、一起买家具、一起租婚车、一起订酒店等，获得单独购买不可能达到的折扣。还有另一种解释，那就是“拼缘分”，是指有情感需求且尚是单身的青年男女可以在“拼网”的拼婚板块上发布个人交友信息，寻找中意的另一半。

拼游玩。一张一弛，文武之道，紧张的8小时之后，繁忙的工作日以外，人们需要活动筋骨，夜晚唱歌、蹦迪，周末打球、爬山、逛街，长假尽情旅游等等，但一个人玩没意思，拼游、拼玩就不同了，拼个兴趣爱好相同的小团队，一起运动、娱乐、旅游、游戏……乐趣无穷。当然拼玩、拼游还有一个好处——省钱，所以一些拼网的广告语是：“拼在一起去玩既省钱又有趣！分享你的旅游快乐，让你的快乐多n次方！”

拼书碟。哪个成功人士案头书柜没有几套哈佛工商管理教材？哪个都市白领没有一堆时尚杂志和层出不穷的最新大碟？但是需要和想要购置的图书、杂志和影碟实在是太多，尤其是那些让人眼花缭乱且又价格不菲的时尚杂志，每次看到就会心动，当然不能全买下来。若有志同道合的伙伴，每个人买一本，轮着看，花一本杂志的钱，看两本以上的杂志，既省钱，还丰富了谈资，合理的资源配置，大家都看过的内容，自然就有话题了，而有了深入的交流才会有深刻的认识。拼书、拼碟，既省钱，又深交了朋友，实在是一件好事。

拼“二手”物品。每个人手里都有一些闲置不用的物品，比如手机、电脑、电视等，或者想换新的，旧的又不知如何处理；也有一些人因为种种原因需要这些二手物品，如二手车、二手家具、二手书等。闲着总是一种浪费，所以有二手、闲置物品何不拿来拼一拼呢？

其实，说来说去，拼客的特征不过就是大家组合去做一件事，目的是共同负担原本一个人负担的消费。“现代人不拒绝精打细算，节约也可以很时尚。”——这种以节约为根本追求的“拼消费”,足以让我们感受到什么是现代模式的“精打细算”。不管是节约带动了时尚,还是时尚带动了节约,在强调建设资源节约型社会的今天,这种减少资源浪费的消费方式值得提倡。

47 女人要常给自己充电

做女人不容易,做个会持家的女人更难,在这个日新月异的社会中,要能够运用各种先进的工具和观念来打理一个家庭,就需要女人无时无刻做好充电的准备。

女人从小到大,要扮演几种不同的角色,在家庭中从女儿到恋人,到妻子,再到儿媳、母亲和奶奶或者外婆,光是这些角色就足够每个女人琢磨一生了。不同阶段该怎样做好自己分内的事,如何让自己人生的每个阶段都有独特的精彩,这就需要我们不断地去学习,经常给自己充电,既要掌握前人总结的经验教训,也要学习现代社会的新技术。

如果你是一个母亲,首先要为了能够担当一个称职的母亲而去充电。孩子对母亲的依恋和需要比对父亲多,因此母亲在孩子的成长过程中要担负起更多的责任,从思想到行为都要给孩子正确的引导。

如今的孩子有思想,头脑比较活跃,过去的传统教育已经不全部为他们所接受,所以和他们相处首先要读懂他们的心,了解他们的需求、想法,和他们拉近距离并成为朋友,不能强行让他们接受你的思想,否则事与愿违。你可以去参加专家讲授的“亲子教育课”,了解“如何和孩子沟通”、“如何用童心对待孩子”、“沟通的技巧”等。学习这些东西虽然要花费一些时间和金钱,但一定会让你受益匪浅。

在与孩子沟通时有一些小的技巧,如和孩子为某件事不能达成共识、冲突即将发生时,一定要记住,首先要转移话题,为了避免不愉快发生,赶紧转移话题分散注意力。第二要转移空间,就是在孩子面前“消失”,给孩子思考的机会,也给自己足够的时间反省,问题到底出在孩子身上还是自己身上。另外有一点还要记住,多赞美孩子,告诉他们“你永远是最棒的”。

作为妻子，为了让你的丈夫永远爱你、尊敬你、离不开你，你也需要充电。作为女人，和自己相爱的人相处一生、白头偕老，是件幸福和快乐的事情。女人在一个家庭里所处的角色某些方面应该说比男人要重要得多。如何把家庭氛围打造得欢快祥和而不是平淡无味，使漫长的婚姻生活多姿多彩、温馨浪漫，这是一门学问。千万不要把自己看成是一个纯粹的“家庭主妇”，以为每天面对柴米油盐酱醋茶、看好孩子、搞好家务就是个好妻子、好母亲了；也不要只为事业忙碌而忽略了家庭，当人们称你为“女强人”时，不要自以为是。

看看你身上还有几分女人味？无论何时都不要失去自我，要在丈夫心中扩大“根据地”、抢占“地盘”。要想达到这个“目的”，你就要不断“充电”。首先学会包装自己，多了解一些时尚信息，一定要常关注几本时尚杂志，关注时下流行趋势。当然这不是说让你花费太多精力和财力去包装自己，刻意的修饰反而弄巧成拙。千万记住你的服饰一定要得体、大方，适合你的年龄、职业，并且应该找出最适合你的风格和色彩。如果自己没把握做好这些的话，可以到专业形象设计工作室，花上三五百块钱，用不了多长时间，就会为你提供几套适合你的风格和色彩的形象设计方案。照此行事你一定能够吸引丈夫的眼球。不过有一点还是要记住，外在的包装固然重要，但内在修养、气质可不是能包装出来的。

因此你要常给自己充电。无论是天文地理、实事杂谈，还是时尚趋势，不能做到“了如指掌”也要“略知一二”，千万不要“两耳不闻窗外事”，跟不上时代的步伐。女人在与别人交往时千万不要海阔天空像个万事通，但也不能让人家感觉你孤陋寡闻，要做个有内涵、有修养、有气质、可爱的人。记住女人可爱才美丽！

在家中掌管“财政大权”的你，是否拥有足够多的理财知识呢？当好“管家婆”可不是件容易的事，“管家”不是只把家里的“财政大权”牢牢掌控在手这么简单。所以你要把“电”充足了，这一点很重要，这关系到你的家庭在你的“管理”下是否能够很快“繁荣、富强”起来。但是，请理财顾问又增加了一份支出，多听一些理财专家讲座和一些成功人士的成功秘诀也就足够了。应该多向理财专家讨教，根据成功人士的经验，结合你的家庭资产情况，合理理财。

48 女性泡吧守则

酒吧可以让人放松，同样也会给人带来麻烦，作为单身女性，最好小心出入这种场合，若是非去不可，也要注意泡吧的一些守则。

工作之余，邀上三五好友，到酒吧里听歌、跳舞、玩游戏，现在已成为很多都市年轻人的放松方式。不同的酒吧有不同的味道，这味道并不是单一的酸、甜、苦、辣，不同的人会有不同的理解，或浓烈或淡雅，或弥漫着浪漫或充斥着狂野，或喧嚣或宁静，酒吧也就因此勾勒出一幅色香味形俱全的美丽图画。酒吧是个颇具争议性的场所，很难总结出它是个什么样的地方，它生来就以一种文化、叛逆的姿态出现，聊聊天，叙叙旧，发发牢骚，寻找短暂的情感寄托，在一个随性的氛围中，闲情荡漾。

对于女性来说，酒吧虽然可以放松，但也暗藏着许多危险。酒吧是一种文化，没有人说泡吧是男人的专利，如果女性想去酒吧，那就请洗耳恭听“泡吧守则”吧。

准备工作

去酒吧之前要做好准备工作，将全身上下的行头打点好。一般来说，服装搭配切勿职业化，但也不能光怪陆离过分暴露。性感自有性感的魅力，可爱也有可爱的吸引力，找到适合自己的风格，穿着中应透露出“我很迷人”的信息。记住，性感并不代表放荡，也不代表尺度大开，自信的特质永远是最美的表现，另外，有些酒吧在门口有存包处，不允许带大包进去，所以女士最好带一个随手的小手袋。

点歌或唱歌

在酒吧里可以向驻唱的歌手点歌，你应该叫来服务生，让他向歌手转告你的意见。给歌手小费不要直截了当，把钱塞给歌手或扔到台上都是不礼貌、不尊重别人的表现。你可以把钱夹在纸里，也可以藏在一束鲜花中送到歌手面前。

若你想自己唱歌，应先向服务生通告，或由现场乐队伴奏，或利用酒吧配备的卡拉OK设施，唱的时候要和配乐相和谐，不要肆无忌惮地乱唱。

与异性交往的礼节

由于酒吧特定的氛围,因此要特别强调与异性交往的礼节,应注意举止端庄大方,不要给异性错误的暗示。若独身女子选择吧台旁的座位,等于在昭告全场:“我现在单身,我在等待在场的男士。”

如不想有进一步发展,就应尽量避免与异性有身体接触。你可以有意地在你与他之间放一些小东西作为隔阂。比如你们面对面坐在一张小桌旁,你可以在桌子靠近你的地方放一个烟灰缸、一个酒杯等,这样无形中就使你们之间有了一个礼貌的距离。如果你们同坐在沙发上,可以在你们之间靠近你的一侧放你的手袋。

不要谈论私人话题

酒吧是个来去匆匆的场所,大家都是萍水相逢。如果异性主动问及你的私生活,你可以装作没听见转向其他话题。如果异性有私人方面的问题需要你安慰,你可以把安慰的话说得远离情感,比如:“有什么好伤心的,情场失意赌场得意嘛,你看你现在的生意不是做得顺风顺水嘛。”

慎用香水

异性若与你单独相处在一个比较狭小的氛围中,过于浓重的香水味会让人生出很多联想,而其中大部分和性有关。因此,要避免性骚扰,就不要用太浓的香水。

正确运用目光

当你感觉到异性用特殊的眼光注视你时,不要马上垂下头,这会让人感觉是一种羞涩之态,也不要直视,让人感觉你在回应。你可以把目光平移到他的身旁,或把目光虚掉,使目光空洞无神,用对他的目光毫无回应来表示拒绝。

不要一个人去酒吧

女性一个人去酒吧很容易成为男人眼中最奇异的风景。不要坐在黑暗的角落里,不要坐高凳,不要让别有用心的男人误会你,以为你是一个孤独的没有人陪伴的女人。

不喝啤酒

女性在酒吧里喝啤酒会给人一种不稳重的感觉,所以最好还是不喝啤酒,可以喝柠檬茶、鸡尾酒或果汁。

注意自己的仪态

来酒吧不外乎两件事,一是听歌,即欣赏;二是休闲。所以单身女孩切忌东张西望、左摆右摇。要心系一处,守口如瓶,想自己的心事,少关注别人的状态,或专心听歌手演唱,不要大喊大叫,不要敲杯子。

机智应对

酒吧的灯光照得女性特别妩媚,泡吧的漂亮女人不招摇也招摇。即使无意诱惑他人,总有笑眯眯的“勇者”搭讪。泡吧的 MM 要学会机智应对,见势不妙,就要借机及时抽身。

拒绝暧昧

独坐角落低啜酒水,在高脚凳上挑衅地环顾酒吧,抽一支烟,这些不经意的举动,在一些男人看来都是暧昧的邀请信号。避免别有用心的男人搭讪,请留意自己的言行。

别随便留电话

别随便把自己真实的联系电话号码、单位地址、姓名告诉陌生人。如果遇到厚脸皮的男人,让他给你留号码,可以这样打发他:“我打电话给你一样的”。

要有时间节制

女性去酒吧,不要泡得太晚,一般的酒吧八点以后有节目,或歌或舞,给自己一小时的时间放松自己足够了,否则对你的身心健康都无好处。

酒吧与其说是一种场所,还不如说是一种生活方式。打破平常的自己,看到自我的另一面。女人与酒吧,有着许多相通之处,表面安静却掩饰不住内心的不安定,穿行在都市光影下的女人,特别是那些年轻的白领丽人,在时尚或淡定的外表下,无不隐藏着一颗不安定的心。酒吧的味道,人流的涌动,身在夜晚,忘却白天的纷扰,营造出一方错落的时间,就是要让你真情流露,让你沉溺于幻觉。泡酒吧,对于一向感情丰富、内心脆弱的女人来说,就是把内心的风景转变为视野中的风景的一种途径。

49 音乐,永不过时的时尚

音乐,给人以享受;音乐,使有着不同经历的女人产生共鸣;音乐,让女人在梦境中畅游;音乐,人类最伟大的创造之一。

胡兰成说:“读张爱玲的作品,如同在一架钢琴上行走,每一步都发出音乐。”张爱玲是用文字歌唱;而当蔡琴的《恰似你的温柔》那低沉而唯美的歌声响起,我们可以感觉到,她在用心歌唱。曾经叱咤歌坛的邓丽君,是多少男人的梦中情人,是多少女人羡慕的女人……这些热爱音乐的女人,用自己的歌声记录了一个时代,她们为爱情而歌唱,为生活而歌唱,因为音乐,她们拥有了无穷魅力。

音乐让女人更年轻

看看你周围的年轻人,听听他们嘴里哼的小曲,可以感受到他们的朝气,那是音乐给人们带来的快乐。每个时期都有不同的音乐在流行,我们的心也随着那音符一起感动。当我们不再为音乐所感动,说明我们的心已开始衰老。然而即使身体衰老,心态却可以永远保持年轻。此时流行音乐,对于保持年轻的心态就有一定的帮助,所以不要让音乐慢慢地从你的身边溜走。

英文歌曲助你学好英语

想学好英语,首先要培养对英语的兴趣。“兴趣是最好的老师”,兴趣是学习英语的巨大动力。而通过听欧美流行歌曲来学英语,就很容易把枯燥的英语学习变得更加生动有趣。这样可以增加你学习英语的兴趣,提高学习效率。

通过音乐释放压力

如今人们的工作越来越紧张,工作压力大成为很多人的困扰。面对这种压力,你可以通过听流行音乐来缓解。听轻松愉快的音乐,可以使你的情绪得到很好的缓解;听节奏明快的音乐,可以放松你的心情;听节奏感强的摇滚乐,可以让你的情绪得到很好的发泄。

寂寞的女人,学几首伤感的歌曲,一个人时哼唱几句,把内心的悲愤化为嘶哑的歌声,让歌声带走自己的伤心;快乐的女人,学几首动感的歌曲,随着歌声舞动身体,让快乐的时光在歌声中停留……

音乐,属于女人,女人用天生的音乐灵感,演绎着生活的舞曲,舞得诱惑,舞得迷人,也舞得心灵有了朝气与活力,从而美化了人生,也美化了女人的灵魂。女人用音乐舞出了自己的人生,舞出了生活的真谛,也舞出了自己的魅力。时尚女人怎能不懂音乐?懂音乐的女人永远时尚!

50 女人做一个舞动的精灵

舞蹈，是最能展现女性柔美的运动，会跳舞的女人如同天使般让人仰慕。女人，何不做一个舞动的精灵？让世间的一切随着你的舞蹈翩然而动……

舞蹈是一种有益身心健康的活动，增强体质，可以使人的性格变得开朗，身体变得柔软。跳舞的好处多多，它可以让人身材曲线变得更美，大腿肌肉和手臂肌肉也更紧实，而且也是一种疏解情绪的好方法。

舞蹈对肌肉的刺激则是全面性、综合性的，它的动作兼顾到人体的头、颈、胸、腿、髋等部位。另外，舞蹈还具备有氧运动的效果，使练习者在提高肺功能的同时，达到减肥的目的。

在舞蹈当中，连贯的动作节奏很快，一整套动作连贯而流畅，整齐而有韵律感，对乐感、灵巧度的锻炼很有帮助。而它的趣味性容易让人集中和专注，忽略运动疲劳。

舞蹈的健身动作爆发力强，对人体体能潜力开发性强，因为舞蹈多以绕环小关节的运动为主，因此能较好地改善练习者的协调能力。舞蹈是一种极具表现力的运动，通过舞蹈课程，练习者在表现自己的同时培养了自信和气质。

健身教练把健身舞蹈称为“带着笑容去训练的项目”，在舞蹈课中，他们更关注的是大家是否愉快和尽兴，动作是否奔放和潇洒，因此对于心理放松，舞蹈有着非常大的作用。

所以建议大家只需每天持续跳舞 30 分钟，就可以为身体带来很大的益处，包括：

(1)强健骨骼，降低患上骨质疏松的机会。

(2)增强心肺功能，促进血液循环。

(3)减少患冠心病、高血压、糖尿病、大肠癌的机会。

(4)增加关节的灵活性和柔软度，减少受伤的机会。

(5)消耗热量,维持适当的体重。

(6)在音乐中翩翩起舞,有助消除压力,促进身心的健康。

(7)与家人一起参与,可增进感情。

(8)与朋友共舞,有助扩展生活圈子。

舞蹈没有你想象得那么复杂,从现在开始走进健身房,在健身的同时,也享受舞蹈的魅力。时尚女人必学的舞蹈有以下三种。

拉丁舞

当音乐响起的时候,你能如醉如痴地随着跳跃的音符尽情地表现自己,这就是拉丁舞——力与美的体现。作为一种体育舞蹈,拉丁舞是一种健身运动,可减肥、塑身,提高心肺功能;腰胯的扭拉,手臂的摆动,使全身得到很好的锻炼,尤其是对腰腹部的训练,同时增强身体的协调性;通过舞蹈练习,提升气质、审美,张扬自己的个性;优美的音乐,让人忘却烦恼忧愁,全身心得到放松。

需要注意的是,身体摆动过度,容易伤害腰部、肩部;以腿部运动带动身体的运动,如果肌肉过紧或过松,会造成膝关节、踝关节的损伤。

着装要求:紧身露腰的吊带衫,低腰紧身大喇叭裤摆的运动裤,软底运动鞋。

街舞

街舞因其轻松随意、自由个性和反叛精神而受到年轻人的喜欢,如今也名正言顺地登上了健身房。街舞的动作爆发力强,能改善练习者的协调能力,使身体不常运动到的关节和肌肉群得以充分锻炼;运动强度适中,具备有氧运动的效果,在提高心肺功能的同时,还有增强肌肉弹性、增强韧带柔韧性的功效;缓解精神压力,被称为"让人带着笑容进行训练的运动"。

要注意的是,不科学的练习会对关节产生损伤,如膝关节、踝关节;韧带、肌肉过度拉伸,容易出现拉伤。

着装要求:宽大的T恤、拖地的多兜裤、棒球帽、紧身背心、运动鞋等都是不错的选择。

肚皮舞

在妩媚中夸张地扭动腰肢,在充满异国情调的乐曲中奔放激情,这就是肚皮舞。跳肚皮舞有减肥的功效,通过对腰、肩、胸、胯、颈部以及手臂、手腕、脚部等部位的运动,可以减去赘肉,尤其是腰腹赘肉,收紧臀肌;可以调节女性的内分泌系统,促进盆腔血液流通,内在按摩盆腔子宫器官。

要注意的是,过于剧烈的动作,容易造成腰部的扭伤。

着装要求:紧身小背心和宽松长裤是最好的选择,露出腰腹,这样可以看到自己跳舞的姿态,方便学习。

51 做个时尚驾车女

随着女性"有车族"的迅猛增长,女人驾车似乎成为一种时尚,女人在关心包包、服装首饰的同时,把对汽车的关注也纳入了自己的兴趣……

当满大街还跑着捷达、桑塔纳,偶尔驶过一辆标致也有回头率的时候,我们就已经笑纳了"香车美女"的定式。那时各式印刷精美的惹火比基尼美女配光鲜名车的挂历、明信片就早已铺天盖地了,仿佛是性感汽车时代的预告片。从那时起,香车配美女的概念,就成为大多数男人们"磁盘内存"中抹不掉的默认值。

女性购车守则

在女性的"驾驶"习惯里,完全不存在赌气逞能的成分。所以,一些在男性看来重要的性能参数,对她们反而不怎么重要。而一些男性不屑的细节,对女性而言往往却是很重要的。

视线。大多数女性的注意力不够集中,所以一定要选择视野较开阔的车型,哪怕牺牲一些驾驶座的舒适性,也要换来时刻保持的良好视野和清醒头脑。

刹车。女性踩刹车是很频繁的,现在的制动系统有碟式和鼓式两种,前者损耗快、效果好,后者损耗慢、效果稍差,建议选择前者,毕竟安全第一嘛。此外,还要选择主动式ABS,这样,有意外的时候,不会因惊慌失措而闯祸。

空间。许多女性认为,没有信心控制太大的车身,且自己体形较小,所以没必要选大空间车。但其实保持一定车内空间还是有好处的,举例来说,方向盘和身体的空间保持25厘米以上,就不会因为气囊突然弹出而受伤。

转弯半径。转弯半径是应该考虑的指标，通常越小越好转弯，进出街巷会方便许多。以微型车而言，转弯半径低于5米者较为理想。

油箱。把车开到没油的地步才发现的女性车主比比皆是，所以油箱容量越大越适用。微型车油箱容量超过40升为最佳，不过，最好还是养成油量不足灯亮时便赶紧加油的好习惯。

轮胎。女性（尤其是初学者）开车技巧一般稍欠成熟，因此轮胎宽度自然是愈宽愈好，开起来会更加平稳。以微型车常用的轮胎来说，胎面145毫米或155毫米略嫌狭窄，若能超过165毫米或175毫米较理想。

带助力。女性身材一般较为娇小，很多人为了垫高而在坐椅上放几个坐垫。其实这是极其危险的事，紧急情况下很容易打滑。因此女性购车要选方向盘及坐椅都可调节的车辆，同时女性的力量一般较弱，转向时力量不足的问题显得更为突出，因此一定要选择具有助力转向的车辆。

自动挡。常在市区内开车上下班的女性不妨选择一辆自动挡的小车，自动挡可以免去频繁换挡的辛苦，而小车比较经济，在油费及保险费上都可以省下一笔。挑车时，如果有足够的时间和精力，不妨去汽车交易市场等场所货比三家，但是要防止被不法中介蒙骗而上当受骗。最好是在选定了心爱的车型后，去专卖店购车。这样车辆的维修服务都有保证，而且专卖店的一站式购车服务也省去了购车办手续东跑西颠的麻烦。

安全性。女性一般比较胆小，因此车辆的安全装置对女性来说同样重要。ABS、安全气囊一个也不能少；另外选择具有中控锁的车辆可以随时关闭后车门，可以防止不法分子的入侵；具有中控功能的车辆也可以让妈妈在接送小孩的途中，关闭后车窗后车门，防止小孩打开车窗车门发生不测；内后视镜可以选择具有防眩功能的，这样夜间行车就不会被后车射来的灯光晃花了眼；如果后视镜能够是凸透镜就更好，凸透镜的视野更开阔，对车辆后部情况一目了然。

外观。时尚女性不妨选择如甲壳虫这样个性鲜明、张扬的车；职业女性适合选择端庄、简练的车辆，如沃尔沃；家庭女性不妨选择休闲一点的，内部空间及安全性俱佳的车辆。从颜色上说，年轻的女孩更适合草绿色、淡蓝色、杏黄色这些活跃的色彩；而稳重成熟的女性不妨选择橄榄绿之类更深沉的色彩。当然选择车辆色彩时，也要考虑到漆面色彩越独特，以后车辆剐蹭后补漆的难度越大的问题。

女性驾车注意事项

培养“车感”很重要。所谓开车经验丰富的人就是对车的感觉比较敏感,也就是常说的“车感”好。而时尚女性在“车感”方面往往稍差。怎样才能提高“车感”呢?以轮胎为例,轮胎没气以后,汽车动力会明显不足,而且车不走直线。一般前轮胎没气方向盘的操纵明显会发生变化,比较容易发觉;而后轮胎就不如前轮胎容易发觉了,若在行驶中突然感受到动力不足,刹车有甩尾现象,就应立即停车检查。

准备一副手套。不是每次出了问题都有人及时出现给予帮助,所以应该准备一副手套,作为备用。手套最好是单层翻毛皮制,大小要合适,因为翻毛手套的表面粗糙,不易打滑,另外皮革隔热性好,当你遇到车有问题需要检查时手难免碰到发动机,传动和摩擦系统的发热零件往往很热,若没有手套很容易被烫伤,并且要养成驾驶时戴手套的习惯,这样不仅不会弄脏手,更重要的是可以保护你的纤纤玉手。

带孩子切忌一心二用。时尚女人驾车时,车内带小孩的情况很多,此时的安全尤其重要。严格地说,较小的孩子应有专用的安全坐椅,并用安全带牢牢地固定在车座上。鉴于目前车内安装安全坐椅的不多,建议凡是学龄前儿童或还不能够使用安全带的儿童最好和成人一起乘车。儿童坐在后排要比前排更安全。

出行前想好行车路线。很多事故表明,在女性驾车的事故中,由于并线时不注意照顾左右车辆而发生事故的比例很高。这多半是因为她们只顾开车,发现需要变线时已晚,又忙不迭猛打方向盘所致。所以出行前想好路线,行驶中注意路标提示,早做准备。切不可不顾左右而我行我素,交通法规中没有“女性优先”。

52 做有爱心的女人

女人最大的魅力就是善良,一个善良女人的爱心是感天动地的,在你极力想做一个好女人的时候,向那些需要帮助的人献出一片爱心,会使你的精神升华。

人生一世，不过短短几十年，而女人的青春更是短暂，与其浪费大量时间在这转瞬即逝的青春上，不如多做些有意义的事，也许我们给别人提供帮助，只是举手之劳，但对于那些急需帮助的人来讲，却是莫大的满足。

作为一个有爱心和责任感的人，应该在所有可以为别人提供帮助的时候挺身而出。在当今物欲横流、节奏快速的生活中，仍然有许多需要帮助的人，相信你曾经也遇到过好心人帮助的情况。作为一个时尚的女性，怎能在做善事这方面落伍呢？为了让世界更美好，不要犹豫，立刻加入志愿者的行列吧。

对于普通人而言，志愿者是进入慈善团体的最简单途径。志愿者也叫义工，致力于免费、无偿地为社会贡献自己的力量。志愿者是一个伟大而又平凡的群体，他们追求“奉献、友爱、互助、进步”，他们活跃在抢险救灾、扶弱济贫、社会公益的最前线，他们用无私的奉献精神为和谐社会贡献自己的力量。

对于志愿活动，人们总是存在很多片面的认识。比如，有些人认为从事志愿工作是慈善为怀、乐善好施的表现，把志愿工作看成一种单方面的施予；有些人则认为志愿工作只是为了减轻专职人员的工作负担，把志愿者当做“廉价劳动力”。其实，参加志愿活动的意义是重大的，并不像人们表面上看到的那么简单。

参加志愿活动对社会的意义

参加志愿活动是爱心和文明的传递。当志愿者把关怀带给社会时，他们也传递了爱心和文明。当“爱心”和“文明”从一个人身上传到另一个人身上，最终我们得到的是一股强大的社会暖流。

参加志愿活动可以更好地构建和谐社会。志愿活动为我们提供了社会交往的机会，在这种交往中加强了人与人之间的交流及关怀，减少彼此间的疏远感，促进社会和谐。

参加志愿活动可以促进社会进步。一个社会前进的脚步，需要全社会的共同参与和努力。志愿活动正是鼓励越来越多的人参与到服务社会的行列中来，对促进社会进步有一定的积极作用。

参加志愿活动对志愿者的意义

参加志愿活动是对社会的一种奉献。志愿者通过参与志愿工作，有机会为社会出力，尽一份公民责任和义务。

参加志愿活动可以帮助我们体验丰富的生活。志愿者利用闲余时间,参与一些有意义的工作和活动,既可以扩大自己的生活圈子,又可以亲身体验社会的人和事,加深对社会的认识,这对志愿者自身的成长和提高都是十分有益的。

参加志愿活动可以提供机会学习。志愿者在参与志愿工作的过程中,除了可以帮助别人以外,更可以培养自己的组织及领导能力,可以学习新知识、增强自信心及学会与人相处等。

参加志愿活动对服务对象的意义

在志愿活动中,可以接受个人化服务。通过志愿者服务,志愿者在提供大量人力资源的同时,更能发挥服务的人性化、个人化及全面化的功能,从而令服务对象受益。

在志愿活动中,可以更好地融入社会,增强归属感。通过志愿者服务,能有效地帮助服务对象扩大社交圈子,增强他们对人、对社会的信心,同时,志愿者以亲切的关怀和鼓励,帮助服务对象减轻接受服务时的自卑感和疏远感,从而使其建立自尊心和自信心。

参与志愿活动既是"助人",亦是"自助"。因为志愿活动,不仅可以帮助他人、服务社会,同时也是在传递爱心和传播文明。在参与活动中,志愿者要注意以下问题。

量力而行

参加志愿活动,志愿者要做到量力而行,要从社会需求的实际出发,把主观愿望和客观实际结合起来,把社会需求和服务能力结合起来,实事求是。要分清什么是现在能做到的,什么是下一步才能做到的,什么是将来才能做到的,还有什么是我们做不到的。我们既不能无所作为,也不可"包打天下"。要循序渐进,逐步发展,切不可操之过急,否则欲速则不达。

讲求实效

参加志愿活动,一定要办实事,讲求实效。志愿者行动的出发点和立足点,就是要为群众解难,为社会、为群众办实事。青年志愿者服务只有落实到基层,落实到具体人、具体事,并且真正成为基层广大青年的经常行为,才有生命力和发展前途。求实效的集中表现就是,在实践中使社会和群众体验和享受到志愿服务的成效。办实事、抓落实、求实效,三者缺一不可。

持之以恒

参加志愿活动要做到持之以恒,不能"三天打鱼,两天晒网"。对于很多人来说，参加一两次志愿活动并不难，难得的是经常参加志愿活动。我国的志愿服务活动开展的时间并不长，体系也并不完善，所以就需要志愿者能长时间地从事志愿活动，为社会树立更多更好的榜样。

曾经有志愿者在日记中这样写道："有一种生活，你没有经历过，就不知道其中的艰辛；有一种艰辛，你没有体会过，就不知道其中的快乐；有一种快乐，你没有拥有过，就不知道其中的纯粹。"通过参加志愿者活动，你可以品味到不同的生活，在艰苦的环境中，你对人生会有另一番理解，你会更加坚强、豁达、乐观、积极！

53 宠物也时尚，爱心长相伴

也许是天性中的母性因素，也许是潜意识里希望被人照料，女人大多爱养宠物。尤其是现在快节奏的社会，一切都变化得太快，女人在宠物这里找到了安全感和责任心。

有人说，养宠物的女人都是寂寞的。如果有爱人陪着宠着，宁愿自己当只"宠物"，又怎会再自己养只宠物呢？可是养宠物的女人不这么认为：宠物会在夜晚等你回家，会陪你散步、逛街而绝不喊累，温柔地听你抱怨也不回嘴。只要你关心它、照顾它，它就不会离开你，除非你抛弃它。它会让女人活在爱里面，虽然是付出爱，但是对于女人来说，有爱就不寂寞。

大多数有了孩子的女人，真正爱起宠物来，也会像爱自己的孩子那样。有的女人，抱宠物的姿势就像抱着个小孩子，对狗狗说话也像和小孩子说话一样，舍不得打，舍不得骂，去哪儿都带着。要是换了个没结过婚、没带过孩子的女人，哪里会用这样的方式？

所以说，不同年龄、不同阅历的女人，会将宠物放在不同的角色里。女人与宠物的关系，真的不是一个"宠"字那么简单。

女人的爱宠情缘，还因为喂养宠物能够减轻人的心理压力和焦虑，降低血压，降低抑郁程度。最新研究还表明，宠物能加强人们之间的社会交往、密切关系，从而有利于他们的身心健康。有两个人参加了一项实验，一位带狗外出，另一位则单独行动，他们都不断地变换服饰打扮，以不同的形象与人交往，结果，有狗相随的那位不管如何打扮，与社会的交往的频率都要高。为什么宠物能使人与人之间的交往变得更容易呢？这是因为宠物是人们交往开始时很好的交谈话题，可以增加人们互相接触的机会，从而让交往变得愉快和融洽，因此，容易获得更多的友谊。这也许就是宠物的主人比不养宠物的人更健康的原因了。

适合女人饲养的宠物不少，大致可以分为以下几类。

猫类

波斯猫：人缘最好的猫咪之一，恬静可爱，乐观向上，对人诚实，举止优雅，还能捉老鼠(如果你家有的话)。

喜马拉雅猫：善良乐观，热情大方，顽皮可爱，心地宽容，不跟其他猫打架，叫起来像唱歌。

苏格兰折耳猫：留恋家庭，热爱主人，虽然只与一个人朝夕相处，但对所有家庭成员都不错。

土耳其安哥拉猫：常常一动不动地卧着，给人小家碧玉之感，举止端庄，恬静热情。

英国短毛猫：举止端庄，独立性强，善于与狗沟通、玩耍，对人忠实，心理素质好。

犬类

马尔济斯犬：据说有“犬中贵族”的雅号，活泼灵敏、对人有感情，表情还很丰富。

日本犬：个性活泼，与人亲密，特别适合时尚女性喂养。

博美犬：个头小巧，心情开朗，活泼好动，无体臭、掉毛少，再适合女性不过了。

可卡犬、拉布拉多犬、金毛巡回犬：聪明、漂亮，最能衬托女主人的高雅气质。但养这种狗需要有在郊区的大房子，因为在城里它们的身高都超标了。

鼠类

仓鼠：仓鼠每天都会要求“抱抱”，冬天还会四肢伸展，紧贴在你的手掌上享受“天然暖气”。

龙猫：日本卡通形象真身，走路蹦蹦跳跳，很聪明，你叫它，它就会过来，睡觉时身体团成一个“大毛球”。

饲养宠物最重要的是一颗责任心，你选择了它，而它就没有了别的选择；它不会是你的唯一，但你却成了它的全部。要养宠物之前，请问问自己——准备好了吗？

首先，要视宠物为家庭一员，把宠物当做一个生命而不是一个物品来对待，以严肃和尊重的态度对待宠物；其次，要具备关于宠物的基本知识，要认识到宠物也有其自然的生命历程，包括出生、壮年、求偶、生育以及死亡，大多数宠物都会有10年以上的寿命，还要正确对待它们的生老病死以及吃喝拉撒等；另外，要考虑家庭各方面因素，如其他家庭成员、居住条件甚至周围邻居等。

尽管饲养宠物有好处，但若说到是否真的要养一只宠物，无论是家庭中的父母还是孩子，都应该认真想一想，要从以下几方面检查自己是否有饲养宠物的心理准备和客观条件，看看是不是真的能够承担这份责任。

你是否勤快。家庭中养宠物，难免毛发处处，所以你必须特别勤于清扫，以维持室内环境与空气的干净。除了要常常帮宠物洗澡外，最好也能养成摸过宠物以后洗手的习惯。

家里是否有足够大的空间。如果你的居室环境狭小，没有多余的空间养宠物，最好不要考虑。

是否能面对生老病死。家有宠物，虽然可以享受欢乐，但也必须承担它带来的麻烦与痛苦。尤其，在与宠物建立起深厚的感情以后，要接受它生病、衰老与死亡的事实，这对于孩子尤其会有很大的打击。

哪些家庭不适合养宠物？如果孩子年纪太小、抵抗力弱，或是孩子身体状况不佳，还是不要饲养宠物为宜。

饲养后要注意卫生。时刻注意宠物身体的清洁，包括宠物体毛的梳洗、爪子的整修、预防针的注射，甚至宠物睡卧的小窝也必须勤加清理，以免感染细菌或寄生虫，殃及宝宝。当发现宠物不健康时，应该及时送到动物医院治疗，及时与人隔离。

尽可能让宝宝与宠物保持距离。除了卫生的因素外，也要预防宠物无心的抓伤。大人不要将幼儿放置一旁就去做自己的事，年幼的儿童随时可能用手去抓宠物耳朵或尾巴，若惹怒了宠物则非常危险。

宠物的排泄物应及时打扫。宠物的粪便应及时处理干净，避免留在地面，既不卫生，还容易造成幼儿滑倒受伤。

第 7 章

举止优雅，懂礼仪的女人是职场赢家

——女人的优雅在礼仪细节中表现

随着社会的发展和对女性的要求，礼仪无疑成了与人交往时不可或缺的手段。相貌平平的女人可以因为自己的礼仪大气带给别人好感，文化水平不高的女人也可以凭着自己的谦逊礼貌而得到大家的喜爱。礼仪，虽然不是实实在在的物品，却是人际交往之中必不可少的东西。掌握一些社交礼仪的细节，可以让你像拿到人际交往的万能钥匙一般，顺利打开你想进的门。

54 职业女性宴请礼仪

女人宴请有着男人永远无法比拟的优势，依靠这些优势你或许可以叱咤职场，然而一些必要礼仪还是必须掌握的，一些尴尬的细节还是需要预防的……

宴请是人际交往中促进关系发展的重要手段，请客吃饭不仅可以让宾主之间尽快熟悉，也能够扩大视野和交往圈，快速拉近距离，消除摩擦。中国人素来喜欢在饭桌上说话，能够在一张桌子上吃饭，表示关系亲近，而且通常也能够看出一个人的素质和才华。

女人在宴请中占据着重要的位置，一个漂亮有气质的女人可以给人赏心悦目的感觉，是调和饭桌气氛的最佳人选，所以一般公司的公关活动中都会有一两位女性出席。

在个人社交和工作中，女性需要掌握一些宴请的礼仪，这对提高自身的交际能力和礼仪修养都是大有裨益的。宴请客人就像烤面包，不仅要备好料，也要注意不同客人的口味。设计一次宴请，要提前做好各项准备工作，如来客人数、性别比例、大概喜好、身份地位和宴请目的等，充足的准备会让你的宴请达到完美的结果。如果提前没做好准备工作，可能会出现像孙小姐这样尴尬的情况。

孙小姐是某公司总经理的秘书，刚刚就职不久。一天，老总准备宴请新员工，让孙小姐去酒店预订包房并点菜。孙小姐到了酒店，面对服务员递上来的菜谱眼花缭乱，不知点什么菜好。点太好的菜吧，担心老总说太浪费；点一般的菜吧，又怕老总说“小家子气”。最后，只是按服务员的推荐点了一桌菜。结果，因搭配不当，许多菜竟无人动筷子，以致造成了很大的浪费。饭后，老总对孙小姐十分不满，从此不再让她担任秘书工作。

由此可以看出，宴请并非简单的请客吃饭那么容易，还是需要适当的准备和规划的。作为公司总经理秘书的孙小姐，对这一点却很马虎，因为一顿饭丢了工作真是很可惜。作为公司的总经理，通过这一件小事就可以看出一个人的素质,他需要的是一个懂得交际的女秘书,而不是一个言听计从的佣人。秘书,是现在很多年轻女性的选择,但是秘书确实没有那么容易担当。孙小姐在对宴请礼仪不太了解的情况下,本可以及时找人询问了解,但是她却没有这样做,而是擅作主张,敷衍了事,也难怪会因此丢了工作。

在"时间就是金钱"的今天,工作步伐飞快,人与人之间很难有机会长时间交流,所以越来越多的商务人士相信,餐桌是一个最好不过的交流平台。因而宴请也就成为公司、单位、业务往来之间的家常便饭。然而,即便是一次简单的宴请,也可能因为某些细节问题处理得好坏,出现失去客户或是事半功倍的结果。

作为女性公关或者助理,不仅要注意自身的着装和形象,在请客或者赴宴过程中,一定要做到仪态优雅、大方得体。

在就餐过程中,入座后不要东张西望,也不要坐着发呆,或者只顾摆弄自己的手机和餐具,正确的坐姿应该是把双手放于腿上,双肩放平,神态自若,面带微笑,并且优雅地与邻座或客人轻谈几句,如果实在没话说,就静静地倾听别人的谈话。

作为职业女性,在餐桌上最好不要吸烟,即使有人相让也要把持住,保持自己的端庄和优雅。在吃饭的时候,无论用刀叉还是筷子,都不能把餐具整体放到嘴里,更不能用舌头舔餐具。尽量吃自己面前的食物,即使看到较远处自己喜欢的食物,也不能站起身来到餐桌另一边去取,可以让服务员或主人代劳。当别人为自己夹菜时,一般不能拒绝,只要说声"谢谢,够了"就好。当然,不要在用餐时评论菜肴的好坏,这样很容易得罪人,更不能说人是非,喝酒要适量,点到即止。如果有上司在场,更不要与男性对酒或者过分嬉闹。

女性在用餐时,要表现出自己的高雅,不能狼吞虎咽或者发出很大的声音,嘴里有食物时不要和别人说话。如果汤菜太烫,不要用嘴吹,应该稍等片刻,等略凉些再吃。如果不小心碰洒了汤或酒等,要小声说"不好意思",如果弄到别人身上,要边道歉边擦拭。如果是别人不小心弄脏了你的衣服,也不要大惊小怪,而是应该去洗手间清理干净并安慰对方"没关系"。

女性在参加宴会前都会化妆,但是用餐前最好悄悄地把口红擦掉,以免在碗筷、杯子和纸巾上留下口红印,这样既不雅观,也会影响别人的食欲。补妆时也不能当着大家的面，而是要到洗手间或是化妆室去补妆。

如果是吃自助餐或是鸡尾酒会，自取食物时要注意，不要一次取太多，适量最好，吃完后可以再取。更不要往人多的食物前挤，等别人拿好你再拿，否则很容易碰脏自己或别人的衣服和鞋子，面子上也很难看。在有服务人员为客人送取食物的地方，就不要自己亲自去取食物了。在走动过程中，小心不要碰翻别人手中的餐盘和酒杯。

如果你是宴会主人或者主办方，要记得先照顾客人，等客人都安排好了自己再去用餐，当然在吃的过程中也要与大家有适当的交流，不能只闷头吃饭，谁都不搭理。如果你吃饭速度比较快，那么就边喝饮料边和别人攀谈，如果没有极特殊的情况，不要做出中途退场这种不礼貌的行为。

女人的细心不仅要体现在工作中，社交场合上也是必不可少的，如果你对这些还不是很了解，就从现在开始学习吧，你的优雅和美丽可以把一场宴会装点得更加绚丽多姿！

55 办公室看不见的礼仪

作为职业女性，想要得到上司的赏识和同事的接纳，办公室礼仪不能少，虽然说每天都在同一屋檐下工作，但很多细节上的东西必须要注意。

办公室是个很特别的地方，对于初涉职场的女性来说，了解一些办公室礼仪是做好本职工作的前提。因为在办公室里，不是你一个人在工作，要与大家和平相处、互不干扰，就要多多留心。

工作方面

接打电话。在接打电话时，你代表的不是个人而是公司的形象，所以要使用文明用语，要用普通话，音调适中，使对方能够感觉到你的友好。同时，每个电话都要做详细的记录，如果是误打到你的座机上，一定要记住来电人员的姓名、来电时间、通话内容等详细情况，并清楚地转告给当事人。

招待客人。当有客人来访时，你应该主动从座位上站起来并引领客人到会客室,亲自送上水或饮料,交谈的时候切忌大声喧哗,以免影响到周围的同事。

与同事交谈。要讲普通话,尽量不讲方言、土语,用词要文雅,在日常的交谈中,不讲黑话、粗话、脏活,不开黄腔、怪腔。并且语气要检点,端正自己的心态,与人交谈要热情、亲切、友善、耐心,切不可语气急躁、生硬、嘲讽或者轻慢。

要爱护单位的公共设施。单位里的一切公共设施都是为了大家的方便,要注意爱护,更不要一个人霸占的时间太长,影响其他人的工作。

女孩子都喜欢吃零食,但是工作时一定要控制。在办公室吃东西,一方面影响整体工作环境,另外会给人懒惰的感觉,与人说话或是接打电话时,嘴里一定不能有东西。

衣着方面

年轻女孩喜欢打扮、爱美,这是人之常情,但是一旦进入办公室,就要有工作的样子。不能自己想穿什么就穿什么,更不能穿露肩、露背的衣服和超短裙。在办公室穿得太过招摇,可能会遭遇男同事的不恭和玩笑,更容易引起女同事的排斥。怎样穿衣打扮,还是要看办公室的环境,只要不显得和大家格格不入就好。

不可过分注重自我形象,在办公桌上摆着化妆品、镜子和自己的照片,还不时地偷闲照照镜子,补补妆,这样不仅让人感觉你工作浮躁不踏实,也着实有伤大雅。

与同事相处

不随便拿用他人东西。如果自己实在急用,而对方又恰巧不在座位上,自己用完之后一定要和对方打个招呼,表明自己曾经用过,并致谢。如果是贵重物品,主人不在的情况下无论如何都不应该擅自拿用。

不可偷听别人讲话。不论是两个同事聊天,还是同事打电话,都不要伸长了耳朵偷听,更不能擅自揣测别人的意思,还到处散播,这是非常没有德行的行为。

对同事的客人要热情。无论是谁的朋友进入你的办公室,都应该热情招待,不能对人冷淡。进门都是客,主人要有主人的气度,如果三言两语把人打发掉,或是不予理睬,会给人留下不好的印象,也会造成同事间的不和。

不做无谓的口角之争。同在一个单位一间办公室，和谐相处非常重要。如果出现了摩擦和矛盾，就坐下来好好聊一聊，相信没有解决不了的事情。同事是每天与你接触的人，如果关系相处不好，会严重影响自己的心情，从而导致工作效率低下，是得不偿失的行为。

避免在办公室谈论是非

办公室就是个小社会，各种各样的人聚在一起，每天发生着这样那样的是非。如果一味地沉默，大家会觉得你不合群而孤立你，但如果谈论别人的是非，则可能惹祸上身。

菲儿到新公司已经三个月了，这次发工资，应该是她转正后第一次领工资，至于会领到多少，她自己也不知道。下班后，大家留下来领工资，终于轮到菲儿了，这一次她拿到的工资很令人心动，至少比她预期中要多，所以她很开心。

同一个办公室的莉莉比菲儿早进公司一年，见菲儿从财务办公室兴高采烈地出来，就凑过去问："我这个月拿了2000元，你呢？"不谙世事的菲儿想也没想，脱口而出："我一共领到了3500元。"这个数字比莉莉的多了不少。这让莉莉心里非常不平衡，心想：你才来几天啊，竟然比我拿的钱还多，这太不合理了。第二天一早，莉莉就去找老板诉苦："您可不知道，菲儿虽然是个大学生，但什么都不会做，我得事事进行指点，可为什么她领的工资比我还多……"想到莉莉是个颇有实力的老员工，老板只能找菲儿谈话了……

在办公室，不仅对于工资这种事最好不要与同事讨论，私人生活以及你的宏图大志都不要拿到工作场合里讲。所谓"害人之心不可有，防人之心不可无"，就算你没有任何恶意，也许别人因为忌妒你而做出某些你所想象不到的举动来。与其如此，不如自己聪明些，把持住自己的嘴巴。很多事情，并不是用是非曲直能够说清楚的。尤其是在职场，没必要逞一时之快而使自己陷入困境。对于一些小事，自己吃点亏并不是什么坏事，与同事和睦相处才是使工作进展的好方法。

年轻的职场女性，很容易被工资、职位、权利等吸引，从而做出一些令自己处于尴尬境地的事情。学习一些办公室礼仪，有助于你提高警惕，帮助你更快更好地立足于职场！

56 女性与领导交往的礼仪

女性职员与领导的关系比较微妙,所以处理起来也要小心谨慎,千万不可贪图一时的利益而踩到雷区,否则便会得不偿失……

“领导”这个词相信每个人都不会陌生,一般人都有过被领导的经历。作为二十几岁的年轻女性,初涉职场,与领导的沟通是否通畅,与领导的关系是否融洽,这与今后的职业生涯和事业发展有非常重要的关系。

在与领导打交道的过程中,要注意以下几个方面。

与领导交往要有分寸

作为领导,他是你的上级,你应该对其表示应有的尊敬和礼让。但是你要明白,领导和你没有太大区别,工作不分高低贵贱,领导和下属只是分工不同。所以也没有必要逢迎拍马、阿谀奉承,只要做好本职工作就好。

如果你和领导有着非常不错的私交,那么在私下往来就行,在公众场合一定要分清上下级关系,说话做事都要掌握分寸,维护领导的尊严和威望。更不能倚仗着这种亲密的关系便对其他员工透露一些领导的个人隐私。作为感性的女人,一定要分清工作和生活上的关系。如果是与工作有关的事情,一定要通过正常手续和步骤进行。

保护领导隐私

即使与老板关系很好,也不要出现行为随便的现象,进出领导办公室要先敲门,等领导允许后再进入。进入办公室不要偷看领导的电脑、文件、手机等重要信息,如果偶然发现了领导的隐私,要装作没看见或没看清,并且注意保守秘密,不胡乱传播。不要在办公室谈论领导的家事和私人关系。

巧妙地与领导沟通

在工作中,巧妙地与领导沟通,对自己的工作会有很大帮助。如果你与上级关系中存在着一定友谊,沟通起来就比较容易,不仅可以提高工作效率,也可以最大限度地发挥自己的潜能。

做到良好沟通必然要正确理解领导的命令和要求,切忌似懂非懂莽撞行事。不懂的问题一定要问清楚，如果真的出现错误，要勇敢地承认，不要把责任推给领导，更不要说“不是您让我这样做的吗？”之类的话。

对领导表示谢意

领导往往掌握着你工作的“生杀大权”，所以与领导搞好关系非常有必要。但是过分讨好也会令人生厌，一定要巧妙地把握好这个度。

在与领导共同进餐时，如果领导提出请客，要真诚地表示谢意；在领导给你多发了奖金时，或是私下给你红包时，都要在恰当的时候表示感谢，但千万不要明目张胆地向领导送礼。

在公共场合与领导相遇，不要躲避，更不要装作没看见，要主动上前打招呼，大方地与其交谈一两句，不要一聊起来没完没了，占用别人太多时间。

尊重领导但千万不要爱上领导

作为异性的领导，通常对公司内部的女性有着非同寻常的吸引力，如果恰巧你的上司长相不错，能力也强，对人态度也好，而且又多金，那么肯定会受到众人瞩目了。如果有一天你发觉自己已经不禁对领导产生了莫名的情感，那么赶快打住，好好想一想吧，如果不是有十足的把握和理由，还是不要冒险的好。

扬扬在一家中型公司上班，她天真活泼、时尚浪漫。工作了一段时间之后，她爱上了她的老板。她的老板是那么有魅力，高大帅气，温文尔雅，仿佛任何难题到他手中都可以迎刃而解。而老板对她的好感仿佛也没有拒绝。扬扬侧面了解到，老板结婚已经很多年了，有一个刚上小学的女儿，和妻子的关系好像不是很好，但是很能和下属打成一片，对下属十分关心。

扬扬向老板表达了自己的爱意，而老板也没有拒绝。有时他们一起出去吃饭或者看电影，就像普通男女朋友那样约会。经过一段时间的了解，扬扬知道老板和妻子之间已经没什么爱情了，两个人经常好几天都不说一句话，老板喜欢向扬扬倾诉一些自己的孤独和苦恼，扬扬觉得自己就是老板要找的人，她沉浸在恋爱的幸福和喜悦当中，自然而然地和老板发生了一切关系。

可是好景不长，有一天，老板的妻子跑到公司来，当着众多同事的面给了扬扬一个耳光，还说扬扬是狐狸精，破坏他们的家庭。扬扬感到很委屈，可是也找不到老板的人影。同事开始在扬扬身后指指点点，在工作中扬扬也失去了和同事的和谐关系,那些原本和她有交往的同事也都渐渐远离了她。

后来老板终于回来了,扬扬向老板诉苦,说自己多么忍气吞声,要求老板离婚和她在一起。可是老板告诉她,离婚是不可能的,和妻子在一起这么多年,早就像亲人一样了,而且两人有孩子,不想给孩子留下阴影,还有各种复杂的社会关系都很难处理。相反,和扬扬在一起,也许只是自己一时冲动,如果扬扬觉得这种关系不能接受,那也只好和扬扬断绝关系了。

最后,扬扬两手空空地离开了公司。

女职员爱上自己的领导,大都会是以悲剧收场,真正能够成为神仙美眷的少之又少。一般人都是经过几年打拼才能坐到管理人位置的,所以年纪一定不会很小,可想而知也不会没有过任何感情经历,而且大多三十岁以上的人都有过结婚经历。扬扬明知道自己的上司有自己的家庭,还义无反顾地去介入,只把"他们之间已经没有感情"当做理由,年轻的女孩们要知道,爱上容易,但为爱负责却很难,不要拿爱情当借口,因此丢了饭碗,想必更是得不偿失了。

57 关注细节,维护职业形象

在与人交往的过程中,同样的目的,不同的处理方式,往往会导致天壤之别的结果,依照下面的方式方法,能帮助你在最短的时间内获得对方更多的信息,迅速找到解决问题的突破口,并且维护了自身形象。

细心观察生活的人都知道,猫和狗是仇家,见面必打架。其实,猫狗之所以为敌,是因为语言沟通上出了点问题。比如,摇尾摆臀是狗向伙伴示好的表示,而这一套"身体语言"在猫那里却是挑衅的意思;相反,猫在情绪放松表示友好时,喉咙里就会发出"呼噜呼噜"的声音,而这种声音在狗听来就是想打架。结果,猫狗本来都是好意,却是"猴子吃麻花——满拧"。但从小就生活在一起的猫狗就不会发生这样的对立,原因是彼此熟悉对方的行为、语言的含义。

由此可见，熟悉对方语言，进行有效沟通的重要性。人与人之间最宝贵的是真诚、信任和尊重，其桥梁便是沟通。沟通中有许多细节问题，如果能够处理好这些细节，沟通就会变得更加简单。

使用称呼“就高不就低”

在人际交往中，尤其应注意使用称呼“就高不就低”。例如，某位教师在介绍另一位教师时会说：“这是某某大学的某某老师。”学生尊称自己的导师为“老师”，同行之间也可以互称“老师”。有这方面经验的人在介绍他人时往往会用受人尊敬的衔称，这就是“就高不就低”。

入乡随俗

一般情况，也许你会习惯性地问：“他是青岛人还是济南人?”但是，当你人在济南时，就应该问他：“济南人还是青岛人?”这也是你对当地人的尊重。当你到其他公司拜访时，不能说主人的东西不好，所谓“客不责主”，这也是常识。

摆正位置

在人际交往中，要摆正自己和别人的位置。很多人之所以在人际交往中出现问题，关键一点就是没有摆正自己的位置，也就是说，在人际交往中，“下级要像下级，上级要像上级，同事要像同事，客户要像客户”。摆正位置才有端正态度可言，这是交往时的基本命题。

以对方为中心

在交往过程中，务必要记住以对方为中心，放弃自我中心论。例如，当你请客户吃饭的时候，应该首先征求客户的意见，如他爱吃什么、不爱吃什么，不能凭自己的喜好，主观地为客人订餐，这就叫摆正位置。如果你的客户善于表达，你可以夸他说话生动形象、很幽默，但你不能说“你真贫，我们都被你吹晕了”。

交往以对方为中心，商务交往强调“客户是上帝”，客户感觉好才是真的好。尊重自己，尊重别人，恰到好处地表现出来，就能妥善地处理好人际关系。

现代交往中，大家都明白一个常识，“十里不同风，百里不同俗”，不同行业有不同的要求，站在不同的角度看问题，结果可能大不一样。例如，从事外事工作的人有一个特点，即说话比较中庸。如果你问他们：“这场球赛你认为谁会赢?”他们不会告诉你谁会赢或者谁会输,而是告诉你都有胜的可能,不偏不倚,模棱两可。这就是职业使这些人形成的语言特点。

解决问题的技巧

作为一个商业人士,需要面对来自不同行业的人,难免会众口难调,虽然尽力解决问题了,但也未必尽如人意。这时,就需要我们抓住主要矛盾,找到解决问题的突破口。主要矛盾解决了,次要矛盾也就迎刃而解了。观念决定思路,思路决定出路,有什么样的思想,就有什么样的工作状态。

出入电梯的标准顺序

出入有人控制的电梯。出入有人控制的电梯,陪同者应后进后出,让客人先进先出。把选择方向的权利让给地位高的人或客人,这是走路的一个基本规则。当然,如果客人初次光临,对地形不熟悉,你还是应该为他们指引方向。

出入无人控制的电梯。出入无人控制的电梯时,陪同人员应先进后出并控制好开关钮。酒店电梯设定程序一般是30秒钟或者45秒钟,时间一到,电梯就走。有时陪同的客人较多,导致后面的客人来不及进电梯,所以陪同人员应先进电梯,控制好开关钮,让电梯门保持较长的开启时间,避免给客人造成不便。此外,如果有个别客人动作缓慢,影响了其他客人,你在公共场合不应该高声喧哗,可以利用电梯的唤铃功能提醒客人。

在与人交往的过程中,同样的目的,不同的处理方式,往往会导致天壤之别的结果。为了使人际交往活动达到预期的最佳效果,在交往过程中,应该牢记以下几点:使用称呼“就高不就低”、入乡随俗、摆正位置、以对方为中心,能帮助你在最短的时间内获得对方更多的信息,在众多的矛盾中找到解决问题的突破口。

58 打电话时的礼仪

随着电话这种通讯工具的普及,打电话的方式也成为衡量一个人礼貌礼仪的方法,因此在接打电话的过程中,既不失女性的柔媚,又能体现出女性的优雅大方,是每个女人都在追寻的形象。

电话已经成为现代人必不可少的通讯工具，也是人们联络感情使用最频繁的工具。很多女性朋友，喜欢煲电话粥，把自己开心或不开心的事情和好朋友畅谈一番，然而，在你激情澎湃地和朋友讨论时，你的声音大小、仪态以及语言风格等各种表现，已经毫无遗漏地被周围的人捕捉到。如果想给别人留下好印象，请看一看打电话时需要注意的事项。

保护别人的隐私

由于手机话费相对较高，而且通讯属于个人私事和个人秘密，因此联系不熟悉的人时可先拨打其办公室座机，有急事需拨打手机时则应注意讲话言简意赅。如果需要长时间通话，应主动询问对方是否需要拨打其座机电话。

接听时间

电话铃响起后，最好在响两到三声时接听。时间太长有怠慢之嫌，但铃声一响起就接听，也会让对方觉得缺乏准备，你可以利用这段时间整理一下自己的情绪，尽量用宁静、平和的心态接听电话。如果一时腾不出时间，电话响了很长时间才接听，接通电话后应诚恳地向对方道歉："对不起，让您久等了。"

改掉不良习惯

要注意改掉平时打电话时的不良习惯，如喜欢清嗓子、说口头禅、喜欢东拉西扯或者喜欢吃东西，这些都是不好的习惯。接电话时，如果嘴里正在吃东西，要尽快把东西咽下去，千万不要边打电话边嚼口香糖或吃东西，以免对方听不清你在说什么，这是十分失礼的。虽然对方无法看到你的面容，但你的喜悦或烦躁等情绪都会通过语调流露出来。打电话时语调应平稳、柔和、安详，如能面带微笑地与对方交谈，可使你的声音听起来更为友好、热情。你可以在电话旁边写一张小纸条提醒自己，尽量表现出最好的一面。

电话内容

由于打电话的双方并不见面，所以对方很可能会误解你的意思。所以，如果是传递某些重要信息时，最好确保对方真正弄明白了你的意思。比如说到名字时，要详细向对方说明每个字的写法；说到电话号码、银行卡号等时，要让对方重复一遍，以核实是否正确。不过，如果不是认识的人，最好不要在电话中透露自己的重要信息。

声音可以听出心情

不管在哪里打电话，声音柔和、不张扬是对接听电话人的最起码的礼貌,不要光图自己痛快,委屈了别人的耳朵。如果你是在公共场所,就要更加注意自己的形象,不仅声音的大小要控制好,脸上的表情、手上的动作都要注意。

对于女性来说,优美的声音是美的一个重要表现方面,打电话的声音不要太大,只要对方能听清楚就可以,大喊大叫不但会让通话的对方不舒服,也会影响到你身边的人。经常听到一些女人在公交车上向别人抱怨自己的丈夫怎么不好,自己的婆婆怎么刁蛮,先不说事实是否真的如此,但从形象上来讲,这些家事最好不要在公共场合大谈特谈。每个人都有自己的压力和难处,不要总是把对生活的抱怨发泄给亲人和朋友,没有人愿意长期做你的"垃圾桶",给别人一个好心情,让自己的生活也快乐起来。

打电话的时间

打电话不宜持续太长时间,有的女性喜欢打电话聊天,当然,如果通话的对方也喜欢倒也无妨,但如果对方还有其他事情要做或者不喜欢聊得时间太长的话,就不要聊起来没完没了,这样很容易招人厌恶。尤其是在上班时间,切忌长时间占用电话聊天,办公室的电话应用于办公,最好不要在上班时间打私人电话。

打电话的时间有不少讲究。比如往对方家里打电话,应避开早晨8点钟以前和晚上10点钟以后这两段时间,以免打扰对方休息。如果往单位打电话谈公事,最好避开临下班前10分钟。处理各种业务问题的电话,最好在早晨上班的时候打,此时人们头脑最清楚,办事效率最高。另外,如果是给国外的朋友或客户打电话,之前要搞清楚对方所在地区与自己的时差,以及对方的工作或休息时间,不要在休息时间打电话谈工作上的事情,也不要在工作时间打电话闲聊。

转接电话

如果对方要找的人不是你,不要说一声"不在"或"你打错了"就不容分说地挂断电话,也不要过分追问对方的情况,不宜问"你找他什么事"、"你是他什么人"等刨根问底的话。如果对方要找的人不在,可以礼貌地说:"对不起,他不在,有什么事可以让我转告吗?"并可留下对方的姓名和电话号码。但如果是在询问对方姓名后再说"他不在",这样很容易引起对方的误解。

打电话挂机时的技巧

打电话的时候谁先挂断?说到这个问题,最容易出现的一个错误回答是“对方先挂”。假定打电话双方都忠实于这一规定，双方都等着对方挂，结果只能是占用了宝贵的时间，多说一些没用的闲话。因此这一方式没有可操作性。打电话时谁先挂，交际礼仪给了一个规范的做法：地位高者先挂电话。

如果你与上司通话，不管上司是男是女，是老是少，下级尊重上级是一种职业规范，此时应该是上司先挂电话；如果是总公司来电话，不管总公司打电话的人是什么级别，他代表了上级机关，此时应该是总公司的人先挂电话；如果是客户来电话，客户是上帝，应该让客户先挂电话。一般来说，上下级或长辈与晚辈之间通话时，应由上级或长辈先挂断电话。如果是同事或朋友之间打电话，那么谁先拨叫对方就由谁先挂断。挂断电话时要轻，用力地把话筒一扔，是没有礼貌的做法，会让对方以为你在对他发脾气。如果由于某种原因，电话中断了，要由打电话的人重新拨打。

工作时间忌用搞笑彩铃

手机在职场上起着举足轻重的作用，但有人往往忽略手机的使用礼仪，这主要体现在手机不分场合地响起铃声以及在与人交谈中频频接打电话。此外，不恰当的铃声设置和彩铃也会令你失礼于人。公务员、公司管理人员等由于岗位性质的需要，应该以稳重的形象示人，因此在工作场合中，如果响起“爸爸，接电话”、“汪、汪”这样的手机铃声不仅会显得很不严肃，而且与自身身份不符。同样，在工作期间，如果有人拨打手机联系公事时，却听到“我就不接电话呀，我就不接电话，别人的电话我都接，我就不接你电话”这样的搞笑彩铃也是会令人反感的。

这些场合不适宜打电话

开车时。开车时不宜打电话，这不仅是为你自己，也是为了车上其他乘客的安全着想。即使是用耳机接电话，也应该做到言简意赅，若有重要的事可以把车停下再接电话，否则一心二用很容易发生事故。

观看演出时。听音乐会、看话剧或者看电影时，应该把手机调至静音或震动状态，若在所有观众都聚精会神的时候响起了手机铃声，是十分不礼貌的行为。

医院里。身处医院时应将电话铃声调小或静音，医院需要保持肃静的环境，不要因为你的电话打扰了病人休息或治疗，甚至医院中有些设备工作时受到手机信号的干扰会得出不准确甚至错误的诊断。

开会时。这是作为职业女性尤其应该遵守的,我们都知道开会时不能交头接耳,但实际上打电话也是不礼貌的行为。若开会时有人打来电话,如果不能离开会场接听,就应该轻声告诉对方:“对不起,我现在开会,会议结束后再联系。”

参加宴会时。在比较正式的宴会上,不宜对着餐桌打电话,而应离开餐桌到别处去接听电话。若实在不方便离开餐桌,则要侧转身子,用手遮挡一下再接听。

59 肢体语言也礼貌

动物喜欢用肢体动作来表达感情,人由动物衍变而来,也保持着使用肢体语言的习惯,而女人使用这无声的语言尤为多。怎样才能正确地表达出自己的心意而不被别人误会,是每个女人都该认真思考的事情。

有这样一项有趣的调查:一个女人要向外界传达完整的信息,语言只占7%,声调因素占了38%,而剩下的55%这大部分信息是靠肢体语言来表达的。由此可见,肢体语言在女性生活中占有多么重要的地位。

女人喜欢用身体的接触来表达自己的善意和亲密,就像小孩子都喜欢依偎在大人身边撒娇一样,这些都属于动物本能表现的一种。一般来说,随着年龄的增长,人在理性上逐渐成熟,动物的原始习性就逐渐退化,隐蔽到理性后面。然而女人在羞于或不善于用语言来表达自己的感情时,就习惯用身体接触这种最原始的、最直截了当的方法作为传达自己感情的手段。从这个意义上说,女人和小孩子是比男人更具动物性的。从心理学的角度看,女性较重感情,思考问题也是侧重感觉的,而且她们的感官比男性更敏锐,尤其是触觉。所以,女性更习惯于用肢体语言来替代语言的表达。

不同的肢体语言有着不同的含义,甚至有的时候,也许你并没有意识到,你却已经向别人传递出了错误的信息。比如与刚刚认识的男子单独相处时,你不时用手抚弄自己的头发,当他说话的时候你盯着他看,而当他眼光看向你时你又羞涩地躲开目光,即使你是无意的,可是也许对方认为你向他发出暧昧的信号。在具体的肢体语言的使用过程中，要想传达出优雅、有礼貌的信息，我们还应该注意以下这些方面。

头部

与人相处时，头部的动作可能是最多的。头部保持中立，表示你对另一方说的话或做的事没有强烈的爱憎感觉，既不表示厌烦，也没有太感兴趣。如果别人和你讲话时，你却低着头，这一般是表示你对对方说的话不感兴趣或内心不愉快。而歪着头听别人说话则给人一种你十分感兴趣的印象，尤其是在与异性说话时，这一姿势要慎用，否则会让对方以为你对他有好感呢！

和别人握手和交谈时，眼光要和对方的眼光接触，因为眉目可传递喜、怒、哀、怨等各种不同的情绪。眼光接触，能促成情意交流，尊重、谅解、关怀等心意都可以借着眼神意会，正所谓“眉目传情”。面部要有表情，面部的肌肉要自然、放松，平日就要养成唇角、眉梢微微上扬的微笑表情，散发出亲切、温柔的魅力。听人说话时，表情要配合对方话语的内容作恰当的回应。僵硬、冷漠，面目无情，只能让人退避三舍，不敢亲近。

手部

在工作中，人们常会忽略手势礼仪，常常因一个小动作而失礼，暴露出自己礼仪修养的不足。其中最常用的示意手势却常被不规范使用，显得对人有失敬意。正确的示意手势应该是除拇指外四指合拢，伸出手掌用指尖所指的方向示意，而不能直接伸出食指、用一个手指进行指示，尤其是在相互介绍的场合，最忌讳用一个手指指着人向第三方介绍。假如用手指直接指向对方就更加不礼貌了，甚至会引起对方的反感。此外，一些人习惯性地用手中正在使用的笔指点对方或做示意，也不符合礼仪规范。指人或示物时，应伸右手，掌心向上，使人有被尊重的良好感觉。反之，用食指指示，那会给人轻率、不懂礼貌、不被尊重的反感。

在与人交谈时，如果反复摆弄自己的手指，比如活动关节，甚至发出“嘎、嘎”的声响，或者是手指动来动去，会给人以不舒服的感觉。

在工作时，若是将一只手或双手插放在自己的口袋之中，不论其姿势是否优雅，通常都是不允许的。正确的做法是双臂自然下垂，双手掌心向内轻贴大腿两侧。

要时刻注意手部的动作，一些不经意的小动作常常会出卖你，比如挖鼻孔、摸耳朵、揉脸、捂嘴、玩弄衣角等都是不雅的小动作。有的女性说话时喜欢指手画脚,用手指点人或用手掌拍打别人,这些动作虽然没有恶意,但却是一种粗鲁无礼的表现。两条手臂交叉抱于胸前,常常表示一种防御的态度,也许会让人感到紧张。如果是用一只手握住另一只手臂,常常会让人觉得你很没自信。而有的女性喜欢把手叉在腰上,这真是十分不雅观的姿势,有此恶习的人一定要注意改正,否则一定会引起别人的反感。

此外,用手捂嘴是不少女性喜欢做的动作,也许只是下意识的,也许是为了"笑不露齿",但这种动作很容易让人觉得你的举止不够大方,应尽量改正。尤其是在刚说过一句话时,这时用手捂嘴会给人一种"我说错话了"、"刚才这句话不该说"的感觉,会让人怀疑你所说的话的真实性。

双腿

跷二郎腿、抖腿这些都是坐姿中容易犯的错误,会让旁边的人感到不愉快甚至厌恶。女性坐在椅子上的时候,最好是双腿并拢,轻轻斜向一边,不要跨坐在椅子上。

腰部

女性弯腰时形成的曲线是柔美、流畅的,给人妩媚的感觉。但注意不要轻易在异性面前扭腰或者臀部,扭腰时身体呈S型,象征着性的意味。

美丽大方的蹲姿

欧美国家的人们认为"蹲"这个动作是不雅观的,所以只有在无法避免的时候才会蹲下来做某件事。日常生活中,尤其是女性,尤其要小心蹲姿,错误的蹲姿很可能让你走光了还不知道。如果是蹲下捡东西,若用右手要先走到东西的左边,右脚后退半步再蹲下,同时保持上身正直,臀部一定要蹲下来,避免弯腰翘臀的不雅姿态,双膝一高一低,可以使下蹲的动作保持稳重。半蹲的姿态比较优雅,而全蹲则会让你的腿显得又短又粗。如果身着低领上装时,则要用一只手护着胸口。

保持适当的距离

与人交往时要根据不同的情况保持不同的适当距离。45厘米以内是亲密距离,主动进入这一距离,容易让对方感到压抑,如果是陌生男性,还可能会产生误解,甚至引发性骚扰。正常的社交距离应保持在150厘米左右。与异性单独接触时,如果不想有进一步发展,就一定要尽量避免与他身体的任一部位直接接触,若要握手,则只要轻轻一握就可以了。

60 商务餐的礼仪细节

说起商务餐，人们想到的都是严肃正式的场合，而女人恰是调和这种严肃气氛的高手，自然一些看似漫不经心但意义深刻的礼仪细节，是必须要掌握的。

在商务来往中，与合作伙伴通过共同用餐的形式，达到进行接触、洽谈生意的目的，这就叫做商务餐。商务餐可以看成是一种商务聚会，它重在创造一种轻松、便于交谈的氛围，规模较小，通常被安排在工作日的中午进行，因此也叫做工作餐。上班族都少不了要陪上司、客户用餐，如何在餐桌上展现最好的自己，注意餐桌礼仪，掌握随机应变的诀窍，以宾主尽欢或达成洽谈生意的目的，这绝对是门学问！

用餐地点

进行商务餐的地点一般由商务餐的发起一方选定，注意兼顾主人的主要目的和客人的实际情况，选择餐厅首先要考虑卫生、服务和环境，其次再考虑菜品的特色。可以选择提供商务餐的餐厅，这样的餐厅一般环境较好，每人一份套餐，比较卫生、方便。商务餐用餐时间有限，选择离客人公司近的地点即可，主人也可以提出几个选择，让客户挑选。如果你不是主人一方，无论最后地点选择在哪里，你都不要提出异议。

迎客礼仪

在正常情况下，主人一方应至少提前10分钟抵达用餐地点，并提前通知客人具体地点和时间，并于适当之处恭迎客人的到来。一般来说，预订好的餐桌旁、餐厅门口，都是比较合适的迎宾地点。如果可以，最好接重要客户到餐厅，因为这样可以和对方相处更多的时间。主人如果因故不能提前到达约定好的用餐地点，一定要委托专人代自己前往，见面时，还应说明原因并向客人道歉。

座位安排

请客的主人应该坐在背门的位置，把面门、视线最好的位置留给最重要的客人。不过要特别留意的是，如果和上司一起用餐，不管由谁请客，上司一定要坐在最尊贵的位子。如果对方和你一样是女士，就座时的讲究就不用那么多，双方可坐成L型，这样彼此讲话都听得见，有资料要看时也比较方便。但如果对方是男士，则双方最好是面对面而座。

点菜

商务餐以吃好、简单为原则，不必太过于丰盛，并应主动回避在座客人的饮食禁忌。为了不耽误下午的工作，饮料应将烈性酒类排除在外。通常主人应主动询问客人："你想吃什么？"但主人先点餐，才不会点超过主人的预算。主人点菜时应涵盖各式各样的食物，分量要足够，避免点特殊口味的菜肴。作为客人，点餐不能点得比主人贵很多，也不要为了表现自己的勤俭，点得比对方便宜太多。一般来说，主人应该点较贵的菜，客人则应该点价位居中的菜肴。需要注意的是，千万不要望着或指着别人桌上的菜点餐。

用餐时

若菜没同时送上来，商务餐一般是不用等的，但如果你是刚入职的新人，还是要稍微等一下。只有其他人都开始用餐后，你才可以加入。最好不要有吐骨头、用手辅助用餐的动作，万一这样的菜上桌了，如果担心自己动作不雅，也可以选择不吃或浅尝即止。小口用餐，可以让你在咀嚼时，脸部表情比较自然。最好不要和别人分享食物，除非对方很想尝试，你才能在自己吃之前，分一小块给他(她)。

交谈时

商务餐主要的目的就是商务交谈，要做到办事和吃饭两不误。但要注意，口中有食物时绝不能开口。边吃边点头，表示你正在聆听，或和对方以眼神接触就可以了。若你满口食物时，对方没察觉，还向你问话，你可以先微笑、点点头，尽快把食物吞下去，然后喝口水，整理好残渣，再回他话。同样，要和别人讲话之前，应注意别人嘴里有没有东西。不要拿服务生开玩笑或挑剔，这会让人觉得你在故意找人麻烦，并对你的素质产生怀疑。用餐中应谈开心的事，容易引起争议的话题和伤感的话题都不应涉及。

用餐速度

用餐速度应与其他人保持一致。如果慢了，就要多抛些问题问别人，如果快了，就要多说话，随时调整速度。

业务切入时机

不要刚坐下来就和客户谈业务，除非客人主动提及，可以先轻松带过，一旦开始上菜了，就应把纸笔、电脑等公务用品收下餐桌。餐桌上也最好不要摆着手机等物品。但对公事的交谈也不宜过晚，以免吃完饭客户还有其他事情急于离开，时间就会不够用。可以选择在菜上了一半之后，大家已经吃了些东西的时候开始交谈。若有些客户急性子，一点完餐，就说要看文件，也就不要客气，立即开始就可以了。

茶与酒的禁忌

倒茶应由服务生负责。如果长辈或上司为你倒茶、倒酒，一定要欠身、点头并道谢。在工作场合，女性不应为男性倒茶，应请服务生过来倒茶。商业用餐一般是不需要点酒的，除非是客人要喝，你可陪他，但也不宜多饮。

突发状况

看到别人脸上或齿缝有菜渣，如果是己方，应该用手势比一下位置暗示他。如果是客户，就让他自己去发现，不要使人难堪。刀叉掉了应请服务生捡起来并再补一份，自己弯腰到桌子底下捡则显得不够雅观。若有尴尬情况，如男士拉链忘了拉好，应请男性友人转告比较恰当。不小心打翻饮料时，应尽快请服务生来清理桌面，一般来说他人不该帮被泼洒到的人擦拭衣物。

适时提出结束

进行商务餐时，不要吃起来就不注意时间了，要注意适可而止的原则。一般来说，如果要商谈的问题已经谈妥，就应该结束了。客人明显表示出不太说话、反复看表，就是在发出需要结束的信号，主人应该掌握好时间，使商务餐做到愉快结束。

结账的学问

在商务餐中，基本上由谁邀约吃饭，就由谁埋单。如果对方坚持要付账也可以接受，记得道谢并表示下次相约将由自己请客。避免与客人抢着付账，最好是在订位时或进餐厅后找机会先把信用卡放在柜台，并交代服务员不可由客人付账。

不要当着客人的面用现金付账，客人看到主人掏钱的样子，会让他们感到不自在。主人应自己看账单，千万不要询问客人账单上的金额，这意味着希望客人知道你花了多少钱。也绝对不要在客人面前使用优惠券，即使要使用，应尽早并在客人没看到时告诉餐厅，并付给餐厅足够的优惠券。

用餐时的卫生礼节

用餐时讲究卫生，这不仅是为自己的身体健康考虑，也是对对方的尊重。尤其是在商务用餐时，卫生礼节更要讲究，应注意以下事项。

餐桌上不宜剔牙，不可随意整理头发，也最好不要补妆。

不要在餐桌上谈论不洁的话题，如发现餐厅的洗手间很脏，千万不要带回饭桌上来讲。

不要在客户面前吃维生素药丸或其他药品，客户不知道你究竟在吃什么，也可能会为你的健康状况担忧，因此耽误你的商务谈判。

在西方礼仪中，将手肘放在餐桌上是很粗鲁的，更不能把两只手架在桌上、托住下巴，若想表示自己在专心听对方讲话，只要边听边点头就可以了。

如果打喷嚏、流鼻涕，只能使用自己的手帕和纸巾，不能使用餐巾，并且只能轻按，不可发出声音。若餐桌上有烟灰缸，也不能将自己用过的纸巾丢在里面。处理这样的状况时，最好是到卫生间。

61 女人妆容方面的礼仪

女人爱美没有错，女人用化妆的方法让自己变漂亮也没有错，可毫无顾忌地不顾场合的化妆、补妆，就不是可取之举了。

化妆，是女人展示自己美丽面容的一种方式，很多女人喜欢随时补妆，公交车上，厕所里，餐馆中，甚至马路上，只要她们需要，任何地方她们都可以掏出化妆包，对镜“理妆”一番。然而在某些场合，这却实实在在影响了在他人心中的形象，要知道，妆容也有礼仪。

妆容要视场合而定

首先，化妆要视时间场合而定。在工作时间、工作场合只能允许化工作妆(淡妆)。浓妆只有晚上才可以用。外出旅游或参加运动时，不要化浓妆，否则在自然光下会显得很不自然。其次，不要非议他人的化妆。由于文化、肤色等差异以及个人审美观的不同，每个人化的妆不可能是一样的。切不可对他人的妆容品头论足。再者，不要在他人面前化妆。化完妆是美的，但化妆的过程则实在不雅观。要注意的是，不要借用他人的化妆品，这不仅不卫生，也不礼貌。丧礼场合不可化浓妆，也不宜抹口红。

发型要与服饰相协调

与礼服相配。女士在比较庄重的场合，穿礼服时，可以将头发挽在颈后，显得端庄、高雅。

与连衣裙相配。如果穿V字领连衣裙，可以将头发盘起，如果穿外露较多的连衣裙，可选择披肩发或束发。

与西装相配。因西装给人以端庄整洁的感觉，发型也要梳得端庄、大方，不要过于蓬松。

注意个人卫生

不得在公共场合修剪指甲。社交活动中，人与人之间需要握手。手是仪容的重要部位，一双清洁没有污垢的手，是交往时的最低要求。要经常修剪指甲，指甲的长度不应超过手指指尖。修指甲时，指甲沟附近的"暴皮"要同时剪去，不能以牙齿啃指甲。特别值得注意的是，在任何公共场合修剪指甲，都是不文明、不雅观的举止。

体毛必须修整。鼻毛不能过长，否则非常不雅。可以用小剪刀剪短鼻毛，不要用手拔，特别是当着其他人的面。腋毛在视觉中不美观也不雅观，白领男士和女士应有意识地不穿暴露腋毛的服饰。如果女士在社交活动中穿着使腋窝外现的服装，必须先剃去腋毛，以免有损整体形象。在社交和公务场合，男士不得穿短裤，不得挽起长裤的裤管。女士在穿裙装和薄型丝袜时，如露出腿毛，应先将其剃掉。

保持牙齿清洁。牙齿是口腔的门面，牙齿的清洁是仪表仪容美的重要部分，不洁的牙齿被认为是交际中的障碍。在社交场合进餐后，切忌当着别人的面剔牙，可以用手掌或餐巾纸掩住嘴角，然后再剔牙。如果口腔有异味，必要时，嚼口香糖可减少异味，但在他人面前嚼口香糖是不礼貌的，特别是与人交谈时，更不应嚼口香糖。

第8章

阳光丽人，我的身体我在乎

——女人因细节而健康

健康美丽、富于青春活力，对每个人来说，都是永远追求的目标。身材窈窕、肤色红润更是每个女人一生的梦想，但现实生活中却往往因为种种原因，导致女性无法拥有这个梦想，健康问题便是其中的主要因素。健康的重要性无须多言，无论是光芒四射的明星，还是勤勤恳恳的普通女子，想要幸福生活，首先要保证身心健康，因为只有身心健康的女人才能尽情地散发自己的美丽……

62 女人喝水要有选择

水，分为很多种，每种水都有自己的特点和适用群体，女人喝的水要经过仔细挑选才能达到健康美容的效果，一些不为人知的小细节可能会吓你一跳。

我们每个人都知道水的重要性，因此补水也早已成为了女性每天必做的功课之一。然而如今水的种类之多，功用之多，让很多人晕了头，不管是什么水，拿起来就喝，而很多广告和美容知识的普及，也让不少女性产生了许多认识上的错误，致使自己走进了喝水的误区。

久置的开水不能喝

水烧开后放置的时间过长，会变成老化水，而老化水中的有毒物质会随着水贮存时间的增加而增加。因此，最好当天烧的水当天喝完，有实验显示，喝自然冷却、搁置时间不超过 6 小时的白开水，对人体健康最有利。

早起不喝淡盐水

很多人认为早晨起床之后先喝一杯淡盐水，有利于肠道的清洁，对人的身体健康有利，而实际上，这种认识是错误的。

生理学家通过研究发现，人在整夜睡眠中未饮滴水，然而呼吸、排汗、泌尿却在进行中，这些生理活动要消耗损失许多水分。早晨起床时，血液已成浓缩状态，此时若饮一定量的白开水，可以很快使血液得到稀释，补充夜间的高渗性脱水。再喝盐开水反而会加重高渗性脱水，令人更加口干。

再者，过多的盐分摄入对人体是无益的。法国有句俗语，“美女生在山上，不生在海边”。因为在海边的女性平时摄入的盐量较多，所以皮肤很容易长出皱纹；而山区的女性较少吃盐，皮肤往往光滑细腻。法国医学专家解释说，食盐以钠离子和氯离子的形式存在于人体血液和体液中，它们在保持体渗透压、酸碱平衡和水分平衡方面起着非常重要的作用；但是如果吃盐过多，体内钠离子增加，就会导致面部细胞失水，从而造成皮肤老化，时间长了就会使皱纹增多。

医学专家提醒大家,每天盐的摄入量不要超过6克。盐吃多了不仅会造成高血压,还会直接影响容貌,要想皮肤好,比较科学的方法是多喝水,帮助皮肤排毒。

不要拿饮料当水喝

超市销售的果汁、可乐、汽水、咖啡、牛奶等饮料,都是深受年轻女性欢迎的,但是汽水和可乐等碳酸饮料中大都含有柠檬酸,在代谢过程中会加速钙的排泄,降低血液中钙的含量,长期饮用会导致缺钙。并且,饮料用水为了达到澄明的目的,一般都采用微孔滤膜或多重蒸馏的方式,这样会让水中的矿物质(铁、锌、钙)全部或大部分留在原水中。长期饮用饮料,就会造成这些元素的缺乏。缺铁就会导致贫血,缺钙会导致生长发育不良或者骨骼生长过慢,缺锌会严重影响智力发育。

矿泉水和纯净水是不一样的

纯净水是以江、河、湖水或自来水等为水源,采用蒸馏法、电渗析法、离子交换法、反渗透法等水处理工艺,达到了水纯净、卫生的效果,但在除去细菌和有害物质的同时,也除去了对人体有益的矿物质和微量元素,失去了饮水的营养作用。长时间饮用会造成人体营养失衡,不利于身体健康。

矿泉水是埋藏于地下深部、不受外界的污染影响,并且富含对人体有益的多种矿物质和微量元素的饮用水。经科学测定,人体中元素的丰度与地壳中元素丰度基本一致,所以矿泉水中所含的微量元素和矿物质也最接近人体的自然状态,是理想的矿物质和微量元素的补充来源。此外,矿泉水pH值大都在7~8之间,属弱碱性,与人体体液相吻合,有利于维持酸碱平衡,促进新陈代谢。因此,有条件的女性可以考虑选择合格的矿泉水作为日常饮用水。

认识到了喝水的一些误区,相信爱美的女性朋友可以更好地选择适合自己饮用的水,在水的滋润下让你的皮肤也变得水润起来!

63 女人饮水方式有讲究

水是人之宝,每个人每天都要饮用大量的水,身为爱美的女性,更要重视水的作用,不仅要喝够量,还要喝对方式。

经常听到人说，每天要大量喝水，喝得越多对身体越好；也有人提倡，每天要喝够八杯水，才能够满足人体一天对水的需求。人需要水没错，可并不是所有人都需要大量喝水，而喝水也并不是越多越好，任何事情做过了头，都会出现“物极必反”的现象，所以说，喝水的方式也是有些讲究的。

什么时候该喝水

很多人都是在感到口渴时才会想到去喝一些水。然而，医学专家表明，当人感到口渴时，是中枢神经受到刺激，产生口渴的感觉，这时则说明体内已经缺水。一个人一天的水摄入量约为1000～2000毫升，特别是在早上睡醒后、早餐后、晚上睡觉前要注意饮水。每人每天至少喝水6～8次，应该遵从少量多次的原则。

喝水多少要因人而异

我们都知道，一个处于稳定状态的人每天补水1000～2000毫升就足够了。而如果你吃的食物中含水量比较高，饮水量是可以适当减少的，水的补充，不单只有直接喝水这一种方式，要根据实际情况进行调整。

比如在炎热的夏天，人比较爱出汗，人体容易产生缺水现象，这时候可能2000毫升的水根本不够补充你体内缺失的水分；而长期在高温环境下工作，或者食用了过量食盐的人，补水量都会比常人多很多。当然如果天气炎热，但是你却长期在空调房中，根本不会出很多汗，那么只要正常饮水就可以了。

对于一些患有高血糖、垂体或肾脏功能异常的情况，或者处于感冒、发烧等感染性疾病中，又或者有泌尿系统炎症，甚至是一名高尿酸血症患者，那么就要主动大量饮水。

正常的健康人可以以尿液颜色来判断何时应该多补充水分。正常的尿液颜色应该是淡黄色，如果颜色太深就应该补充水分；若颜色很浅就可能是喝水太多了。如果盲目补水，会使人出现虚弱无力、心跳加快、痉挛、昏迷等“水中毒”症状。

喝水三原则

少量、多次、慢饮是每个人应该遵循的喝水三原则。口渴的时候，很多人喜欢豪饮，一瓶水恨不能一口喝完，实际上这样做对身体是不好的。首先，大口喝水、饮水速度太快，会导致血液迅速稀释，加大心脏负担，运动过后，这种情况更严重，这也是剧烈运动后不让大量饮水的原因。其次，当人大量出汗时，暴饮会加大出汗量，导致人体内的钠、钾等电解质更多流失，此时人们往往出现越喝越渴的感觉。再者，喝水太急，会把大量空气一起吞咽，容易引起打嗝和腹胀。

正确的饮水方法应该是，把一口水含在嘴里，分几次徐徐往下咽，这样才能充分滋润口腔和喉咙，有效缓解口渴的感觉。

食物中水要多喝

有些人一天到晚都不怎么喝水，也不会出现口渴的现象，这是因为他们从食物中摄取的水分已经足够应付所需。水是维持动植物和人类生存必不可少的物质之一，作为食品的许多动植物一般含有60%～90%水分，有的甚至更高。因此即便一天只吃500克果蔬，也能获得300～400毫升水分。如果日常饮食讲究干稀搭配，那么从三餐食物中获得1500～2000毫升的水分并不困难。

不仅如此，食物中的水含有的营养成分，要比单独的饮水更容易吸收，像黄瓜、西红柿、西瓜等蔬果的含水量都超过90%，这样补水，补的不仅仅是水，还有蔬果中的维生素等营养，是最好的补水方式。

夏季饮水不要冰，冬季饮水不要烫

炎热的夏天很多人喜欢喝冰水，感觉冰凉爽口，殊不知，突然摄入的冷饮会使胃肠黏膜突然遇冷而使原来开放的毛细血管收缩，使平滑肌痉挛，可以引起胃肠不适或绞痛甚至是腹泻。而冬季喝滚烫的水也是不好的，过烫的饮食进入食道，会破坏食道黏膜和刺激黏膜增生，甚至诱发食道癌。因此饮用水的温度不宜过冷也不宜过烫，保持在10～30摄氏度为佳。

女性长期饮用温水，有利于新陈代谢，减轻体内器脏负担。研究发现，温水具有特异的生物活性，它容易透过细胞膜，并能促进新陈代谢，增强人体的免疫功能。凡是习惯喝温、凉开水的人，体内脱氧酶的活性较高，新陈代谢状态好，肌肉组织中的乳酸积累减少，不易感到疲劳。

64 外出就餐要注意的事项

女人的美应该无处不在，包括点餐、吃饭、喝饮料……可是有些细节即使你很注意也难免会疏忽，赶快看看自己有没有这些问题吧。

作为新社会的女性，总是追求着小资生活和浪漫的情调，因此外出就餐次数少不了，那么此时的你是否能够做到优雅和有礼貌呢？还是因为在外面吃饭已经成为了习以为常的事而毫不顾忌，毫不遮掩，以致自己丑态毕露了还无所察觉。一个优雅的女人，无论到哪里都应该是优雅的，这不仅仅是在特定场合的伪装，而应是真正融入自身的一种品质。

外出就餐学问多多，这些事情你注意了吗？

注意环境安全

在外面吃饭，省去了自己买菜、洗碗的烦琐工作，又能过过嘴瘾，真是一件美事。然而像小云这样的问题还是值得我们注意的：周末休息，小云和大学同学约好去吃烤串，这是一家非常受欢迎的室外烧烤店，店面虽然小，人却很多。小云和同学刚坐下，外面就下起雨来，老板不得不把烧烤的炉子和锅搬到屋里，虽然是靠着门放，可是煤气的味道还是直往屋里跑，小云她们吃得兴起，也就没有在意。可是小云回到家，便感到一阵阵头痛，到医院一检查，原来是一氧化碳中毒。为了吃几串烤串，伤害自己的身体，真是太不值得了，现在烧烤小吃非常多，像这样的环境问题还真是不得不防。

再有，很多饭店为了让客人吃得舒心，在炎热的夏天把空调温度调得很低，不少人吃完饭就感冒了，也有人从凉凉的空调房一出来，被太阳一晒，就有点体力不支，中暑了。还有很多饭店为了不让冷气跑掉，所有的窗子都关得严严实实，这时一定要把窗子打开一条缝，让新鲜空气流通，否则也许会引起病菌传染。总之，为了一顿饭弄得自己疲惫不堪，不值得。所以在就餐之前，一定要看好周围的环境，小隐患对你的身体也许是大威胁。

注意防盗

出门在外，安全是最重要的，不管是你的人身安全，还是物品安全，出去吃饭，钱包管不好，岂不是要吃“霸王餐”了？

其实，现在社会大家的防盗意识已经很强了，走在街上把包放在身体前面，上公交车用手臂夹紧包，或者把包放在胸前，手机放在口袋里随时查看，手机链不挂在口袋外面等。大家懂得很多防盗的方法，但是对于外出就餐的女性，一旦饭菜上了桌，就很容易放松警惕了，新闻上也曾经报道过，有些扒手趁顾客转身拿醋的一瞬间，就把对方的钱包、手机等偷走了，尤其是女性朋友，包里贵重物品较多。有的女性认为手机、钱包放到包里不好找，就随手拿着,有事就随手放了,这是非常大的安全隐患。不论何时,一定要让贵重物品在自己的视线范围内,手里的东西不要随便放下,以免给不法分子可乘之机。

注意卫生

你可能会说:“我在外面吃饭,选择的是最干净卫生的饭店。”但是你要知道,表面的干净并不代表真正的卫生。很多饭店都提供一次性餐具,尤其是一次性筷子,既便宜,收拾起来又方便,但是你知道吗?一次性筷子也是有保质期的。经过消毒的一次性餐具保质期最多4个月。如果在一次性餐具上出现明显的非木本色的斑看,在未使用前潮湿、变形,都是受污染了,不可使用。

当然也不能只顾看餐具的卫生,菜谱也是很容易被大家忽略的一个卫生死角。一个点菜单,可能经过了无数双手的翻看,有些菜单上面有着很厚的一层油污,不知道有多少细菌藏匿在上面。点菜完毕一定要记得洗手,这样才能让菜单上的细菌远离你。一些小餐馆为了大家方便,像辣椒、醋这样常用的调料都是每个桌子上放一份,这样的东西也同样是被很多人接触过的,如果拿完这些东西,需要用手直接拿食物,那就一定要洗洗手了。

点菜的学问

点菜时,应该自己按菜谱点菜,而不要按价钱让店方自配。冷菜尽量选择店方自己做的而不是外购加工的,热菜也要点那些经过较长时间加工烹饪的食品,少点经大火急炒制作的动物性菜肴,未经彻底加热、烧熟的禽肉类及其制品都不要食用。要注意尽量选用以时令水果作为原料的鲜榨果汁,因为过季节果蔬因保存等问题容易带来卫生隐患。饮用鲜榨果汁时要注意有无色香味异常的情况。

吃饱喝足之后,是不是就万事大吉了呢?不是的。结账时一定要仔细核对账单、索要发票,一旦出现任何食物中毒等不良反应,除了就医外,还可以与饭店协商索赔。打包的饭菜要分开装,生食、熟食要分开,肉类和素菜也要分开,大杂烩虽然能省下几个餐盒,若是遇到两种物质相遇产生毒素的情况,就得不偿失了。外出就餐要注意的事情还真是不少,更多的注意事项还需要你用心观察生活中的点点滴滴,做有心人,生活才能开心。

65 高跟鞋的健康隐患

女人对于高跟鞋的喜爱远胜于一件漂亮的衣服，为了让自己更加高挑迷人，不少女性一年到头都穿着高跟鞋，殊不知，高跟鞋虽美，健康隐患却也多多……

高跟鞋对女人的吸引力胜过任何漂亮的衣服，尤其是那些对自己身高不太满意的女孩子，总是喜欢让自己看起来高一些。当然，高跟鞋的魅力不仅仅是女人喜爱，男人也同样会说：“只有穿上高跟鞋，女人才更有女人味。”是的，在脚进入高跟鞋后，女人会自然而然地抬头挺胸，姿态也更加优美。

喜欢穿高跟鞋的女子，成熟大方，喜欢思考，头脑聪明，在生活及工作上都相当尽责与努力，然而，她们当中也有很多人在为高跟鞋所带来的健康隐患而头痛不已。

灵灵就因为穿高跟鞋的原因造成了足踝扭伤。当时，她忙着赶车，走路时急急忙忙，不小心就扭伤了右足踝部，到医院检查被诊断为外踝韧带撕裂。医生说：“这是因为女性在穿着高跟鞋时为了保持平衡，下半身肌肉长时间处于一种过度紧张状态，从而引起局部酸痛无力，这时极易发生扭伤，严重的甚至造成内外踝骨折。另外脚跟部跟腱位置受压绷紧，会增加扭伤机会，甚至引发跟腱炎。”

不仅如此，经常穿高跟鞋还会造成腰背痛、膝关节痛等现象，但是很多女性并不知道这是高跟鞋惹的祸。婷婷是外企公司的公关，高跟鞋是她每天必穿的，但是前段时间因为脚、膝、腰、背痛去医院就诊，被诊断为足拇囊炎、骨关节炎及腰背韧带劳损。医生认为，婷婷的病因就是长时间穿高跟鞋，造成的足部变形疾病拇囊炎、腰背部肌肉的韧带劳损，产生慢性腰痛和髋膝关节疼痛，这种不正确的受力姿势若持续下去，情况可能会更糟。

即使经常穿高跟鞋有损健康，让众多爱美的女性放弃穿着高跟鞋想必也是一件不可能做到的事。如果你爱美，喜欢穿高跟鞋，而又担心病痛的出现，那么来看看这些建议和方法，它们能够让你最大限度地保护你的双足，让你在风情万种的同时有健康的身体。

一般而言,全身的重量由全足负担,若脚底各个部位均匀受力,那么走路就不会感到吃力。由于高跟鞋过高设计并不符合人体力学,加上高跟鞋的前部紧窄,女性穿上高跟鞋以后,身体会前倾,全身的重量落在了脚掌,受力集中于脚趾而不均匀,而脚掌腱膜前后各与跗骨及脚跟相连,因穿高跟鞋使掌面失去平衡,牵连至膝部及腰部承受压力,如不留意,不仅会造成脚部酸痛,容易扭伤、摔伤等,还往往导致∅:骨关节变形、骨折及腰酸背痛等症状,而且会影响行走活动。

因此,女性朋友在选择高跟鞋时,鞋跟不宜过高,一旦鞋跟过高,比如超过7厘米,前足负重就会增多,可达体重80%以上,从而引起前足疼痛。合理的鞋跟高度是2~4厘米,这时前后足负重各占约50%,足部感觉会比较舒适。而如果穿上一双高度适中的高跟鞋(低于5厘米),不仅可以增加体态美,还能够防肌肉及关节损伤,减轻走路时的疲劳感。

专家认为,所谓理想的鞋子,都应该有结实而柔软的跟部支撑鞋底,每个脚趾肚都可以在鞋里面灵活地活动,并有舒服的衬垫和足够的内部空间。所以选购高跟鞋时还要注意:鞋底过硬或过薄时,地面的冲击力直接作用于足部,易于使足部疲劳、受伤。如果鞋的长度或宽度不足,对脚掌、脚趾等造成挤压、摩擦,便会使人疼痛,日久会使受力部位发生病变。选鞋子,舒适感永远要放在第一位。

当然,即便是矮跟的高跟鞋,也不适宜每天穿着,尤其是需要长时间行走的女性,不妨在包里或者办公室准备一双舒适的平底鞋,与高跟鞋交替着穿,减轻局部的疲劳。

最后,提醒正处于青春期的少女们,你们的身体发育还没有完全结束,过早穿上高跟鞋很容易使足骨发生变形,对于骨盆也有极大的损害,因此25岁之前最好不要穿着高于5厘米的鞋子,一般3厘米左右为适宜。

66 热爱运动,美丽有方

每个人都知道运动有好处,运动不仅有益身体健康,还可以减肥、排毒,可是让女性真正热爱运动，还真不是件容易的事，让我们一起来找寻动力，让每个女人都开始热爱运动吧。

走在大街上，各式各样的健身馆、女子会所越来越多，几乎没走几步就会看到不同名称的健身场所。在瑜伽、舍宾一度流行的年代，想必你的口袋里也有了几张健身卡，然而在消费了高额的健身卡之后，你的目标是否达到了呢？通过与周围女性人群的接触可以发现，大多数女性即使办了健身卡，也很少能够坚持锻炼。很多人办卡的时候很积极，认为自己每天都能够抽出时间去锻炼，然而时间久了，健身中心就变成了例行洗浴的场所，过去了不过是冲个澡，上了一天班哪里还有力气去运动呢？

在办公楼工作的现代女性，一天的工作以“坐”为主，除了去吃午饭、倒水等事情，几乎是不需要站起来走动的，长期如此，人的体能退化了，脂肪堆积了，自己仿佛成了一个手无缚鸡之力的“小女子”，动不动就腰酸背痛，哪里都觉得不舒服。实际上，这就是平时运动太少的结果，女性朋友平时都比较注重皮肤的保养，即使再辛苦再累，也不会忽略这一点，而对于自己工作、生活所依赖的身体却不肯抽出十几分钟的时间来进行维护。有了健康的身体，才能够全心全意地工作，有了健康的身体，气色才会好。

在著名外资企业任客户经理的林岚只要工作后一有空闲就会去健身中心跳健美操。原本她只是想减轻体重而已，没想到连续跳了两年后，不仅体重减轻了十多公斤，体形、气质也越来越好。她的客户和朋友们惊异地目睹着她身体和气色的变化，竟然有人悄悄问她是不是去整过容了。林岚不禁感到欣喜，两年来每周的健身之约竟然让她在潜移默化中脱胎换骨。“每次看到杂志上或者电视里的外国女人，都会感慨，她们大多都不化妆，穿着也十分随意，可是随便往哪里一站就很有味道，这是中国女性很少看到的。为什么？因为她们体形好。外国人无论男人还是女人，健身都已经成了习惯，就好像吃饭、睡觉一样。其实并不是只男人讲究肌肉和线条，女人也一样。线条好的女人才会穿什么都好看，我希望自己以后也能这样，因为美丽，因为健康，而让别人来羡慕我。”

人类之所以能够从猿人进化到现在，劳作和运动起到了至关重要的作用，当你在担心自己内分泌失调时，是否想过其原因可能是因为自己缺乏运动,导致血液循环系统运作缓慢,新陈代谢不及时,从而不能把有害的东西及时排出体外而造成的。

热爱运动的女性,往往给人一种阳光的、健康的、充满活力的印象,这是因为运动对皮肤有益,不但可以延缓皮肤衰老,保持肌肤弹性,还可以增加肌体的柔韧性,既有利于保持良好的形体,对于调节压力、治疗抑郁也有一定效果,随着年龄的增长,女性会越来越明显地感觉到运动和不运动的差距。

女人的美,由内而外,是从心灵到气质的修炼,亦是体内五脏的健康和体外肌肤的健康。女人应该不断地完善自我、超越自我,让自己内在的气质和外表的神态都尽可能地达到完美的统一。

Lucy 是某著名服装公司的市场部主管,除了经常出差和策划相关活动,她还要定期学习法语。对她来说,每天晚上 8 点钟下班算最正常的,有时候加班甚至会持续到凌晨一二点钟,回家时靠着出租车的椅背就迷迷糊糊睡着了。工作的压力和烦琐渐渐让 Lucy 有点力不从心,人也变得委靡不振。

朋友看着她精神状态一天不如一天,就为她办了一张健身卡,让她每天去运动。碍着朋友的情面,她只好每天抽出一个小时的时间去运动。说起来令人不敢相信,仅仅一年的时间,Lucy 已经换了个人似的变得朝气蓬勃。每天只是花一个小时去跳跳操、踩几十分钟的自行车或者在跑步机上跑跑步,却能让自己疲惫的身体得到锻炼,心情也好了起来。Lucy 现在不仅自己坚持健身,还会邀请朋友一起锻炼。她有一个朋友失业了,男友又背叛了她,心情低迷到想要自杀的地步,结果和她一起跳操之后,心情开朗了很多,整个状态和以前也大不一样了,她重拾了生活的信心,正在积极地找工作。

运动不仅能够强健身体,也是现代女性减压的好方法。Lucy 和她的朋友,就是在美妙而有节奏感的音乐声中,甩去了自己的压力,跳出了高昂的状态。

整日裹在呆板的职业装里,过着两点一线的生活,睡眠严重缺乏,加上快餐食品的营养不足,使年轻女性的健康在严重透支,巨大的压力让很多女性过早地掉发、长斑,出现早衰的现象。一个真正爱自己的女人,不仅要追求自己的事业,更要把自己的身体健康看做一生最重要的事去保护。在匆忙的都市生活中，女人要学会忙里偷闲，适当地用运动宠爱一下自己，给自己的身体充充电。

67 最适合女性的健身运动

俗话说“生命在于运动”，每天朝九晚五、忙忙碌碌的白领女性不妨选择一种适合自己的运动，在锻炼中卸下身体与心灵的重担，每天都充满活力，自信而快乐地生活。

现代社会讲究的是人人平等，男女平等，然而从生理学角度来讲，男人和女人有着很大的不同，因此很多工作还是要因人而异。女性因为自身体质的关系，一般都比较柔弱，因此在选择健身运动时，也要根据自己的身体状况选择适合自己的运动，否则强度过大很可能会出现适得其反的情况。对男人来说，健身可能只是为了强健体魄和拉伸肌肉，但对于越来越独立和追求自身完美的女人来说，健身能使她们更自信，并得到一个充分散发魅力的独特舞台。

现代医学研究表明，经常参加体育运动的人死亡率为偶尔参加体力活动的人的一半。很多女性朋友也是从单纯的想减肥的目的开始，加入到健身的行列，而后又慢慢地喜欢上健身的。俗话说“生命在于运动”，每天朝九晚五、忙忙碌碌的白领女性在锻炼中卸下身体与心灵的重担，让自己每天都充满活力，每天都自信而快乐地生活。

滑旱冰

滑旱冰相对于滑水冰来讲是比较容易的，只要你准备好一双旱冰鞋和护膝、护肘，再找个平坦的场地就可以开始运动了。滑旱冰对于身体协调能力的锻炼是很有帮助的，这项运动没有年龄限制，几岁的儿童也能做好。如果你现在还不会的话，最好是尽快学，因为越年轻学起来会越容易。但是要注意，如果你是新手，千万不要穿裙子，以免发生意外。滑旱冰有助于锻炼身体的协调能力，可以使你的腿部肌肉更加结实而有弹性。同时，滑旱冰属于大运动量的运动，每小时可以消耗 420 卡的热量，同时它还能够提高你的肺活量。

骑自行车

很多人上班都是骑自行车的,也就是说,在上班的途中已经开始做健身运动了,它有效地把健身运动与我们每天的生活结合在了一起,既不会占用我们的宝贵时间,也不用特别去练习。当然,如果你平常是乘坐公交车或者自己开车上下班,那么不妨在家里准备一辆健身用的自行车,这个运动对于腿部关节和大腿肌肉以及脚关节和脚踝来说是最好不过的锻炼方式了,不仅如此,它同时还有助于血液循环系统,每小时可以消耗240卡的热量。如果平时你没时间骑自行车,不如在节假日的时候,和家人一起来个自行车之旅,既锻炼了身体,又能够与家人一起享受假日的快乐,真是一举两得的事情。

慢跑

跑步是非常大众化的一项运动,它不需要任何投入,只要你肯动,肯坚持,就能够看到成效。当然,对于女孩子来说,慢跑是比较好的运动形式,慢跑属于有氧运动,既能够促进血液循环和新陈代谢,又不会给心脏造成过重的负担,和快跑相比较,女孩子更适合慢跑运动。

如果你下班之后,要走一段路程回家,那么不如把你慢悠悠地走路改成大步快走,这既能锻炼腿部线条,又能锻炼身体,也节省了回家的时间,是有百利而无一害的好运动。

游泳

游泳是非常适合女性的健身运动,它不仅简单易学,也不会像跑步、自行车等有氧运动那样让人满头大汗,看起来不太雅观,而且游泳对腰腹部的运动效果十分明显,它可以锻炼你身上几乎所有的肌肉。游泳时是克服水的阻力而不是水的重力,肌肉和关节不易受伤,而且水的阻力远远大于空气的阻力,所以运动同样的时间,游泳消耗的热量要大得多。游泳时水的作用使肢体血液易于回流心脏,使心率加快,长期游泳会使心脏运动性增大,收缩有力,还可以改善体温调节功能,预防感冒。游泳时,爱漂亮的女人还可以通过各式各样的泳衣来展示自己的美丽,做一条迷人的“美人鱼”。但是女性应该注意的是,月经期不宜游泳,否则容易着凉,并容易引发炎症。

以上所说的都是可以自己练习的普通运动,而这些对于一些追求形态美的女性来说,还达不到她们的目标,所以健身中心的出现,成了她们的救星,下面这几项运动，对于想要修身养性、修炼气质的女性而言是再好不过了。

瑜伽

现代生活节奏快，竞争激烈，压力较大。当然，适度的压力也是必要的，因为压力可以激发兴趣，振奋精神，使人精力充沛。但是，如果这种压力超过我们所能承受的限度，身体就会感到紧张不适，自我免疫力下降，体力不支，有时还会造成心理上的挫败感、肌肉紧张、疲惫不堪、呼吸短促甚至神志不清等。

而瑜伽正是针对这些症状对人体进行体形的塑造和心灵的梳理。瑜伽有助于预防和治疗各种与身心相关的疾病，瑜伽最大的特点就是无论男女老幼都可以练习，对于人体没有什么特殊的要求。瑜伽姿势比较易于掌握，练习瑜伽有助于提高人们生理、心理、情感和精神方面的能力，是一种达到身体、心灵与精神和谐统一的运动形式。瑜伽包含伸展、力量、耐力和强化心肺功能的练习，促进身体健康，有协调整个机体的功能，使身体更有活力。此外，培养和谐和情绪稳定的状态也引导你改善自身的生理、感情、心理和精神状态，使身体协调平衡，保持健康。

拉丁舞

拉丁舞是比较大众化的舞蹈，随意、休闲、放松是它的特点，有较大的自由发挥空间，它是拉美人民在漫长的历史长河中形成的具有鲜明特点的富有激情、活力而又浪漫的艺术表现形式，深受拉美人民的喜爱。

跳拉丁舞能充分释放情绪、减轻压力、提升身体灵活度、强化心肺功能。拉丁舞几乎可以锻炼人体的各个部位，对身体塑形，尤其是腰、腹、臀部曲线的塑造作用格外明显。

拉丁舞是以运动肩部、腹部、腰部、臀部为主的一种舞蹈艺术，活动的部位包括腹直肌、腹内斜肌、腹外斜肌、竖脊肌、背阔肌等上百块肌肉。从 20 世纪 60 年代至今，许多科研人员对体育舞蹈的生理和心理作用做过研究，平均每跳一曲拉丁舞，腰部的扭转有 160 ~ 180 次，女子的最高心率可达 197 次/分钟，男子的最高心率可达 210 次/分钟；热能消耗，相当于运动员完成 800 米长跑的热能消耗量，大于网球和羽毛球的热能消耗。因此对于想减肥的女性朋友而言，这真是一个福音。

健身操

健身操的种类有很多，如青春健美操、韵律健美操、艺术体操、自由体操、踏板操、迪斯科、形体健身操、广播体操、台阶运动等,每个人可以根据自己的喜好来进行选择。普通有氧健身操都可以达到改善体质、增进健康、塑造体型、控制体重、愉悦精神、陶冶情操等目的。健身操是控制中年以后体重迅速发胖的较好健身项目。

在进行健身操运动之前,应该重视每次热身准备和整理活动,穿戴有弹性的运动服和有弹性的运动鞋,防止由于快速和大幅度的运动,尤其是初学者、体质弱者和中老年人的肌肉突然拉伤。

不论任何运动,如果三天打鱼、两天晒网,不长期坚持,是不会起到任何作用的,反而对于那些只是偶尔运动一下的人,会加重生命器官的磨损甚至组织功能的丧失。运动健身贵在坚持,如果你特别繁忙没有时间去专门健身,不妨利用早起和睡前的几分钟时间,进行一下肌肉的拉伸练习,这样有助于长时间坐着的你保持筋骨的灵活。但是即使这样,最好每周还是要抽出一定时间做3~5次运动,“身体是革命的本钱”,有什么能比身体健康更重要呢?

健康的身体可以使美丽常驻,爱运动的女人在持之以恒的运动中,会变得美丽和自信,而且也会成为幸福的宠儿。这种自信使她们充满活力,工作顺利,也更容易得到同事和周围人的喜爱。有了好身体,就有好气色、好皮肤,健康的你才最美丽!

68 倾诉,走出心灵亚健康

“把自己的痛苦讲给别人听,你的痛苦就会减轻一半”,作为爱聊天的女人,何不向朋友倾诉自己的心声,在闲聊的快乐中享受身心的双重健康。

你是不是经常抱怨朋友把你当做“垃圾桶”,家长里短的事儿和你说起来就没完没了,本来自己已经很烦了,还要去听别人吐苦水?你是不是经常听到别人莫名其妙地叹气、皱眉?你心中是不是有一些不快想要发泄出来,却因为碍于面子等无法宣泄?调查显示,当今社会大多数人都有抑郁倾向,工作和生活的巨大压力,让每个人都紧绷着弦,即使有难处也无处诉说,尤其作为女人,心灵的脆弱和敏感更容易促使她们忧郁。

而一些性格内向、内心脆弱的人常常因为某种心理或社会因素,如夫妻争吵、工作不顺心、人际关系紧张等而诱发一种持久的心境低落状态,基本特征是情绪低落、兴趣索然,思维迟缓、反应慢,不愿与朋友、同事交往,严重时会悲观绝望、痛苦难熬,甚至想通过自杀来了结自己“无用”的生命。

忧郁是人类健康的大敌。在我国古医书《黄帝内经》中有“思伤脾”、“忧伤神”、“恐伤骨”以及“悲哀愁忧则心动,心动则五脏六腑皆摇”的记载。中医还指出,精神刺激引起的抑郁不舒可致“肝气郁结”,轻则表现为内分泌紊乱如月经失调等;重则可以导致精神失常,发生高血压以及其他的心血管疾病。

曾有一位老人,20 岁便守寡,含辛茹苦地将儿子抚养成人,然而老人将满 80 岁时患了高血压,她的儿子有一天突遇车祸死亡。老人惊闻不幸,并未号啕大哭,反而平静地安慰过度悲伤的儿媳,在儿子的遗体旁,老人只说了一句话:“孩子,明天你就要满 60 岁了。”人们都为老人担心,甚至背地里为她也准备了后事。然而时光流逝,一晃又是 3 年,老人却始终十分健壮,奥妙何在?原来老人在儿媳、孙子、邻居上班后,常常关门闭户,独自在儿子的遗像前,或自言自语,或低声地呜咽,尽情地倾诉衷肠与思念。

这位老妇人长寿的秘诀在哪里?她经受了那么多的打击却没有倒下,这是为什么?奥妙就在于老妇人通过倾诉把痛苦发泄出来了,而放声自言自语地倾诉,正是疾病良好的预防方法。

英国权威心理医学家柯利切尔就极力推崇这种自我倾诉内心苦闷忧郁的方法。他指出,这种心理上的应激反应是防治内科各种疾病,尤其是心血管病和肿瘤的良药。他着重从心理治疗的角度出发,对此进行了合理的解释。他认为积贮的烦闷忧郁就像一种能量,若不释放出来,就会像定时炸弹一样,埋伏在心间,一旦触发即可酿成大祸。但若能及时地用倾诉或自我倾诉的办法取得内心的感情和外界刺激的平衡,则可以祛灾免病。

每个人都希望自己过得快乐幸福,在每个人的生活中,都有不得不去面对的压力和烦恼,与其自己闷头胡思乱想,不如发泄出来,俗话说,“你把自己的痛苦讲给别人听,你的痛苦就会减轻一半。”至少说出来之后,会有人了解你,支持你,这对自己来说也是一种莫大的鼓励。

女人经常会和自己的闺蜜聊一些八卦新闻和家长里短的事情,这也是一种倾诉的方式，在这些事情里，你们能够找到共通点，能够互相了解，相互支持，如果能够做到把烦恼和痛苦也如八卦一般聊出来，你一定能够拥有一个健康的心灵和快乐幸福的生活！

69 别让坐椅成为亚健康的凶手

我们常说，“女人要对自己好一点”，不仅要吃好、穿好、生活好，更要尽心尽力地呵护自己的身体。

坐椅是日常生活中女性经常接触的物品，特别是从事文职的白领女性，她们工作环境比较简单，在办公室中，坐在自己的坐椅上，天天面对着电脑，手指快速地在键盘上弹敲。工作的公司内，每个人的工作小空间被安排得整整齐齐，不浪费一丝空间，自然没有多少活动的空间。实际上，每个人也没有必要来回走动，每个人负责自己的事项，大部分工作都能在电脑上完成；有什么问题的话，上司都会在网上进行通知；如果有事情向上请示，只要向领导打个电话就完全OK，根本不用再跑到上司那里进行汇报。除了开会和午饭，绝大多数的时间，白领女性都被牢牢地束缚在坐椅上。于是，慢慢地很多疾病便找上门来！

头痛

有些女性在工作的时候，会感到头痛，并伴有眩晕现象。工作中长时间专注屏幕眼睛疲劳，睡眠不足、压力太大、用脑过度、室内缺氧等都是导致头痛的直接原因。怎样才能解决头痛的问题呢？放松心情和身体，间或闭上眼睛或到室外做些简易的舒展运动。头痛时乱吃止痛片，这解决不了根本问题，还可能引起很多副作用。

颈肩部酸痛

很多白领女性工作时间增长，就会产生颈部僵直、两肩酸麻、精神委靡不振等状况，这是什么原因呢？究其根本，就是白领女性长时间地坐在坐椅上不活动，由于运动量少、压力大，令肌肉紧张，进而令血气运行差。其实解决的办法很简单，最好在每天睡觉前洗个澡，用热手巾敷患处；在工作中不要长时间保持同一姿势；不要让肩膀受凉。

腰痛

那些我们听过的腰肌劳损、坐骨神经痛、腰椎间盘突出等疾病，最初的感觉都是隐隐约约在痛，而没有过多在意。除了疼痛外，腰部还有变沉、发胀、变硬等症状，主要因为女性骨盆内器官比男性复杂，脊椎承受的负担过重，较易患腰痛。白领女性对于腰痛的解决办法其实不难，轻微的腰痛，只要通过按摩或伸展筋骨即可，并需要好好休养。若是严重腰痛，不可强力按揉，可以浸浴或以电暖炉敷疗，令腰部温暖、血流顺畅。

手足麻痹

办公室里面都安装了空调，为了保持舒适的温度，一般都和外界隔离开，一年四季都关着窗、开着空调，因此许多白领女性容易患上“空调病”。尤其表现于手脚处，手脚变得没有感觉或刺痛，这都是由于肌肉紧张造成的。如果公司的空调环境没有办法改变，我们只能改变自己的工作方式，即注意椅子和桌子的高度，把椅子的高度调至双手能自然地放于桌子上的高度，应避免手脚直接受风。

慢性胃炎

很多白领女性在忙碌的工作后都会有食欲低下、反胃、进食前后感觉胃下沉等症状，这主要是由于工作压力沉重、睡眠不足、暴饮暴食等导致的。解决方法是吃合适的胃药并充分注意休息。同时，还要注意加强预防。第一，慢慢咀嚼食物；第二，不偏食，吸取均衡营养；第三，减缓压力；第四，避免精神紧张；第五，戒烟戒酒。

办公室的隐形杀手有很多，白领女性在舒适的办公环境工作时，更要提高警惕，保持身体的健康和情绪的稳定。多锻炼，多运动，呼吸新鲜的空气，多出去走走，对于身心健康都是有极大的好处的。

70 女人健康从减压开始

破坏健康的方式有很多种，然而现代女性所面临的最大威胁，就是压力过大。一个人身体的病痛可以依靠药物来治疗，而精神的压力只能靠我们自己来调适……

愿望总是美好的，在我们的心中，未来是充满希望、充满幸福的生活，我们日日期盼的总是明天的到来，然而，当我们步入社会、亲身去接触这个世界时，太多的东西超乎我们的想象，甚至我们会怀疑这世上是否还有“美好”。为什么别人都能找到好工作，而我却处处碰壁，一无所成？为什么别人的父母有钱有势，偏偏我要撑起家庭的重担？为什么我的男友要离开我？为什么我长得这么丑？为什么……我再也受不了这么多的压力，我简直活不下去了。

很多女性因为过于好强，给自己加上了不少本可以不去承担的重负，在她们心里，外界的一切都会给她带来压力，而稍有不如意，她的思想就极容易跑偏，甚至会产生轻生的念头。

据传1962年春天，我国著名诗人、文学家郭沫若先生在游浙江普陀山潮音洞时，拣到一册笔记本，翻开一看，见扉页上写有一副对联：“年年失望年年望，处处难寻处处寻”，横批是“春在哪里”。再翻一页，竟然是一首绝命诗，并署着当天的日期。郭老担心要出事故，急着四下寻找，结果在附近找到了一位神色忧郁的姑娘。

经询问得知，原来，这位姑娘考大学三次落榜，恋爱又遭挫折，来这里就是想自杀的。郭老先是称赞姑娘对联写得好，接着说只是下联和横批太消沉了，然后微笑着问道：“我替你改一改，你看如何？”姑娘难以推辞，只得微微点了点头。郭老吟诵道：“年年失望年年望，事事难成事事成，横批是春在心中。”

姑娘听罢，感佩不已，终于向郭老倾吐了心中的烦恼。郭老听后，又吟一联：“有志者事竟成，破釜沉舟，百二秦关终属楚；苦心人天不负，卧薪尝胆，三千越甲可吞吴。”姑娘知道这是清代小说家蒲松龄的一副“落第自勉联”，这名联正是“事事难成事事成”的最好诠释。就这样，姑娘绝望的心中，又重新扬起希望的风帆。

在生活中，有很多女性像这个女孩一样，因为某事的失败或者感情的不顺利，选择用结束自己生命的形式来逃避世间的不快。其实，生活对于每个人都是公平的，没有人是在一帆风顺地行进，没有人能在复杂的社会关系中保持长久顺利的姿态。

遭遇失败、陷入困境时，我们要做的绝不是去逃避，更不是去寻短见，而应该勇敢地与困难作斗争。当然，压力无所不在，我们必须认真对待心理压力问题，并及时地、适当地通过情绪调节来缓解心理压力，为它找个出口，它就不会给精神带来太深的伤害。

首先，你要做的，就是接受自己，认清现实。现实生活是极其复杂的，每个人都有自己的理想和抱负，对自己有所要求。但是这种要求应该建立在实际的、力所能及的基础上。人们之所以感到工作、生活受到挫折，往往是因为自我目标难以实现，就会感到自卑、失望，过高的期望只会使人误以为自己运气不佳或能力不强而终日忧郁。每个人都有各自的性情、品格、所长及所短，别人不会都迎合你的意见，就像你自己也未必符合别人的要求一样。对别人的要求越高，自己的不满情绪会越大。如果对别人的要求较低的话，那么他们稍微符合你的愿望，你就容易得到满足。所以，不要逼自己去做高于自己能力的事情，凡事不要太计较得失，反而你会发现，生活中真的是惊喜连连。

其次，一旦感到有压力，要学会适时地发泄出来。通过宣泄内心的郁闷、愤怒和悲痛，可以减轻或消除心理压力，避免引起精神崩溃，有助于恢复心理平衡。“喜怒不形于色”不仅会加重不良情绪的困扰，甚至还会导致某些身心疾病。因此，对不良情绪的疏导与宣泄是自我调节的一种好办法，就像橡胶水管一样，如果堵塞了，水就不能够流通，如果水压过大，就难免会使水管爆裂。人也是如此，思想的管道也需要及时疏通，只有把内心的压力排泄出去，才能够更好地思考和生活。

但是，宣泄并不是简单的摔摔打打、看谁不顺眼就大骂一通，甚至迁怒于自己的亲人、朋友和同事，做一些让别人感觉心里不舒服的事。发泄应该是把自己的不快和压力排解掉，你可以找要好的朋友一吐为快，可以去高处喊一喊，可以去游乐场疯玩，可以去 K 歌或者大哭一场，让不良情绪释放出来，很快就可以“雨后天晴”，重新开始快乐的生活。

再者，当你感觉自己的压力到了极限，马上要喷薄而出的时候，要学会转移自己的注意力。当与人发生争吵时，马上离开这个环境，去打球或看电视；当悲伤、忧愁情绪发生时，先避开面对某种对象，不去想或尽量遗忘，可以消忧解愁；在余怒未消时，可以通过运动、娱乐、散步等活动，使紧张情绪松弛下来；有意识地转移话题或做点别的事情来分散注意力，可使情绪得到缓解。这样可以尽量避免伤害到周围的人,要知道说出去的话是泼出去的水,再也收不回来了,即使对方很大度,表示理解你,不去计较什么,但是在他心里也会产生不舒服的感觉,会对你们之间的感情造成无形的影响。

当然,即使你认为自己已经走到了绝境,也不要轻易放弃。古人说过“船到桥头自然直”、“柳暗花明又一村”,人生的绝境往往是自己设置的,热爱生活的人,永远能够看到生活的希望。这就像桌子上的半杯水,悲观的人会叹息:“唉,只有半杯水了。”而乐观的人会说:“哈哈,我还有半杯水呢。”其实,同样的事情,同样的环境,为什么不乐观积极地去看待呢?

如果你愿意,相信通过以上一些方法,可以帮助你摆脱压力的纠缠,用一个健康的心态去面对这个繁杂多变的世界,用平和的心境去对待工作、对待挫折、对待生活!

71 拯救睡眠,留住美丽

长期睡眠不足或睡眠质量不高,会使女人的皮肤失去光泽,变得干燥、松弛、没有弹性,因此,拯救睡眠成为留住美丽的必不可少的事。

吃饭、睡觉是每个人每天离不开的两件事,而在时下年轻人的字典里,似乎把熬夜和夜生活当做了主餐,而睡觉则是不得不为之的事了。我们都知道,充足的睡眠是保证人身体正常运转、解除疲劳、恢复精力和体力所必需的,如果不能保证每天足够的睡眠时间,人体会悄悄地产生很多变化,致使免疫力下降,疾病缠身。

对于女人而言,睡眠更是重要的保养之道。睡眠不足,会引起身体血液循环的不正常,使皮肤表面毛细血管代谢失调,长此下去,皮肤就会暗淡无光,缺乏神采。美容专家强调,夜间肌肤再生的速度几乎是白天的30倍。如果你是一个长期失眠症患者,无疑,你会比其他人老得快。

如果长期睡眠不足或睡眠质量不高,就会精神委靡,有损健康,发生疾病,提前衰老;反映在面部时,可使皮肤失去光泽,变得干燥、松弛、没有弹性,这就是所谓的“老化”。这种“老化”随年龄的增长而加重,25~35岁左右，眼尾开始出现鱼尾纹；40 岁左右，皱纹就爬上了额头；等到 50 岁，整个面部就会出现“人生的年轮”了。由此说明，睡眠与美容是息息相关的。因此，拯救你的睡眠就成了重塑你的美丽和自信的重要行动。

为了确保睡眠质量，让人安然入睡，纽约圣卢卡斯·罗斯福医院睡眠失调治疗中心给大家提供了一些帮助人入睡的小秘诀：每天运动，即使散步 20 分钟，也有助于释放压力荷尔蒙，预防干扰睡眠；避免在靠近就寝时间前吃大餐，活跃的消化系统会使睡眠不稳；降低房间的噪音、光线和温度，让房间清凉舒适；不要在床上看书、看电视或工作，让床只用来睡觉，这也有助于预防睡眠失调；睡前 4 小时，不要摄取含咖啡因、尼古丁或其他刺激性物质。

其实，睡眠也和大脑一样，有很多我们所不知道的奥秘，众多专家致力于研究睡眠的构成、睡眠困难症状以及睡眠的真正目的等。众所周知，睡眠是为了休息，恢复体力，的确是这样的，但又不仅仅是这些……

如果能做到“睡眠美容 15 法”，必定会令你容光焕发，将青春多留住几年。

（1）晚餐中尽量避免或少量摄取盐分及酒，以免第二天早晨起床时面部及眼睛四周浮肿。

（2）睡前应彻底清洁脸部妆容，如果清洁方法不当，很容易使眼睛红肿。

（3）睡前用水浸泡过的茶袋压在眼皮上 10 分钟，再使用眼霜。

（4）清洗脸部后，用收敛化妆水轻拍脸部，并抹上乳液再睡觉。

（5）清洗脸部后，用嘴唇脱皮霜除掉唇部的死皮，然后抹上唇油，防止唇部干燥。

（6）油质或易长粉刺的肌肤，不妨尝试整夜使用面膜，将会有惊人的效果。

（7）粗糙的卷发应在白天清洗，让它自然风干，晨起时就不会显得乱蓬蓬的了。

（8）在发根抹上不用清洗的护发素，细细按摩，晨起时便有一头光滑、柔顺的秀发。

（9）睡前用缎带松松地绑住发根，晨起时只需稍稍梳理，头发就会显得蓬松、饱满。

（10）睡觉前，在指甲根部抹维生素 E 油，轻轻按摩，再用护手霜按摩双手。

(11)睡前用热水泡脚,然后在脚上涂抹乳液,用双手在脚趾、脚底、脚面反复按摩。

(12)睡前伸直脚趾5秒钟,再弯曲5秒钟,每只脚各做5次,有助于缓解一天的疲惫,让你好好睡一觉。

(13)洗澡后,用润肤霜或润肤油按摩全身,先用拇指、食指轻揉鼻头,再用两手的食指和中指自鼻两侧和额部正中间向两侧轻轻按摩。再穿上烘过10分钟的棉睡袍或浴衣,衣服上的温度会被肌肤彻底吸收,使肌肤更显光滑和富有弹性。

(14)容易失眠的人,睡前不妨喝牛奶,因牛奶中所含的成分具有松弛神经之效,不仅有助睡眠,且对养颜大有裨益。

(15)每天要有充足的睡眠,不得少于8小时。

倘若你能做到以上这些,过不了多久,你将会为自己的容颜改观而大喜。

72 女人的乳房要格外呵护

乳房是女人散发魅力的源泉之一,很多女人为自己拥有丰满的乳房而骄傲不已。但不可小视的是,乳房同样给女人的健康带来不少危机。

人类美感的产生,与人的性特征有着密切的关系。人体自然美作为审美观的对象,决定了身体某些部位具有重要的审美意义,其中以显示人体第二特征的部位,如女性的乳房、臀部、大腿等最为突出。

丰满、匀称、挺拔的乳房,在女性的形体美中占有非常突出的地位、会加强女性曲线的魅力,像一个巨大的磁场,对男性具有很大的吸引力。所以,无论古代还是现代,在人体艺术造型中没有不突出女性乳房的。从性美学角度去观察,女性乳房就是性的象征。女性乳头的神经特别敏感,在两性亲昵时能敏锐地传达爱的信息。受到抚摸时会隆起,充满着性爱灵性。

如果一个男人爱上一个女人,那么她身上的任何部位,他都喜欢,甚至想去探究。如果把女人最诱人的部位归结为十处,那么,据调查,2%的男人选择大腿,3%的男人选择背部,4%的男人选择腰部,5%的男人选择头发,7%的男人选择腹部,8%的男人选择双脚,9%的男人选择臀部,10%的男人选择私处,12%的男人选择双手,而40%的男人会选择乳房。

女人几乎都知道,胸围的大小和吸引男人有正比关系,这也就是为什么有那么多丰胸产品蜂拥在市场,而且样样都能让女人心甘情愿地掏荷包。事实上这只是表层,女性永远无法理解男人对乳房的痴迷程度,就像男人永远无法理解女人的购物情结一样,他们可以整夜流连在那柔软、如丝般的肌肤上,她可能会吃惊:难道他还在怀念孩提时的场景?或许,乳房实在是个完美的部位,而男人对女人的乳房情结永远都不可能避免。

关于乳房情结,早在上古时期就有记载。公元前5世纪,欧洲爆发了希波战争。传说战争是因为一个女人而起,这个女人名叫海伦,希罗多德称她是希腊最美丽的女人。此女本为斯巴达王后,后被波斯王子拐走,希腊人为此大动干戈,终于在特洛伊战争中以木马计夺回海伦。海伦之美举世公认,据希罗多德说,波斯王子之所以"色迷心窍",皆因为海伦有一对美艳的妙乳。

后世出土的维纳斯雕像,胳膊虽是断的,但两乳房之构造几乎接近完美。据专家测量计算,她乳房的位置恰好在身体的黄金分割线上,也就是说两乳房到脚与整个身长之比为0.618∶1,而维纳斯雕像的原型,专家考证说正是美女海伦。

几乎每个现代女性每天都会穿Bra(文胸),但真正会穿Bra、穿对Bra的人恐怕并不多。那么,什么样的文胸才能被称为"好Bra"呢?

一个"绝世好Bra"应该有以下特点:专属尺寸,为自己量身定做,或者非常合适,像为自己量身定做的一样;舒适材质,给双峰以最舒服的环抱,穿着就像没穿,或者比没穿更舒服;梦幻造型,看似无为,却领导双峰走向比自处时更理想的位置、形状,有它一定比没它更能成就完美的"胸前风景"。

没错,Bra就像胸前管理者,只不过风格千差万别,有的粗暴,有的放任,有的太紧,有的太松,这些都不是好的领导。

你现在身上的Bra是好领导吗?只用问自己4个问题:双手上举时,文胸下围是否也跟着上提?站立时,文胸中心部位是否不服帖?是否有部分乳房在罩杯之外?文胸背部下围是否比前面的下围高?如果有一个问题你给了肯定答案,那么快去换吧,它不是你的好Bra。

当然你的好Bra并非只有一个,除了最常见的,你还需要一些非常Bra。

月经Bra。月经之前7~10天,乳房会随激素增加而胀大,变得更敏感,这时有些文胸戴着可能会有挤压感。专家建议从面料、尺码等方面考虑,不妨换一件让你感觉更舒服的文胸,作为这段时间专用。比如可以换罩杯,原来戴全罩杯的,现在改为3/4罩杯,让乳房痛快地呼吸。

运动Bra。运动会使女性胸部受震动,幅度过大会伤及乳腺结缔组织,影响支撑,造成乳房下垂。运动时一定要穿防震、吸汗功能更优秀的专业文胸,可以保护胸部免受伤害。选内衣时要依据自己常做的运动类型,选择不同款式和弹性的文胸。另外,运动内衣的尺寸一般以S、M、L号码来区分,购买时一定要试穿。

塑身Bra。塑身功能型Bra每天穿戴别超过4小时。这种文胸一般都在腋下镶有双倍的软胶带,用来推挤所有脂肪和肌肉进入罩杯,这样等于给乳房加压,穿着时间过长对健康不利。如果为了塑胸,不妨用些安全的丰胸办法。

因为乳房是真正"日新月异"的部位,所以Bra也要有计划地淘汰。每次买新的文胸之前都要重新量体,并试穿。即便清洗、使用、保存得当,Bra的平均寿命最好也不要超过10个月。因为10个月间,它的磨损和乳房的变化,都会使它们之间的关系日渐疏离。

对于女人的乳房,男人同样也有发言权。他们有所要求,也愿意贡献力量。事实上,男人的贡献,并不小于女人自己所做的努力,男人的爱抚是最有效的丰胸按摩。极致女人如果还不满意,可以教会男人一套美胸按摩,以背后环抱的姿势进行。当然,这套动作也可以自己完成。

(1)四指并拢,以掌心及指腹包覆胸部下缘,由外向内滑动按摩,直到保养产品全吸收,可有效地改善胸部外扩现象。

(2)四指并拢,以掌心及指腹包覆胸部外缘,由下向上滑动的同时,将腋下赘肉往内拨,按摩直到保养产品完全吸收,可以预防胸部下垂,帮助改善副乳现象。

(3)四指并拢,双手由下向上交替拍打胸部下缘,按摩直到产品吸收即可,可以有效改善胸部下垂现象。

在日常生活中,女性需要注意以下内容。

(1)洗澡时避免用热水刺激乳房,更不要在热水中长时间浸泡。否则会使乳房的软组织松弛,并引起皮肤干燥。洗澡时的水温以27摄氏度左右为宜。

(2)出浴前可用稍凉的水冲洗乳房,目的是增强乳房及胸部皮肤的弹性。出浴后再用护肤液从乳头开始呈圆形向外按摩,直至颈部。

(3)女性的背部与乳房的健美关系密切。走路时背部平直,乳房自然就会挺起;坐立时也应挺胸抬头。睡觉的姿势以仰卧最好,以免侧身挤压乳房。

(4)选择乳罩以不使乳房有压迫感为宜。

(5)每日清晨或夜晚做数次深呼吸,可使胸部得到充分发育。

(6)适量吃些鱼、肉和乳制品,可以增加少量脂肪,保持乳房的丰满。否则,体形虽苗条了,但乳房却逐渐萎缩。

(7)游泳对乳房的健美大有益处,因为水中运动和水对乳房的按摩,都会使胸肌均匀发达,使乳房健美而富有弹性。但参加任何活动都要避免外力碰撞乳房。

胸部是女人的骄傲,让它终身美丽,女人才能是幸福的。

73 走一走,远离亚健康

女人总是抱怨自己的小肚子和小粗腿,而且长期坐着工作,对身体没有好处。下面教你一些简单实用的小妙招,让你轻松远离亚健康。

职业化的现代女性,每天出门坐车,到了公司坐在坐椅上,午饭后继续坐在坐椅上。本以为这样可以很轻松地工作,不用跑动,于是健康被不知不觉地忽略了。实际上亚健康正悄悄地威胁着白领女性,反而更影响工作。所以应该适当地站起来走一走,健康、工作都会上一个台阶。

随时随地做运动

许多女性在为自己身体状况担忧的同时,又抱怨自己平时太忙,没时间健身。健身专家建议,如果白领女性没有时间到正规健身房健身,日常生活中也有一些随时随地健身的简易方法。女性朋友们一起行动起来吧,办公室的紧张工作再也不是没有时间锻炼的借口了!

逛街

这是最受女性欢迎的休闲方式,也是一种很好的有氧运动。女性逛街少则一两个小时,多则三四个小时,这样不停地走动可以增加腿部力量,消耗体内大部分热量,达到健身效果。比起在健身房中的枯燥器械训练,逛街让女性在不知不觉中锻炼了身体,还愉悦了心情,是两全其美的健身方法。

跳绳

说起跳绳,可能会勾起大多数成年女性对儿时的回忆,她们也许不会想到,这种最熟悉的童年娱乐方式,恰恰是女性最有效的健身方式之一。双腿并拢,轻轻起跳,两臂轮回,手腕旋转……别看简单的一根跳绳,舞动起来却是一种全身运动。跳绳所需要的空间不大,技术无需太高,是女性活动身体的方便之选。

爬楼梯

长时间坐办公室不运动的女性最担心体质下降,爬楼梯是简单可行的方法。健身专家研究发现,对于久坐的女性来说,一天多次、每次花几分钟时间做爬楼梯运动,可增加静止时脉搏跳动次数,增强心血管功能。此方法贵在坚持,每天都要爬楼梯才会有好的效果。

办公室健身操

这也是一种不错的选择,端坐在椅子上,双脚着地收腹数十次,或者抬起双腿,尽量用双手将身体撑离椅子,再轻轻放下。这种一看就会的健身操可以让女性在工作间隙轻松地健身。在各种瘦身和健身的网站上,有很多可供参考的健身操,选择一种适合自己的方式,定能在小小的办公室一隅找到一条通往健康和美丽的途径。

注意眼睛的保健

闭目养神或举目远眺树木,这是一个闲暇时最简单、最便捷的保健眼睛的方式。如果长时间面对电脑,眼睛很容易疲劳,把眼睛闭上,稍稍地休息一下,让眼部肌肉放松,把那些烦恼的事情都抛在脑后,接着做做眼保健操,按摩眼睛周围的主要穴位,让眼睛得到适当的休息。这个方法同样需要坚持,对于眼部的保健要适时、按时,面对电脑一个小时左右就要休息一下,这才是保持眼睛不干涩、不肿胀的最好方法。

美丽女人走起来,让自己远离亚健康,在享受工作成就感的同时,也走掉对身体健康的担忧,女人,站起来走一走吧!

第9章

科学饮食，女人的滋养由内至外

——饮食细节为女人的美丽加分

“饮食是健康的基础。”那么，了解饮食中是否含有保持身体平衡和健康以及预防各种健康问题所需的营养物质，就是非常重要的问题了。饮食健康不仅关系到女人身体的健康状况，对于皮肤、气色以及心情的好坏都有很大影响。因此，女人要多注意那些不容忽视的饮食细节……

74 美丽女人，健康饮食

女人爱美，可以用华丽的服饰来打扮自己，可以用名贵的配饰来提升自己，可以依靠化妆来美化自己，然而想拥有人人羡慕的白里透红的肌肤，却唯有坚持科学膳食才能做到……

健康早已成为了当今社会人们最关心、重视的问题，巨大的工作压力、超负荷的工作量以及每天不足六个小时的睡眠，让越来越多的人出现了身体不适、健康状况急剧下滑的情况。而面对这样的身体问题，医生可能会告诉你要好好休息，多吃些有营养的食物，可是作为一名职业女性，总不能每天靠吃营养品和各种维生素来维持生存吧，那么一日三餐的重要性就突显出来了。当你活到65岁时，你已经吃了7万多顿饭，大约是50多吨食物。你选择吃哪种食物，直接影响你的体形、健康和寿命。

许多单位都为员工提供盒饭或者食堂伙食，虽说这些菜品也是荤素搭配，但是大锅炒菜，油、盐的量很难掌握，而且餐饮公司为了让菜更可口些，可能会使用动物油，动物油中饱和脂肪酸的含量较高，长期食用，不仅容易引起肥胖，而且会增加心脑血管病的发生概率。

谷物富含碳水化合物，主要提供热能和一部分蛋白质，主食中应粗细搭配，不要只吃精米、白面。粗粮富含膳食纤维，在人体内能刺激肠道蠕动，防止便秘，而且对心血管病、糖尿病、结肠癌都有预防作用。粗粮中的豆类、玉米、薯类对人体都大有益处，一般每日以400～500克为宜，可视副食情况、年龄、性别、劳动强度适当增减。

肉蛋类主要供给蛋白质，也提供脂肪、无机盐、维生素A和B族维生素。从谷物中得到的蛋白质，只能满足人体需要的一半，而且缺乏优质蛋白质，还必须从鱼、虾、家禽、奶类、豆制品中才能获得多种蛋白质，发挥蛋白质的互补作用。

蔬菜水果类主要供给无机盐、维生素，平衡膳食。新鲜蔬菜必不可少，可多选用绿色和橙黄色蔬菜，每日最好食用400～500克蔬菜。能生吃的蔬菜，如黄瓜、西红柿、萝卜等,应尽量生食或凉拌吃,以减少维生素C的损失。另外还可以补充1~2个水果,代替一部分蔬菜,以满足身体无机盐、维生素的需求和维持体液酸碱平衡。

油脂类主要提供脂肪,包括各种烹调油,除增加食物香味外,还可以补充热能,供给必须脂肪酸,促进脂肪溶性维生素吸收,膳食中的脂肪总量不宜过多,一般以每日50g较合适。

我国营养学家在调查研究的基础上,对科学的膳食结构,按"一、二、三、四、五、六"做了概括,即:每天吃一个水果;二两调羹油,植物油和动物油各一半;每天三盘蔬菜,尤其要食叶绿素丰富的茎叶类蔬菜,其次瓜果类等;每天四小碗饭或四个馒头,以满足对谷物中营养的需求;每天一个鸡蛋、一杯牛奶、一碟鱼虾、一碟肉、一碟豆芽或豆腐,满足蛋白质的需求;每天六杯汤类、饮料等液体食物,约2000毫升。

其次,三餐要合理。要定时定量,一日三餐安排好,不暴饮暴食,不要不吃早餐,不要食过冷过热饮食,每餐应有主食、副食、荤素搭配、干稀搭配、粗细搭配、软硬搭配。两餐进食时间间隔以4~6小时为宜,进餐时间应与作息制度一致。在剧烈活动后至少休息10分钟再进食。

长期坚持科学的膳食,既能达到营养平衡,使身体健康、精力充沛,又能延缓衰老。过量的摄取任何一种食物或营养素都没有好处,都有潜在的危害,因此,大剂量补充任何营养素的做法,都必须立即停止。世界上没有一种单一的食物能补充人体所必需的营养素,只有科学的多样化膳食才能使你获得所需要的营养。

75 工作餐这样吃才健康

作为一名职业女性,中午一般都在单位度过,所以很难有精力和时间为自己准备一顿丰富可口的午饭,那么保证工作餐吃得健康,就成了当前最主要的任务。

"民以食为天",吃饭是人生中的一件大事,是人们每天都要做且每天都喜欢做的一件事，中国几千年的文化中，饮食文化是博大精深的。作为一名职业女性，中午一般都在单位度过，所以很难有精力和时间为自己准备一顿丰富可口的午饭，那么保证工作餐吃得健康，就成了当前最主要的任务。那么，怎样吃才算是健康呢？

当你选择叫外卖时

外卖的确省时方便，一般盒饭都是一荤两素，从营养搭配上来讲还是可以的。但是切忌不要对着电脑边工作边吃饭，这样不仅消化不好，伤胃，电脑的辐射以及鼠标键盘上的细菌也很容易使你“病从口入”。

其实，外卖是可以自己点菜的，虽然上班很辛苦，应该吃些自己喜欢的东西，但是就营养健康的角度来讲，还是要少吃油炸食品和甜食。饭前吃个水果，可以让爱美的女性保持身材的苗条，水果中的膳食纤维还能够帮助减少脂肪和胆固醇的吸收，同时为你提供大量的维生素和水分，真是一举多得。当然，饭后最好能喝一些健胃和利消化的茶水，可以帮助肠道蠕动，调节肠胃功能。如果你的午休时间够长，不妨去户外散散步，既能放松身心，缓解视疲劳，又能有效防止小腹和臀部赘肉的滋生。

当你去餐馆时

有些单位没有提供食堂和盒饭，但是会给员工一定的午餐补助，很多人就选择了三两搭伙，到附近的餐馆解决午饭问题。去餐馆，当然菜的选择就比较多，通常是根据个人口味，每天变着花样吃，只要不挑食，要达到营养均衡是比较容易的。

但是很多人在面对菜品的丰富时，就忽略了主食的重要性，很多女性本身饭量就小，菜吃得多了，主食便吃不下了。而主食中含有大量的碳水化合物，它们是为大脑提供足够能力的主要来源，如果午饭不吃主食，下午上班很容易出现头昏脑涨、昏昏欲睡的现象。

当你自带午饭时

有些人为了营养、健康或者省钱，就选择自己带午饭。一般人都是头天晚上多做一些，吃完之后剩下的就往饭盒里一装，第二天中午用微波炉热一下就吃了。

当然我们说自带午饭这种方式是值得肯定的，从菜品的搭配、烹制的口味来说都可以根据自己的喜好来调整，但是提前做好的饭菜经过了一上午的时间，营养很容易就流失了。如果是在炎热的夏天，还可能变质、腐烂,滋生大量细菌。微波二次加热,维生素非常容易受到破坏。尤其是各种绿叶菜中都含有不同含量的硝酸盐,烹饪过度或放置时间过长,蔬菜不仅会发黄、变味,还会被还原成有毒的亚硝酸盐,甚至使人出现不同的中毒症状。

如果你真的喜欢吃自己带的饭,那么建议最好早上起来现做,如果早上没有足够的时间,那么头天晚上做好饭后,一定要把第二天带的饭菜先留出来,饭菜分开后放冰箱冷藏。

当你"不吃午饭"时

这里所说的"不吃午饭",并不是说任何东西都不吃。有些女性朋友为了减肥和保持苗条的身材,喜欢用各种水果来代替午餐。

要知道,一个成年人每天至少需要50克蛋白质,而水果含水量一般在85%以上,而蛋白质却不足1%,远远不能满足人体所需的营养。长期以水果代餐,会出现皮肤松弛、免疫力低下等症状,影响到身体健康和工作效率就得不偿失了。

76 减压食品,吃得愉快

不少女性一感到压力大时,就选择用"吃"的方式来缓解,似乎享受到了美食,就会有一种无比的满足感,然而"越吃越胖"的副作用也让众多女性头痛不已。快来看看减压食品吧,会使你吃得好又没烦恼!

永远也忙不完的工作,琐碎而繁杂的各种应酬,推脱不了的责任……现代人在钢筋水泥的都市里压力重重。即使在最普通的生活中,人们也难免有睡眠不好、心情不好的时候。此时,很多女孩子会选择吃一些东西来为自己解压,调适和放松自己。

研究表明,有些食物的确能够改变人们的心理压力,影响睡眠,从而使人产生愉悦或者烦躁两种截然不同的效果。那么,究竟吃什么才会使人感到愉快呢?对于一般人而言,只要吃到自己喜欢的东西就会有一种满足感,坏情绪也会随之减少,然而很多好吃的东西都是高热量的,这让那些爱美的女性烦恼不已，吃了喜欢的食物，脂肪也跟着堆积起来，胖胖的自己，怎么也不能拿出一份自信来。

专家提示，并不是所有的食物都可以让你吃得开心。食物可以分为低压力食品和高压力食品两种，高压力食品只能满足人们暂时的口腹感，而之后产生的热量会让很多女性有后悔吃它的感觉；低压力食品则不同，它真正做到了让你“吃得开心、吃得安心”。

那么，有哪些食物是可以减压的低压力食品呢？

香蕉。不仅香甜味美，还有润肠、美腿的功效，更重要的是香蕉中含有一种被称为生物碱的物质，可以帮助人们提高信心、对抗压力。

生菜。人体承受压力时，肾上腺会大量分泌肾上腺素，以提高抗压能力，适量摄入B族维生素，对甲状腺和肾上腺有很好的保养作用；另外，B族维生素不足，可引起认识障碍、记忆力减退和大脑损伤，而生菜就是富含B族维生素的食物之一。

菠菜。镁元素能让心乱如麻的你快速地平静下来，因为矿物质能帮助你减轻压力，让你的身体稍微放松下来。镁元素不足将会导致偏头痛，让人容易疲乏无力。而且据不完全统计，十个人中有七个人的体内镁元素含量不足，难怪现代人们都那么急躁。而一杯菠菜汁就能提供人体每天所需镁元素的40%。

虾。心理紧张、对他人缺乏信任感，宜重点补充蛋白质，故虾这种优质高蛋白食物应在餐桌上担任主角。

火腿。压力大使人的身体消耗增大，日久则体质变弱，而火腿营养丰富，我国民间至今还常常把火腿作为补品食用。对于压力大的人来说，吃点火腿，可以滋补身体、开胃益脾。

巧克力。巧克力会使身体分泌一种感到快乐、幸福的物质，会使人心情轻松、愉快。因此心情不好或压力较大时，不妨吃点儿巧克力，对于舒解压力很有帮助。另外，巧克力可提供一天内镁需求量的三分之一，而镁有抑制神经应激性的作用，从而很好地减压。

玉米。玉米所含丰富的维生素及营养物质，能强健脑细胞，维持身体各组织功能，预防疲劳、失眠、健忘等疾病。

西红柿。西红柿加热后能提高西红柿红素的含量，从而提高西红柿的营养价值，并增强总体抗氧化能力，从而能对抗压力带来的更多的自由基,保护心血管,防止血液黏稠和血栓形成,降低冠心病发作的危险性。

但是不要空腹吃西红柿,因为其含有大量的胶质、果质、柿胶粉、可溶性收敛剂等成分,容易与胃酸起化学反应,结成不易溶解的块状物,阻塞胃出口而引起腹痛。食品专家认为,尽管加热烹制会破坏西红柿中的维生素C,但同时也会大大提高有益的植物化学物质的含量,可以预防心血管疾病。

土豆。土豆中富含维生素C和钾,是一种有效消除压力的健康食品。

蜂蜜。蜂蜜是补充精力的最佳食品,精力减退的话,会感觉疲劳,心里也感到不安。蜂蜜可以轻易地解决这个问题,补充耗损的精力,消除疲劳。

全麦面包。要对抗压力,B族维生素是非常重要的。包括B_1、B_2、B_6、B_{12}和叶酸、烟碱酸等,可以维护神经系统的稳定,增加能量的代谢,有助于对抗压力。全谷类的食物如全麦面包、糙米、胚芽米等,都有丰富的B族维生素。而且全麦面包是复合性碳水化合物,可以缓慢释放能量,具有镇定的作用,使人放松、不紧张。

水。人类脑部75%都是水,脱水第一个影响到的器官就是脑,水分太少,会让人疲劳、反应变慢。很多女性一忙起来就忘了喝水,若用饮料或汤补充体内水分,却会徒增热量,使身体发胖。因此在餐与餐之间要多喝水。例如,一进办公室,马上就倒上500毫升的水放在桌上,有时间就喝,而且在午餐之前就要喝完。1天内至少要喝2000毫升的水。

77 处理剩菜打包的学问

多数女人都是家里的第一把手,洗衣、做饭、照顾家人都是家常便饭的事,即使下馆子,打包的活也由女人来做,可是你们知道怎样打包最科学、什么样的菜不能打包、剩菜、剩饭如何吃吗?

中国向来有勤俭节约的优良传统,相比于从前,现在的人们的生活水平高了,下馆子的机会多了,打包的机会也多了,然而为了节俭而打包回家的饭菜,会不会让你吃出病来？这里面有什么要注意的细节呢？

蔬菜不适合打包带回家

天然新鲜蔬菜中普遍含有无毒的硝酸盐,但蔬菜在采摘、运输、存放、烹饪过程中,硝酸盐会被细菌还原成有毒的亚硝酸盐。亚硝酸盐一多,就会导致中毒。而且,亚硝酸盐与食物中的氨基酸和低酸胺类反应,还可形成致癌的亚硝胺和亚硝酸胺类物质,增加胃癌的发病风险。

蔬菜刚刚烹调好时细菌的数量最低,营养素保存也丰富,这时食用最安全,但是一盘菜端上桌后,随着大家筷子的不断翻动,细菌也已经繁殖得很多了,亚硝酸盐的水平也就随之提高,待到一顿饭吃完,亚硝酸盐已经很高了。如果你打包带回家,即使你下次食用之前高温加热消毒了,也只能杀死细菌,却并不能降低亚硝酸盐,过夜的蔬菜,经过一夜的盐渍,亚硝酸盐的含量会更高。而亚硝酸盐加热后,毒性会增强。所以,蔬菜最好在餐桌上吃完,不要打包带回家。

鱼、肉打包可行

营养专家提示,鱼、肉打包是没有问题的,但是最好不要连带菜肴的汤汤水水也一并打包,干干地带回家最好,可以减少部分细菌的传播。当然最好还是吃多少点多少,尽量避免需要打包的情况,新鲜的菜肴才是最无害、最有营养的。

剩菜的保存技巧

很多人打包回家的饭菜,直接往冰箱里一放,等到第二天热一下就直接吃了,也有不少人虽然把剩菜带回家了,然而第二天一看,菜的颜色全变了,让人很难有胃口再吃,所以这打包的工作就白做了。

由于打包回来的肉类、海鲜类菜肴中的细菌很容易繁殖,上面的大肠杆菌在20摄氏度的温度里每8分钟就能够繁殖两倍,在五六个小时内一个细菌就会变成上亿个,如此多的数量足以让人的肠胃感到不舒服。所以每次将打包回来的剩菜先加热烧透,等到剩菜温度降至室温时,再放入冰箱加保鲜膜冷藏。这样做可以更有效地杀灭细菌,延缓细菌繁殖。此外,剩菜的保存时间,也以不隔餐为宜,早剩午吃,午剩晚吃,尽量缩短在五六个小时以内。

剩菜的食用技巧

剩菜在再次使用的时候,如果加上一些辅料,不仅可以让剩菜的口感更好,也更加安全。

肉类食品含有比较丰富的矿物质,在加热的时候加上一些醋,可以使这些矿物质会合成为醋酸钙,不仅能够提高营养,同时还有利于我们身体的吸收和利用。

海鲜类的食品在加热时最好另外加一些醋、酒、葱、姜等佐料,这样不仅可以提鲜,而且还具有一定的杀菌作用。

而一些淀粉类食品,由于最容易被葡萄球菌寄生,而这类细菌的毒素在高温加热之下也不会被分解,解决不了变质的问题。所以,如在短时间内没有吃完的淀粉类食品,那么即使从外观上看没有变质,也不要再吃了。

如果是平时在家菜做多了,不妨在烹调后马上分成两份,一份稍稍温凉马上盖好放进冰箱,不要翻动;另一份当餐吃掉,一点不留,这样做比盛进盘中翻腾一两个小时之后才放进冰箱的保鲜效果要好很多,对身体也更有益。

78 食物是最好的医药

食物是最好的医药。适当的食物可以治病,而且没有副作用,在毒素尚未沉积并对身体尚未造成危害时就将它们清除,把健康牢牢抓在手中!

对于女人而言,健康不仅仅是拥有一个好身体,而且包括好身材、好皮肤、好气色。可是,污染严重的环境,化学产品过多的世界,让我们的体内充满了毒素,那么,如何排出体内过量的毒素呢?“现代医学之父”希波克拉底早在2400多年前就提出“我们应以食物为药,饮食是你首选的医疗方式”。在中国传统文化中,“药食同源”理论源远流长,中医历来强调“药补不如食补”,历代流传的食物疗法专著就有300余部之多。“药食同源”理论认为,许多的食物同时也是药物,同药物一样能够预防疾病。

食物是最好的医药。适当的食物可以治病,而且没有副作用,在毒素尚未沉积并对身体尚未造成危害时就将它们清除,把健康牢牢抓在手中!

“草根树皮为小药,针灸为中药,日常的食物才是大药。”

一年四季，各种不同的蔬菜、水果丰富了我们的饮食生活，也增进了我们的营养与健康，其对人体的贡献非常重要，正所谓“小兵立大功”。许多“果蔬治病法”经过无数患者的亲身验证，确实具有功效，而且这些治疗法可融入生活中，当成日常生活的一部分。如果您苦于莫名的宿疾无法治好，或者准备放弃时，不妨利用这些疗法，只要有耐心和毅力，必定能克服缠人的宿疾，过着健康而有活力的生活。

人体组织的构造和增长，离不开基本的营养素，人体活动的能量也均来源于各种营养素，均衡的营养是健康的重要因素，营养良好与否直接关系到身体的健康。

目前，已知人体需要的营养素共有45种，分为宏量营养素与微量营养素。宏量营养素包括蛋白质、碳水化合物及脂肪；微量营养素包括维生素及矿物质；水及纤维一般不归入营养素，但却是生命必备的要素。人体所需要的营养素有蛋白质、β-胡萝卜素、维生素D、维生素E、维生素B_1、维生素B_2、尼克酸、维生素B_6、维生素B_{12}、叶酸等。

世界上很多国家的居民都以饮食“金字塔”来指导膳食。食物金字塔的底层是谷类食物，由占份额最大的谷物组成，包括玉米、米饭、面包和面条等，构成日常饮食的基础。第二层由蔬菜和水果组成，它们是日常饮食营养中的重要组成部分。最高一层是乳制品、肉类和坚果类等高蛋白、高脂肪的食物，它们的日食用量最少。进食要多样化、均衡和适量。均衡膳食需要在平时养成习惯并坚持不懈，才能对健康产生重大的促进作用。

中国营养学会有关人士指出，食物金字塔建议每人每日各类食物适宜摄入量的范围适用于一般健康成年人，具体应用时要根据个人年龄、性别、身高、体重、劳动强度、季节等情况做适当调整。

要达到营养均衡，日常饮食各方面需多加注意，特别要注意食物的多样化和食物的合理搭配，比如多食蔬菜、水果和谷类食物，补充丰富的维生素、矿物质和膳食纤维；选择低脂肪的食物和低胆固醇的饮食，可以减少饱和脂肪酸和胆固醇的摄入量，降低引起肥胖和诸多慢性病的危险因素；少吃盐、糖，可以降低患高血压（病）的可能性；尽量少喝酒，可提高食欲，避免多种营养素缺乏，保护消化系统尤其是肝脏以及神经系统的功能；避免抽烟，可维持体内氧气及维生素C的正常代谢，避免大量自由基的产生。

按照一般的逻辑推理，日子越久，人体体内的“垃圾”就越积越多，关于如何清除体内“垃圾”，专家提出以下建议。

常饮鲜果、鲜菜汁。鲜果、鲜菜汁是体内的“清洁剂”，它们能清除体内堆积的毒素和废物。

常吃海带。海带胶质能促进体内的放射性物质随同大小便排出人体，从而减少放射性物质在人体内积聚，减少放射性疾病的发生率。

常喝绿豆汤。绿豆汤能帮助排泄体内的毒物，促进机体的正常代谢。

常喝猪血汤。猪血会产生一种解毒和滑肠作用的物质，使人体产生的废物不易吸收。但血脂高的老年人应控制用量。

常吃木耳和菌类植物。据研究，黑木耳和菌类植物有良好的抗癌作用，它能有效地清除体内受污染的物质。

79 不容忽视的饮食排毒细节

有些女性由于认识上的偏差和饮食误区，往往会造成体内毒素堆积，影响身心健康，若是能根据自己的体质情况合理选择膳食，在享受口福的同时也能轻松地排掉一身毒素……

俗话说：“病从口入，祸从口出”。由于饮食而造成的人体内部垃圾，会导致人体慢性中毒，从而使人致病、衰老……毒素会直接影响女性的容颜与健康，如面色无光、长痘、长斑、身体发胖、便秘、乳腺增生、功能性子宫出血、宫颈癌、卵巢囊肿等，都与体内堆积的大量毒素有关。

说起《新白娘子传奇》中白娘子的扮演者赵雅芝，大家都很惊讶于她的容颜不老。五十多岁的人，却在其身上看不到岁月的痕迹，大家都想了解其容颜不老之谜。

提到保养，她认为生活起居有规律，营养平衡很重要。她说：“我不爱夜生活，很少应酬，生活起居有规律，保持了充足的睡眠，吃得健康，不偏食，不会想吃什么就吃什么。肉我照吃，不是素食主义者，也喜欢吃辣，但我会注意营养均衡。”

营养均衡，排毒顺畅，是赵雅芝容颜不老的诀窍之一。

膳食排毒要因人而异。一般而言,凉性食物适宜于温热体质的人;温热性食物适宜于寒凉体质的人。女性朋友要根据自己的体质情况,合理选择膳食。

膳食排毒要因时而异。春夏秋冬,寒来暑往,人的脏腑气血运行也与自然界的气候变化密切相关。在寒冷的冬天,应多食用温热性食物,少食用寒凉性食物;在炎热的夏天,应避开过于温热性的食物,多食用中性或偏凉性的食物。

不容忽视的饮食误区

以下饮食误区往往造成体内毒素堆积,影响女性身心健康。

食品结构不合理。对含有高脂肪、高糖、高盐、高热量、高胆固醇的食物摄入过多,而对生、鲜、有活性的食品摄入过少。

饮食习惯不好。狼吞虎咽、进餐不定时、吃得过饱等,都会导致体内垃圾堆积。

经常以"垃圾食品"和"死亡食品"为主菜或主食。"垃圾食品"即经过精细加工和高温加工,90% 以上的营养成分都遭到破坏的食品;"死亡食品"即指垃圾食品经过再次加工,食品内的活性酶及其他活性物质及能量均被消灭的食品。

你的身体需要排毒吗

静下心来,仔细对照一下,你是否有以下症状:下肢肥胖水肿,两腿容易疲乏酸疼;食欲不振,消化不良;不能每日排便或有便秘;面色暗沉,缺乏光泽,黄气重;双手顺着整个面颊的最外圈轻轻摸,感觉有粗糙感或小疙瘩;有面疱现象,青春痘久发不愈;眼睛浮肿,有黑眼圈;嘴里口气比较重;睡眠质量不好,多梦或很容易惊醒;精神压力大,时常感觉焦虑。

以上这些问题,如果你有 3 项以下,说明你身体还比较轻松,平日只要注意调整作息和进行一些简单的排毒法就可以了;如果你有 4 ~6 项,那么你的身体已经处于承重临界点,需要尽快开始调理;如果这些问题你占到 6 项以上,你就要小心了,你的身体已经感到不堪重负,十分疲惫,应该刻不容缓地进行排毒治疗。

膳食排毒,吃出健康

我们都知道只有及时排除体内垃圾和毒素,保持体内清洁,才能真正保持健康、美丽。那么,怎样排除体内毒素呢? 有不少人选择洗肠、吃药来排毒,不仅价格昂贵,还可能产生副作用,留下后遗症。

姗姗的朋友向她推荐某排毒保健品,姗姗也认识到排毒对身体的重要性,就买了三个疗程的。刚开始吃的几天,感觉不错,大便也更通畅,她想,这可能就是排毒的效果吧。连续吃了三周后,姗姗感觉手脚发软,食欲下降,而且只要一不吃那排毒保健品就会便秘。姗姗的丈夫坚决不准她再吃那个保健品了。

其实,对正常人而言,排除体内毒素并不需要买那些价格昂贵的保健品,也不需要做什么手术,只需要有意识地选择一些排毒食物并坚持合理运动,即可清除体内毒素。

十种最有助于排毒养颜的食物

(1)黄瓜。味甘,性平,又称青瓜、胡瓜、刺瓜等,原产于印度,具有明显的清热解毒、生津止渴功效。现代医学认为,黄瓜富含蛋白质、糖类、维生素 B_2、维生素 C、维生素 E、胡萝卜素、尼克酸、钙、磷、铁等营养成分,同时还含有丙醇二酸、葫芦素、柔软的细纤维等成分,是难得的排毒养颜食品。

黄瓜所含的黄瓜酸,能促进人体的新陈代谢,排出毒素;其维生素 C 的含量比西瓜高 5 倍,能美白肌肤,保持肌肤弹性,抑制黑色素的形成;黄瓜还能抑制糖类物质转化为脂肪,对肺、胃、心、肝及排泄系统都非常有益。夏日里容易烦躁、口渴、喉痛或痰多,吃黄瓜有助于化解炎症。

(2)荔枝。味甘、酸,性温,有补脾益肝、生津止渴、解毒止泻等功效。《本草纲目》中写道:“常食荔枝,补脑健身……”《随身居饮食谱》记载:“荔枝甘温而香,通神益智,填精充液,辟臭止痛,滋心营,养肝血,果中美品,鲜者尤佳。”

现代医学认为,荔枝含维生素 A、维生素 B_1、维生素 C,还含有果胶、游离氨基酸、蛋白质以及铁、磷、钙等多种元素。现代医学研究证明,荔枝有补肾、改善肝功能、加速毒素排除、促进细胞生成、使皮肤细嫩等作用,是排毒养颜的理想水果。

(3)木耳。味甘,性平,有排毒解毒、清胃涤肠、和血止血等功效。古书记载,木耳“益气不饥,轻身强志”。木耳富含碳水化合物、胶质、脑磷脂、纤维素、葡萄糖、木糖、卵磷脂、胡萝卜素、维生素 B_1、维生素 B_2、维生素 C、蛋白质、铁、钙、磷等多种营养成分,被誉为“素中之荤”。木耳中所含的一种植物胶质,有较强的吸附力,可将残留在人体消化系统的灰尘杂质集中吸附,再排出体外，从而起到排毒的作用。

(4)蜂蜜。味甘，性平，自古就是滋补强身、排毒养颜的佳品。《神农本草经》记载："久服强志轻身，不老延年。"蜂蜜富含维生素 B_2、维生素 C 以及果糖、葡萄糖、麦芽糖、蔗糖、优质蛋白质、钾、钠、铁、天然香料、乳酸、苹果酸、淀粉酶、氧化酶等多种成分，对润肺止咳、润肠通便、排毒养颜有显著功效。近代医学研究证明，蜂蜜中的主要成分葡萄糖和果糖，很容易被人体吸收利用。常吃蜂蜜能达到排出毒素、美容养颜的效果，对防治心血管疾病和神经衰弱等症状也很有好处。

(5)胡萝卜。味甘，性凉，有养血排毒、健脾和胃的功效，素有"小人参"之称。胡萝卜富含糖类、脂肪、挥发油、维生素 A、维生素 B_1、维生素 B_2、花青素、胡萝卜素、钙、铁等营养成分。现代医学已经证明，胡萝卜是有效的解毒食物，它不仅含有丰富的胡萝卜素，而且含有大量的维生素 A 和果胶，与体内的汞离子结合之后，能有效降低血液中汞离子的浓度，加速体内汞离子的排出。

(6)苦瓜。味甘，性平。中医认为，苦瓜有解毒排毒、养颜美容的功效。《本草纲目》中说苦瓜"除邪热，解劳乏，清心明目"。苦瓜富含蛋白质、糖类、粗纤维、维生素 C、维生素 B_1、维生素 B_2、尼克酸、胡萝卜素、钙、铁等成分。现代医学研究发现，苦瓜中存在一种具有明显抗癌作用的活性蛋白质，这种蛋白质能够激发体内免疫系统的防御功能，增加免疫细胞的活性，清除体内的有害物质。

(7)海带。味咸，性寒，具有消痰平喘、排毒通便的功效。海带富含藻胶酸、甘露醇、蛋白质、脂肪、糖类、粗纤维、胡萝卜素、维生素 B_1、维生素 B_2、维生素 C、尼克酸、碘、钙、磷、铁等多种成分。它所含的蛋白质中，包括 8 种氨基酸。而且海带含丰富的碘，对人体十分有益，可治疗甲状腺肿大和碘缺乏而引起的病症，碘化物被人体吸收后，能加速病变和炎症渗出物的排除，有降血压、防止动脉硬化、促进有害物质排泄的作用。同时，海带中还含有一种叫硫酸多糖的物质，能够吸收血管中的胆固醇，并把它们排出体外，使血液中的胆固醇保持正常含量。另外，海带表面上有一层略带甜味的白色粉末，是极具医疗价值的甘露醇，具有良好的利尿作用，可以治疗药物中毒、浮肿等症状，所以，海带是理想的排毒养颜食物。

(8)茶叶。性凉，味甘苦，有清热除烦、消食化积、清利减肥、通利小便的作用。中国是茶的故乡,对茶非常重视。古书记载:"神农尝百草,一日遇七十二毒,得茶而解之。"说明茶叶有很好的解毒作用。茶叶富含铁、钙、磷、维生素A、维生素B_1、尼克酸、氨基酸以及多种酶,其醒脑提神、清利头目、消暑解渴的功效尤为显著。现代医学研究表明,茶叶中富含一种活性物质——茶多酚,茶多酚作为一种天然抗氧化剂,可清除活性氧自由基,可以保健强身和延缓衰老,并且具有解毒作用。

(9)冬菇。味甘,性凉,有益气健脾、解毒润燥等功效。冬菇含有谷氨酸等18种氨基酸,在人体必需的8种氨基酸中,冬菇就含有7种,同时它还含有30多种酶以及葡萄糖、维生素A、维生素B_1、维生素B_2、尼克酸、铁、磷、钙等成分。现代医学研究认为,冬菇含有多糖类物质,可以提高人体的免疫力和排毒能力,抑制癌细胞生长,增强机体的抗癌能力。此外,冬菇还可降低血压、胆固醇,预防动脉硬化,有强心保肝、宁神定志、促进新陈代谢及加强体内废物排泄等作用,是排毒壮身的最佳食用菌。

(10)绿豆。味甘,性凉,有清热、解毒、祛火之功效,是我国中医常用来解多种食物或药物中毒的一味中药。绿豆富含B族维生素、葡萄糖、蛋白质、淀粉酶、氧化酶、铁、钙、磷等多种成分,常饮绿豆汤能帮助排泄体内毒素,促进机体的正常代谢。许多人在进食油腻、煎炸、热性的食物之后,很容易出现皮肤痒、暗疮、痱子等症状,这是由于湿毒溢于肌肤所致,而绿豆则具有强力解毒功效,可以解除多种毒素。现代医学研究证明,绿豆可以降低胆固醇,又有保肝和抗过敏作用。夏秋季节,绿豆汤是排毒养颜的佳品。

80 多吃素食身体健康

"吃"对于人类自古就是天大的事,人们生活水平提高了,自然免不了大鱼大肉,然而过于油腻的肉类让女人脆弱的肠胃难以承受,各种病变也随之而来,是时候让青菜豆腐来给大家清清肠了……

俗话说,"要想长生,肠中常清","鱼生湿,肉生痰,青菜豆腐保平安",都是在说吃素的好处。如今,人们为了预防或治疗肥胖、高脂血症、脂肪肝等疾病，吃素逐渐成为一种时尚。其实食素更是一种健康绿色的生活方式，现在已经有越来越多的时尚一族成为素食者，其中不乏大明星，如麦当娜、大S等都是素食之人。素食已成为一股风潮，因为素食对身体的益处很多。

素食有利于美容

如果我们长期食用碱性的蔬果，血液中的乳酸便会大量减少，自然就不会生产有害的物质，随汗液排至皮肤表面而损害皮肤的健康。同时，植物性食物中的矿物质、纤维质又能把血液中的有害物质清除。这种净化的血液，能够发挥完全的作用，在代谢过程中输送足够的养分与氧气，使全身各器官有活力，使皮肤自然、健康、有光泽、细致而有弹性。

素食可以减少癌症发病率

素食中含有大量纤维素，能刺激肠蠕动加快，利于通便，使有害物质及时排出，降低了有害物质对肠壁的损害。在美国一份有关资料表明，素食者比肉食者癌症发病率低20% ~40%。

素食对预防骨质疏松症有好处

众所周知，老年人尤其绝经后的女性为了防止骨质疏松，提倡多吃含钙质的食品，而维生素C有利于钙质的吸收。很多植物食品如绿色蔬菜、西红柿和某些瓜果等都含有充分的维生素C。相反，动物食品有时却能减弱身体利用钙质的能力，因此，有人建议素食者应该喝些牛奶，以补充人体所需的钙质，这样有助于增加骨质密度。

素食有助于提高人的智商

在英国通过一项有8170名志愿者参与的实验表明，经常吃肉有可能会导致人的智力下降，常吃素食则可能让人的智力得到提高，这一现象在女性身上更明显。

素食有利于减肥

减肥的人在控制饮食中，如果采用素食，效果最为显著，而且还能有益健康，因为植物性食物能使血液变成微碱性，促使身体的新陈代谢，借此得以把蓄积于体内的脂肪分解燃烧掉，达成自然减肥的效果。

素食有益环保

现代人吃素，更多是出于环保、爱护动物等原因。前甲壳虫乐队成员保罗·麦卡特尼，他希望更多的人成为素食主义者，以此来抑制全球变暖。他曾说，牧场是地球的最大的破坏者之一，为了烤食牛肉汉堡，亚马逊河流域的树木惨遭砍伐。

欧美流行这样一句话说：“西红柿红了，医生的脸绿了。”可见西红柿的抗病能力，足以令某些医生“下课”。在大鱼大肉已经不成为生活奢侈品的今天，人们正常食肉可以避免人体内一些脂溶性维生素的缺乏，而过多的肉食会给健康带来不少危害。过量食用肉食可能会出现超重、肥胖等，而超重和肥胖是引起高血压、心脏病、肝硬化的重要原因，因此多食用素食来平衡身体的营养是非常重要的。

但是，我们的祖先也曾说过：“食肉，勇敢而悍；食谷，智能而巧。”由此可见，食肉和食素同等重要，保证饮食均衡，才是健康之道！

81 完全食素对身体有害

食素对身体有诸多好处，然而完全的素食主义也有一定的弊病，想做美丽、健康的女人，还是应该荤素搭配……

事实证明，食素对身体有诸多好处，而且素食者头脑灵活。不少人改为素食之后，发觉自己脑筋灵活了，想象力丰富了，身材也苗条了，素食的好处无需多言，在了解了众多食素的好处后，相信有很多人对于素食已经开始动心了。然而，完全的素食主义也有一定的弊病。

营养缺乏可能导致不孕

最近医学界对素食的研究证实，女性只食素，会对体内激素分泌造成破坏性影响，严重的甚至可能导致不孕。性成熟发育期的女孩，经常食素会导致雌激素水平过低，导致第二性征发育延迟，有碍乳房、性腺的发育和体态美；育龄期女性若常食素，会使雌激素水平降低而导致孕育障碍；更年期女性由于卵巢萎缩、雌激素分泌量已缺乏或分泌“终结”，经常食素，其发生“更年期综合征”的症状更为明显。

不利于降压

适量吃肉类和蛋类可以增加血管的营养，保持血管良好的弹性。如果完全素食，拒绝一切动物蛋白和脂肪的摄入，其结果是血管弹性变差，从而不利于降压。

引起胆结石

胆结石发病的一个因素，取决于胆固醇在胆汁中的溶解度。正常人胆固醇与胆汁中的胆盐、卵磷脂按一定的比例混合溶解，不易形成结石析出。而长期吃素的人，卵磷脂摄入减少；另外，素食中植物纤维的成分较多，可使胆汁酸的重吸收降低，胆盐浓度也降低；而且，往往素食者维生素A、维生素E的摄入不足，这两种维生素缺乏，使胆囊上皮细胞容易脱落，从而导致胆固醇沉积，形成结石。

缺锌

素食者锌的摄入量比非素食者低。缺乏锌质，会影响儿童发育，并影响免疫功能和性欲。由于植物锌的生物利用率低，所以素食者应该努力达到或超过锌的推荐食入量。

缺乏维生素 B_{12}

维生素 B_{12} 是造血过程和神经系统所必需的。维生素 B_{12} 几乎只存在于动物性食品中，螺旋藻类、海生植物、大豆发酵食品所提供的维生素 B_{12} 是缺乏活性的。长期吃纯素者，导致维生素 B_{12} 严重缺乏，甚至会出现特殊的视幻觉。

缺铁

植物食品只含非亚铁血红素的铁，不如肉食中亚铁血红素的铁好吸收。人体对来自植物食品铁的吸收情况较差，所以虽然素食的含铁量比荤食高，但素食者体内铁的存量却较低。素食还可能导致贫血，这种情况多发生在儿童和妇女身上。

缺钙

对于那些禁食奶制品的素食者，缺钙情况非常普遍。完全素食者的钙摄入量则比奶蛋素食者和杂食者都要低。如果缺乏钙质，尤其是女性，到中老年时容易患骨质疏松症。

缺乏维生素 D

如果缺乏维生素D，会导致钙大量流失，引起骨骼疏松、佝偻病、骨骼结构脆弱等病症。

缺碘

鱼类是人体获取碘的主要食物，但长期不食用鱼，容易造成“碘缺乏症”。

蛋白质的质量低

素食者摄入蛋白质的质量比较低，虽然素食者可以通过植物获得与非素食者一样多的蛋白质，但是植物蛋白的质量比动物蛋白质量要差一些，赖氨酸等必需氨基酸要少一些。

热量低

长期素食，由于蛋白质与脂肪严重不足，容易引发营养不良，甚至长期吃素的女性所生的孩子往往存在生长发育障碍。蛋白质是建造和修补人体组织的主要原料，长期缺乏则对机体的抗病能力影响极大。脂肪的产热量高，不饱和脂肪酸更是“人脑的食粮”，对促进大脑智力发展极为重要。所以长期素食对处于生长发育期的青少年危害较大。

记忆力减退

很多上了年纪的人怕患高血压、糖尿病等慢性疾病，所以改吃素食，不过根据美国最新医学研究显示，长期吃素会因缺乏蛋白质及维生素 B_{12} 等营养素，导致记忆力减退、精神委靡、反应迟钝、疲劳等症状。

诱发心血管疾病

德国的一项最新研究表明，如果单纯食素，就会由于营养不均衡而增加患心血管疾病的风险。德国的研究人员对部分德国素食者进行了调查。结果显示，虽然这些素食者体内的胆固醇水平较低，但大部分人都表现出缺乏维生素 B_{12} 的症状，这使得血液中一种被称为“高半胱氨酸”的成分增加，这种物质会增加心血管疾病的患病风险。调查还发现，不食肉类可能会导致血液中高密度脂蛋白水平降低，从而对心血管健康不利。

古人曾经告诫我们，凡事要适可而止，“物极”则“必反”，任何事物都有“度”，有“量”的界限，食素和食肉一样，过多或过少都会对人的身体产生伤害，最好的办法就是荤素搭配，广泛地吸取人体所需的各种营养。做一个健康的女人，不仅要好身材，还要好气色，美丽女人的饮食就需要荤素搭配！

第 10 章

理财有方，积累财富从点滴开始

——理财细节使女人的财富增值

女性理财是新时尚，现在的投入与积累经验都将有益于女性的一生，理财能帮助女性累积财富。现代女性要积极地加入到汲取理财知识的行列，让自己的一生都处于"花样年华"，千万不要轻易让财富与你擦肩而过。

82 抓住每一个赚钱的机会

当机会呈现在眼前时，若能牢牢掌握，十之八九都可以获得成功而能克服偶发事件，并且替自己找寻机会的人，更可以百分之百的获得胜利。

现代生活的快节奏和压力，使许多女性皮肤粗糙、食欲剧增，整天都为减肥发愁，生活似乎过得平淡无味，在憧憬未来美好生活的同时，不免为现在的处境暗自神伤。然而，正是在你悲天悯人的时候，一个又一个赚钱的机会已经从你眼前溜走了。

财富对于人类有着难以抵抗的诱惑力，古训就讲“人为财死，鸟为食亡”，人类经常为了争夺财产而搞得家破人亡，由此，很多人就下定结论说“钱不是好东西”。可偏偏这个“不是好东西”的东西却在人的生活中起到了不可替代的作用，在这个繁华的世界中，真的到了“无钱寸步难行”的境地了。

既然钱如此重要，还是要努力赚钱才行。赚钱有很多方法，每个人都能够通过自己的途径创造属于自己的财富。然而作为年轻女性，怎样才能在寻找财富的道路上无往不利呢？来看这样一个故事：

从前有个渔夫，是出海打鱼的好手。这年春天，他听说市面上墨鱼的价格最高，于是便发誓：“这次出海只捕捞墨鱼。”但这一次鱼汛所遇到的全是螃蟹，他只能空手而归。回到岸上后，他才得知现在市面上螃蟹的价格最高。渔夫后悔不已，发誓下一次出海一定要只打螃蟹。

第二次出海，他把注意力全放到螃蟹上，可这一次遇到的却全是墨鱼。不用说，他又只能空手而归了。晚上，渔夫抱着饥饿难忍的肚皮，躺在床上十分懊悔。于是，他又发誓，下次出海，无论是遇到螃蟹，还是遇到墨鱼，他都要去捕捞。

第三次出海，渔夫严格按照自己的誓言去捕捞，可这一次墨鱼和螃蟹他都没见到，见到的只是一些马鲛鱼。于是，渔夫再一次空手而归……

渔夫没赶得上第四次出海，他在自己的誓言中饥寒交迫地死去。

当然这只是一个故事而已，如果一个人真的顽固到如此地步，那也真是无药可救了。也许很多人会嘲笑这个渔夫愚蠢,但现实生活中却有许多人比他有过之而无不及。做生意,讲究的就是“随机应变”,要紧紧地抓住任何一个机会。

有人说:“每人都有一个好运降临的时候,只看他能不能领受。但如果他不及时发现,或者顽固地抛开机遇,那就并非命运在作弄他,而是由于他自己的疏懒和荒唐,这样的人只能抱怨自己。”机会是一个没有耐心的家伙,它不愿意在任何地方停留,总是来匆匆,去匆匆,在你稍作犹豫的时刻,它就变身为泡沫,消失得无影无踪了。所以,每一个女人在自己年轻的时候,都要紧紧抓住每一次机会,即使你不能确信一定有成功的结果,也不妨试一试,失败总比错过要好得多,至少不会有遗憾。

魏芸本是福州一家工厂的普通职工,她在工厂工作时就发现,周围的企业众多,可是为企业职工服务的个体小吃店却很少,不能满足职工们的需求。许多人下班后肚子饿了却没地方就餐,只好忍饿回家。

细心的魏芸看准了这机会,借钱买了烘箱等制作面包、糕点所需的全部设备,在附近开设了一家“快乐”面包屋。她自己制作自己销售,依据顾客的需求数量来制作面包、糕点,充分保证食品的新鲜。

“快乐”面包屋一开张,马上就受到周围企业干部、职工的欢迎,生意十分红火。有不少企事业单位还前来预订面包,作为职工们的夜班点心。

一次,有三个英国商人到一家工厂参观访问后,散步走进了“快乐”面包屋,看见店里有西式面包卖,想买几个尝尝。魏芸自学过英文,这时终于有了用武之地,她迎上前去,连说带比画,和这三个英国人交谈起来。这三人十分高兴,买了几个面包来尝,一吃发现味道很好,高兴地竖起了大拇指。临走时,魏芸又送给他们一袋刚烘烤出来的新鲜面包。令她没有想到的是,这三位英国人中有一位平时颇喜欢写作,就把这次福州之行中遇到面包屋的事写了出来,发表在香港一个著名的经济刊物上。

这一来,“快乐”面包屋名声大振。许多人在读了这篇文章后,到福州时都慕名到“快乐”面包屋去,从而大大扩大了“快乐”面包屋的知名度和经营范围。

现在,魏芸的面包屋已成了当地知名的连锁店,她本人也成为身家百万的女老板。

的确,与其每天过颓废、暗淡的生活,不如看准时机、把握机会,该出手时就出手,拥有自己事业的女人才能主宰自己的命运。做生意就要抓住每一个机会，在竞争激烈的市场大潮中，能有一个机会着实不易，如果能像魏芸一样敢想敢干，并且不断跟随消费者的需求有所变化和创新，相信每一个女人都能取得如魏芸一般的成就。

女人的青春短暂，韶华易逝，在你有时间的时候就做好一切准备，做一个能够抓住机遇的聪明人。有人说“不要说天上不会掉馅饼，可能是你没有站对地方”，如果馅饼掉下来没有砸到你，而是落在你的旁边，难道你不会弯下腰捡起来吗？相信卡耐基说的：“当机会呈现在眼前时，若能牢牢掌握，十之八九都可以获得成功而能克服偶发事件，并且替自己找寻机会的人，更可以百分之百的获得胜利。”

83 有财力的女人更自信

只有拥有了自己的财富和事业，女人才能展现出足够的自信和优雅。

成为女明星是很多女性幼时的梦想。灿烂夺目的舞台，万人瞩目的风采，还有大笔的广告费、出场费，自由、富足的生活让每个人都会忌妒。现实生活中的女性，一旦过了二十五岁，似乎时光就变得飞快，一眨眼的工夫就年近三十岁了。回过头想一想，似乎在二十多年的光阴中，自己一直在为未来的美好生活奋斗，可是到了现在依然无一所成。有些女性成为人妻人母，属于自己的时间就更少了，既要操持家务，又要赚钱贴补家用，既苦了自己，也苍老了容颜。

相信韩剧每个女孩子都爱看，里面男女主角的凄美爱情暂且不谈，看看那些富家的太太，一个个外表光鲜，在别人面前也很风光，但是面对自己的丈夫情况时就大不一样了，总是小心翼翼的，生怕说错话被责怪。

人们都渴望得到富足、幸福的生活，然而这样依附于人，用压制自己尊严的方法换来舒适的生活，并不应该是现代女性的出路，人和人生来平等，社会也给予了我们这样的权利，作为女人，必须要真正地独立起来。有财力的女人才更自信，因为经济独立的女人，花的每一分钱都是属于自己的，无论怎样消费心情都是舒畅的，头都是高高昂起的。

美国的华裔作家林燕妮,在出了《遭遇美国》等畅销书后,创办了《美洲文汇周刊》,自己担任总裁,事业上可谓成功。美国有很多全职太太,她们的生活全部围绕着家庭,相对简单而压力少。她们的生活经常为国内的白领们称道,认为结婚的女人原本就该这样。没有了生活负担的陈燕妮,有没有想过这样简单的生活呢?

"没有,从来没有,"陈燕妮坚决地摇头,"我无法想象向别人伸手要生活费。我曾经因为工作的转换而在家待了几个月,那段时间太可怕了。除了老公以外,精神没有任何依托,整天在家无所事事。到后来看老公都有点儿小心翼翼的,现在想想挺可笑。美国的报刊竞争很激烈,我做的事情等于是在和美国的男人们抢饭碗,但我宁愿在社会上拼搏,争夺自己的天空,也不愿整天在家洗洗涮涮,开无聊聚会,等老公回家。"

陈燕妮怎么看待优雅的女人呢?

"我认为优雅的女人首先应该知道自己是谁,其次她应该是个成功的女人。试想一个身着高贵的晚礼服的女人,在宴会上可能做出各种优雅的姿态,可一转身,她却向身后的男人要生活费,你还会觉得她优雅吗?有了成功事业的女人,才会有充足的自信体现优雅。"

的确,只有拥有了自己的财富和事业,女人才能展现出足够的自信和优雅。伸手向别人要钱的女人,就算拥有美丽的外表,灵魂也是不完整的。一个女人的尊严和骄傲,不应该来自于别人的手里。俗话说"吃人的嘴软,拿人的手短",当你完全依靠一个男人时,首先从心理上就矮了一截。当男人对一个索求无度的女人感到厌倦时,这个女人唯有死死纠缠,因为一旦离开,她就无法生活。

女人应该是高贵的、自信的,即使离开男人,也可以随时转过身去潇洒地走自己的路。如果不想被男人左右,如果想按照自己的方式生活,女人就要开始学着转变自己对金钱的观念,学会理财,为了将来的幸福生活和独立的人格打下基础。

李娜和小云是大学的同班同学,而且是住上下铺的好姐妹。但是因为生活观念的不同,两个人的分歧越来越大。李娜喜欢文学和艺术,注重化妆打扮,是一群男生众星捧月的焦点,业余时间她不是参加学校里文艺社团的活动,就是外出看画展或写生;小云却爱读经济新闻和生活杂志,衣着打扮也规规矩矩,在李娜看来她显得拘谨而保守。渐渐的,小云成了李娜眼中的

"俗人",再也不屑于与之为伍。

毕业之后,两人各奔东西,很多年也没有再联系。

10 年后,一个偶然的机会,李娜遇到了小云。这时候李娜已换了好几次工作,如今正为下一个工作奔波。因为性格不合,前几年她就与丈夫离了婚,暂时寄居在姐姐家里,由于生活压力太大,她的皮肤变得粗糙,身材也开始发福,显得十分落魄。小云看起来却和当年没什么两样,容光焕发的使她反而比学生时代更为美丽。原来,她以逐年积累起来的工作经验,赢得了一家外资企业的青睐,如今年薪不菲,嫁给了一个相当有能力的律师,生活过得幸福、安逸。

有一些女孩就是这样,仗着年轻和美貌,根本不为将来考虑,有钱就花,没钱也要花,自己的大好青春绝对不能白白浪费。和李娜相比,小云虽然少了一些风花雪月的故事,但是她懂得为自己的将来计划,她深知,女人必须首先经济独立,才能做到人格独立。"吃青春饭"不是长久之计。

如今大多数女孩在领到工资的时候,不是拿出多余的钱为以后投资所用,而是直奔商场,看到喜欢的东西不管需不需要,一律放进口袋。她们从来没有给自己制订过目标,她们也没有考虑过一旦自己失业或已不再年轻时该如何度日。

聪明的女人不会依赖男人过上幸福的生活,充分运用自己的头脑赚取财富,使自己拥有完完全全属于自己的可观的财富的时候,才是女人真正解放的时候。

金钱对于女人的意义并非疯狂消费,也不是一堆冰冷的数字,而是一种能够自己掌控生命的工具。有了它,女人可以安心地购买自己喜欢的衣服,可以买大品牌的化妆品,可以做一切自己想做的事。女人们还在等待什么呢?用自己的双手赚取每一分钱并充分地去享受它们带给你的乐趣吧!

84 女人理财从记账开始

每个女人都想存一笔能够让自己随心支配的金钱,然而过惯了优越生活的现代女性,怎样才能不降低自己的生活水平而达到这一目标呢?不妨先从最基本的记账开始,逐步进入理财生活。

钱不是万能的,可是现实生活告诉我们:“没有钱也是万万不能的。”如果你不是拥有了自己的房子,如果你还过着租房的生活,那么,你每走一步、甚至每次呼吸都在消耗你微薄的工资。每个人都希望成为富有的人,追求金钱并不是一种错误,因为它与阳光、空气一样,存在于我们每个人的身边,是每个人都需要的。

对于现代社会的女人来说,男人给不了女人安全感,因为“男人有钱就变坏”;婚姻也给不了女人安全感,因为“离婚率”太高,并且许多离婚的夫妻都是因为没有钱或者有钱财上的纠纷;孩子同样不能带给女人安全感,“啃老族”太多,不听话的越来越多。当然以上这些并非绝对,或许你遇到的就是个好男人,你的孩子就是个好孩子。然而,你不能否认越来越多的女人在过着单身生活;大多数女人的收入比男人低,得到的退休金和社会保险又有限,这些理由,都使得女人不得不学会理财,因为女人都需要一些资本来“防身”。

理财专家说,想要改变财务方面的不良状况,必须要做的就是养成良好的理财习惯。理财不是一蹴而就、一天两天就可以完成的事情,它需要长时间的积累。并且理财不同于投资,它不能使你在很短的时间内发财,但是它可以帮助你省下每一分不该花出去的钱。

对于一般女性而言,要养成理财的习惯并不容易,从一种状态到另一种状态的转变需要一段时间的磨合,只要你有决心,一定可以让理财像每天呼吸、吃饭一样简单,因为它已经是生活中不可或缺的一部分,当你尝到理财的甜头之后,一定也会从中找到乐趣。

女性刚开始理财,可以从身边细小的事上开始,当然记账是必须要做的。记账的方式有很多种,喜欢手工记账的女性可以找一个小巧容易携带的小本子作为记账本:账本可以按自己的习惯和需要来分栏,但是一般分为收入、支出、结存三栏是最简单易行的方式。

其方法就是将收、支发生额以流水账的形式按照时间逐笔记载,月末结算,年度总结。这种记账方法容易操作,而且用小本子记账可以随身携带,随时花销随时记账,可以避免记账遗漏。此外,账本随身带,花销即将发生时,翻翻账本,就可根据当月发生消费额做出正确的消费选择。但是“三栏式”记账除了单一记录外，要坚持月末结算，定期书写记账日记，这样才能避免记账流于形式，在总结中掌握理财技巧。

如果你不喜欢手工记账，也可以使用“信封分类记账法”。具体操作就是，在每月拿到收入的时候，可以按照规划的花销预算将费用分装到多个信封里，包括“储蓄信封”和衣、食、住、行、娱乐费用信封，每次支出在每个信封上记下消费项目、时间和数额，单项费用超支就需要从“储蓄信封”中透支一定数额放到超支的信封中，如果当月没有动用储蓄信封里的钱并完成了各项开销，则记账成功。

当然，随着网络和科技的发展，软件记账和网络账本也已经普及起来，对于“懒人”来说，这些都是不错的选择。记账两个字说起来容易，但若要长久坚持下去，需要你为自己确定明确的目标和坚强的意志力。

一方面，记账并非是单纯的记录；另一方面来说，也是帮我们做一个消费计划。比如，工作第一年付房租，工作第二年购买电脑，第三年要贷款买房付首付款等，这些花费可以提前打算出来，做好预算，坚持下去，你就可以变被动记账为主动计划，对自己未来的资金有基本的掌控。

教你一招

对于一些自制能力差、懒惰的女性来说，最好为自己建立一个监督机制，叫上几个比较好的朋友一起理财，互相监督比拼，会比自己默默记账更有效果。如果还是效果不好，为了能积累一些资本，那么最好设立一个零存整取储蓄的账户，每个月工资到账之后，都存入一定数量的钱，来控制自己盲目消费。

85 从细节着手，改变你的消费习惯

大千世界诱惑太多，女人的天生好奇心强烈，所以很容易冲动消费，从点滴开始，改变自己的消费习惯，是学习理财的第一步……

佳佳今年26岁，大学毕业已经3年了，但是俏丽的打扮和大大的眼睛让她看起来比实际年龄小很多。她工作非常认真，只是虽然目前工作稳定，但

是薪水不多。每天挤公交车上班时就梦想着买辆自己的车,下班后最喜欢去逛街、泡吧、喝咖啡,梦想着有一天去夏威夷旅行,周围的朋友总听到她这样的抱怨:“唉,一个月的薪水才够买个包包,我的信用卡不知道什么时候才能还清欠款!”

周末在外面疯玩了一天,看着手里大包小包的战利品,心里正美的时候,房东先生敲响了房门:“小姐,你的房租什么时候才能给啊,再拖下去我们可要赶人了!”

每个月最快乐的事就是发薪水的那一天,每个月最痛苦的是收到信用卡账单,循环利息缴不完。你别以为她是败家女,其实她也想改进,只是刷卡时不知道要怎么控制而已。

像佳佳这样的女性在现代社会着实不少,她们不是没有理财头脑和观念,只是好像总有些东西在牵扯着她们,一看到喜欢的东西就心痒痒。该怎么办呢?

其实,许多人在工作初期都有这样的情况出现,一方面,因为脱离了向父母伸手要钱的状态,自己赚的钱可以自由支配,因此花钱不算计,想买什么就买什么,完全由着自己的性子来;另一方面,对于一些追求生活情调的女性来说,买东西讲究质量、品牌、心情,任何东西都去尝试一下,没有的东西都想要拥有,有了的要换更好的。在这样毫无节制的消费理念下,很容易出现财政赤字的情况,时间久了,也会养成花钱大手大脚的习惯。

如果你也是这样的女人,那么现在就要开始审视自己,着手改变自己恶性消费的坏习惯了。

要改变消费习惯首先要了解自己的消费倾向,那么每天记账无疑是一种充分了解自己的好方法。其次,要养成存钱的习惯,培养自己在储蓄方面的兴趣。小时候我们都喜欢往本子上面贴贴画,因为贴画上面有各种漂亮的图案,有歌星、影星、动画人物等,我们对他们感兴趣,所以我们喜欢收集,看着越贴越满的本子,心里那种满足感难以言语。存钱就像贴贴画一样,你可以找一个固定的地方每天向里面放一些钱,最初的时候可以从简单的每天几元、几十元入手,当然每笔钱都要有确切的记录,这样可以保证你养成每天记账的习惯。一个月之后把这些钱存入银行,积少成多。虽然这些只是小钱,但是养成的存钱习惯却是可以让你终身受益的。再者,如今很多人都是“信用卡债务”缠身,要怎样摆脱这个烦恼的纠缠呢?首先你要看一看最近有没有“奖金、外快、加薪”等工资之外的资金流入，如果有就直接用来还款，如果没有，那么就要从“节流”上入手了。

看一下你的账本，究竟在哪些方面开销比较大，把能省的都省下来。比如打车，你可能会发现，一个月的时间你打了 5 次车，其中 3 次是因为上班快要迟到，不得不打车，那么在下个月你每天早起 20 分钟，就完全可以避免这种花费的出现，如果每次打车花费 50 元，3 次就是 150 元，可以够你坐一个月的公交车了。

还有像吃饭，很多年轻女孩都不喜欢自己做饭，一日三餐都在外面解决，这样每天差不多要 50 元，一个月下来就是 1500 元，这还不要算上偶尔去和朋友、同事聚会吃大餐，如果你能够每天在家里吃早餐，每周带两三天的便当，一年下来，能省下很大一笔支出，这些钱用来还贷款或者储蓄都不错。

一些时尚杂志每本都要 20 元左右，如果每期都买，每个月都买好几本，一年也是几百元的支出。而且这些杂志一般看完就会随手丢掉了，是一种很大的浪费，你完全可以去图书馆看这些杂志，如果真的很喜欢想保存，可以等杂志过期了再买，一般这种过期杂志的价格比原价低很多。

生活中可以节约消费的地方很多，新商品上市时一般价钱都比较贵，如果你不是急需不妨等一等，省下来差价做更多的事不是更好？大多女人都喜欢凭感觉买东西，而且经常把一些没有实际用途的东西买回家，这种冲动性消费也是节流的重要环节，每个人要根据自己的特点进行控制。

消费习惯的培养是一个长期坚持的过程，也是对自己意志力的锻炼，如果你能够坚持下来，就会发现原来生活可以不用负债，原来生活可以如此开心，因为你的荷包鼓鼓的，不用再担心房租，不用为意外开支提心吊胆。有钱可以让女人更踏实！

教你一招

大千世界诱惑太多，女人又容易心软，所以很容易被电视购物和网络购物“忽悠”，电视上的东西都是被美化了的，大多和实物有很大出入，所以想买最好亲自去看一看实物，对于某些效果和性能也不能全信，广告都是夸自己的产品好，但是究竟效果如何，要多打听一下才知道。

网络购物虽然已经很普遍了，但是产品质量和色差等问题还是大量存在，尤其一些看似便宜的东西如果加上邮费可能和商场的价格差不了多少，并且商场可以自己看一看、摸一摸,还有质保,退换货也方便,所以如果你真的要网购,还是要仔细挑选一下,以免事后麻烦。

86 各个年龄阶段的理财细节

如果你也有自己的梦想,如果你不想过着整天为金钱奔波劳碌的生活,那么根据自己的实际情况来选择适合自己的理财方式,是你现在必须要做的事情。

穿时髦而有品位的服装,用顶级天然的护肤品,戴几克拉的钻石戒指,拎香奈儿的皮包,开宝马跑车,想去哪里去哪里,想吃什么随便吃,住高档社区、豪华别墅……很多女人向往能够过上这种奢华自由的日子,然而有几个女人真的能够享受到?不要说享受全部,即使把它降低到衣食无忧、节假日可以自由出游的标准,又有几个能够说"我可以过上这样的生活"的女人呢?

按照自己的想法生活,不是仅仅靠梦想就可以的,这一切必须要建立在充足的物质基础上。当然,这样说并非是宣扬拜金主义,追求财富和拜金还是有本质上的区别的。可以想象,当一个女人为了孩子的奶粉钱疲于奔命的时候,她还有多大的心力来追逐自己的梦想?当一个女人每次拿到工资都要考虑房贷什么时候能还完的时候,还有多少生活的乐趣能去享受?

是的,有了财富的支撑,女人才有自主选择生活的资格。新女性从不因为物质的满足而放弃对精神的追求,相反,物质基础使她更有实力构建自己的精神世界。

金钱不是女人的终极目标,因为世上没有那么笨的女人,只贪恋一大堆冰冷的数字。她们用金钱去培养美丽和风情。花金钱去请最好的美容师、用最好的化妆品,收藏钟爱的艺术品,支付芭蕾舞课和MBA的学费。用金钱去提升见识和品位;用金钱获得安全感;用金钱培养兴趣、丰富内心;用金钱节省时间和体力,获得更多方便;我们用金钱为失败付学费,因此得到更多的经验和阅历;用金钱去发掘自己的爱心,因为你真正拥有帮助别人的经济能力。

了解金钱对于人生的重要意义，在自己的头脑里树立起对金钱正面的、愉快的联想，是人赚钱的第一堂课。即便只是为了让自己生命里的内容更丰富，让自己活得更精彩，也有必要从今天开始就积极理财。只为简单的生存条件奔波劳碌是一生，创造自己的生活资本、尽情享受金钱全方位的回馈也是一生，只要调整好你的观念和行动，每个女人都有资格也有条件享受美好的生活。

如果你也有自己的梦想，如果你不想过着整天为金钱奔波劳碌的生活，那么制订适合自己的理财目标，是你现在必须要做的事情。当然，各个年龄阶段的女性，因为生活经历和社会角色的不同，应该根据自己的实际情况来选择适合自己的理财方式。

20 岁女人投资理财

20 岁的女人初入社会，对一切事物都充满了好奇心和新鲜感；20 岁的女人正值青春年华，满脑子想的都是怎样挥霍自己的青春，什么东西都想拥有，什么事情都想尝试；20 岁的女人抵挡不住诱惑，往往很快沦为“月光女神”。

20 岁，真的只是花钱的岁月吗？如果你不想在将来的生活中被别人落下，那么你必须未雨绸缪，早日为未来的生活打算。

20 岁的女人或许还没走出校门，或许刚刚参加工作，微薄的工作刚刚能够养活自己，哪里有闲钱拿去投资，又如何理财呢？其实不然，20 岁的女人，你们有着很多人无法再去拥有的资本，那就是年轻，年轻本身就是一种资本，而且越早投资收益越高。所以不要害怕“本金”少，即使每天只存 2 元钱也比不存或者负债要好。在理财初期，是一个习惯养成的阶段，每天利用几分钟的时间记录一下当天的花费，了解自己的消费倾向，并且开始控制自己，有计划地消费，培养自己投资理财的观念和眼光。如果你能比别人早迈出这一步，将来获得的财富就可能是别人的几倍、几十倍。

目前来看，最适合年轻女性投资的方式之一就是购买基金。如果钱不多，可以采用“定期定额”的方式来购买基金，每个月只需要几百元，不仅能获得专业证券理财所带来的高于银行和国债利息的分红，还能有效回避股市较大的风险。由于年轻女孩的风险承受能力较高，所以可将资金选择股票型或配置型基金，以追求较高的收益率。

30 岁女人规划理财

古人说“三十而立”，说的是一个人到了三十岁就应该成家立业、独立生存了,对于现代社会的女性来说,30 岁也是人生的一个分水岭。告别了年轻人的青涩疯狂,开始为家庭、未来做更深的打算。女人到了 30 岁,已经经历了几年的工作积累,经验和金钱都有了一些积淀,而且大多数女性已经步入了婚姻殿堂,有了自己的小家和爱情的结晶。

对于 30 岁的女性来说,做长期的投资理财是当务之急,不仅要让现在的日子过得更好,也要为老年生活做好保障。新婚的你可能在婚礼和购车购房上面用掉了几乎所有的存款,现在是过渡时期,需要重新积累资本。对于有宝宝的女性来说,为宝宝将来的开销做打算也是十分必要的。这个阶段,女性对于家庭来说是最重要的角色,一方面自己要努力工作,另一方面还要照顾孩子、照管家庭,对于家里的开销更是不能马虎和浪费。建议这样的女人大胆尝试投资中高收益的产品,同时可适当增加一些保本型的投资,如人民币理财产品,货币型、保本型基金等。同时,还要兼顾资金的流动性,以便应对随时可能出现的大笔支出。这一阶段,建议将高风险高收益产品的比例下降到 60%,如果短期内有大的开销,则需尽量减少风险投资。

孩子的教育费用将会是家庭中一笔庞大的开支,所以在孩子一两岁时,应利用定期定额的方式提前筹措教育经费,这样可以避免以后压力过大。教育基金的投资期一般为 15 年以上,每月投资具有成长价值的基金并长期持有,以后可轻松面对子女庞大的教育费用。另外,也可考虑为孩子购买儿童教育健康险。这种保险集投资、储蓄和保障为一体,不仅能为孩子积攒一笔丰厚的教育金,还能在保障期内得到十几种大病的保障,可谓一举两得。

对于女人自己来说,也要摆脱 20 多岁时那种花钱大手大脚、追求名牌的习惯,在保持自信、优雅的基础上,根据自己的情况适当调节在化妆品、护肤品、服装、首饰等消耗品上面的花费。当然这件事情的实现不一定以物品质量的下降为代价,你可以经常注意一些打折的消息,利用差价来省钱也是不错的选择。

40 岁女人保险理财

女人到了 40 岁,人生已经过去了一半,如果前两个阶段进行的比较好,那么现阶段就是开始享受人生的时刻了。

40 岁的女人还不老,40 岁的女人正处在工作的巅峰时期向退休时期的过渡,所以要开始审视自己退休后的生活资金是否充足,退休之后想过什么样的生活,医疗保险等是否齐全、合适等。保险方面的投入对于中年女性来说尤为重要，即使你没有太多的资本积累，为自己购买如重大疾病保险、医疗保险、住院补贴保险、寿险、养老保险等也是很有必要的，这关系着你晚年生活的质量问题，一般家庭保险的支出占家庭年收入的10%比较合适。

已步入中年，投资心态应更加谨慎，可以采取定期定额及单笔投资双轨进行的方式来积累退休基金，可选择平衡型基金或债券基金。前者属于进可攻、退可守的稳健基金，后者则属于本金有保障的保本基金。这一阶段，对股票的投资应逐渐减少，因为这时重新来过的机会已经不多了，不宜过于冒险。

女性理财已经并非新鲜话题，看一看你的身边是不是已经有很多人开始为自己的未来生活做打算了呢？如果你现在意识到了这一点，马上行动起来，也着手为自己幸福的人生理财吧！

87 精明女人巧用信用卡

信用卡已经成为了女人包包中的必备之物，看上喜欢的衣服、化妆品，只要轻轻一刷，便收归己有。可是你知道怎样才能让自己的信用卡发挥最大作用，而不被拉入负债的漩涡吗？

你是潮女吗？你用信用卡消费吗？你手中是否有多余的信用卡？

一张小小的卡片在我们的生活中占据了越来越重的位置，各种各样的卡在我们的生活中随处可见：坐车用公交一卡通，学生在学校吃饭、打水、进出图书馆用校园一卡通，各个商场、超市有会员卡、积分卡，不同店铺推出的优惠卡、贵宾卡……拿出鼓鼓的钱包，各种卡的数量几乎比钱要多得多，人们已经习惯了有卡的日子。

因此，信用卡成为很多年轻女性享受生活的新工具。"花明天的钱享受现在"已经是新一代年轻女性的生活理念。提前消费、刷卡透支、分期付款等消费形式的出现打开了女人们欲望的闸门，有些是一发不可收拾了。

刘薇是一名刚刚毕业的大学生，聪明、漂亮的她，和很多年轻女性一样，平常以购物为乐，衣服和化妆品总是买名牌。但是由于还没找到工作，父母又不能给自己太多零花钱,因此在物质欲望的驱使下,就选择了信用卡来应付庞大的支出,刷爆每一张卡成为她每个月固定的休闲活动。工作之后,虽然有了自己的收入,但是毫无节制的消费和刷卡的便利让刘薇不仅成为“月光女神”,信用卡内更是赤字连连。由于每个月只能还最低的应缴金额,在高额的循环利息下,刘薇竟然累积下了将近6万元的债务。

像刘薇这样提前消费、过度消费、冲动消费的女性在现今社会并不少见,虽然享受到了高于自己目前消费水平的生活,但是却为自己积累了要几年才能还清的债务以及巨大的心理压力和信用度降低等负面问题,那么这种行为到底值与不值,相信每个人都会有自己的判断。

信用卡如同其名,就是要你保持良好的信用记录,这样银行才愿意核发信用卡让你使用。而消费状况和还款记录都是银行评估信用的重要参考,你的消费状况和还款记录是银行评估信用等级的依据。如果你的信用记录良好,对于未来在向银行办理其他手续时,也会享有更好的待遇或优惠条件。

当然,无论是多大的欠款数目,通过自己的努力总是有还完的一天,但是一旦信用受损就会被记录在案,想要再度找回信用就没那么容易了。所以女性朋友们在使用信用卡的时候要在这方面给予更多的注意。下面在如何正确使用信用卡方面给予你一些小提示。

分期付款

现在各个银行发行的信用卡都设有免息分期付款这一优惠政策。这样,在一次性大额消费时,你便可以将这笔消费金额平均分成若干期数(月份)来进行偿还,而且不需支付任何额外利息。发卡银行还会根据你的资信情况,给你一定比例的透支额度。一旦你急需资金,无需提交任何担保物便可先用卡里的信用额度消费,这便让你的资金周转更加灵活。

需要强调的是,在消费前别忘了先查清楚自己卡中的可用余额和分期付款额度。如果过了免息期,要支付的利息,一般每天是所欠款额的5‰。如果担心忘了还款,可在申请信用卡的银行同时申请一张储蓄卡,同时与银行签订一个还款协议,在免息期的最后一天由银行自动从储蓄卡中扣款。这样既能保证信用卡继续正常使用,也不会影响到自己的信用度。

卡的数量

信用卡虽然方便,但是并非越多越好。表面上看来似乎卡的数量越多,你可利用的钱数越多,但仔细想想,不管你现在有多少可以利用的信用卡资金，将来还是要从自己的腰包里掏出来补上，你在透支的并非是银行的钱，而是自己将来的收入。信用卡多了，你花钱会更没有计划，也可能因为卡数太多而记不清哪张透支了，哪张已经还款了，就在你迷迷糊糊的时候信用度就可能被降低了，即使不是你有意为之，结果却是一样的。

一般情况下，2 张信用卡已经足够一个人的日常使用了，对于手头比较紧张的女性朋友来说，即使透支一张卡，也可以用另外一张卡里的钱来暂时保存良好的信用记录，这样既能保证你的生活质量，也没有无钱还款的烦恼了。

卡的使用

银行卡最好与身份证件分开存放，因为银行卡一旦与身份证一起丢失，冒领人就会凭卡和身份证到银行办理查询密码、转账等业务。另外，银行卡是依靠磁性来储存数据的，所以存放时应远离电视机、收音机等磁场及避免高温辐射；即使随身携带，也要与手机等有磁物品分开放置，携带多张银行卡时应放入有间隔层的钱包，以免损坏数据，影响使用。

目前许多单位都使用银行信用卡代发工资，许多人将工资提出后就认为反正卡上没钱了，所以就随便放置。其实，许多单位代发工资的银行卡是属于信用卡的范畴，办卡时已由单位做了担保，即使卡上没钱，按规定也能透支一定金额。按照这一规定，你完全能够让手中的信用卡发挥银行卡的作用，比如一时急需用钱也可以适当透支。但是，要注意及时补齐透支款项，以免支付较高的透支利息。

88 女人为自己准备存款

当大多数女人都在为没有存款而发愁时，你是否能成为少数有存款的"款姐"？适当控制不必要的开支，忍住乱花钱的冲动，为自己的将来准备一份保障，这才是聪明之举……

对于习惯了超前消费、享受生活的 80 后、90 后的年轻人来说，攒钱似乎是一件非常难办的事情，她们往往在前一个月已经把下个月的工资安排好用处了。年轻女性对生活物质的需求，使她们花钱大手大脚，"存款"这个词对她们来说简直是莫须有的概念。有时她们不是想刻意地去奢侈消费,可是日常的开销就足以让她们收支不平衡。

我们不能说某种价值观和消费观是错误的,既然存在就有存在的理由,但是在这个处处需要金钱的社会,没有一点存款,很难想象在遇到突发事件时要如何应对。尤其作为女性,面临的突发事件和困难要比男性更多,若自己没有一点存款,怎能行呢?

说到存款,很多人就想到省钱,说到省钱,就想到省吃俭用,降低生活质量,其实不然,只要适当控制不必要的开支,忍住乱花钱的冲动,你就可以为自己的将来买下一份保障。

有一个年轻的女孩,刚刚大学毕业,每月的工资2000元,但是从小培养的理财意识让她对自己的钱更有规划。她在每月开完工资以后,就到银行存1000元,剩下的1000元作为当月的生活花销,每个月只按这剩下的1000标准去生活消费,如果哪个月遇到特殊情况花销超支了,没到月底就把这1000元花完了,那么她宁愿去向亲戚朋友借钱来补贴也不会到银行去取钱,等到下月发了工资还是先存1000元,用剩下的钱去还给人家,剩余的部分再去作为生活花销,那这个月就要节省着花了,正所谓既然不"开源",就得想办法"节流"。她说:"钱有多少都能花出去,但想攒钱,如果赚不到更多的钱又没有外快,那就只能尽量去控制花销,虽然每月能开2000元,但先去存起来1000元,就当每月自己只开1000元的工资,就按这1000元的标准生活,没钱了也不能到银行去取,因为如果取了一次,第二次没钱了就还想去取,这样一来就没完没了,存钱的意义就没了。而没钱了就少花,实在不行就去借,借钱你就得还,而下月你要还钱,手上的钱少了,你就不得不去省了。"

对于一个初入社会的女性来说,这种生活方式未必科学,但是绝对可以减轻自己的生活压力,至少在你工作几个月之后,清楚地知道自己有一笔可以自由支配的存款。就像那个女孩子说的一样,钱有多少都能花完,不如节省一些,为将来做打算。

"钱不是万能的,但没有钱是万万不能的",每个人都懂得这个道理,每个人都想拥有更多的金钱,但是更多的人在享受生活和存款之中摇摆,最后不得不在不断的负债中喘息,这样的日子,是享受还是煎熬,答案显而易见了。

89 超前消费的女人易成为“负婆”

超前消费作为一种新的生活方式并非坏事，但是，若是你把握不好这个“度”，提前把将来十几年、二十几年的钱全部在现在消费掉，你将会成为名副其实的“负婆”……

28岁的白小姐已经工作5年了，她是个高级白领，月薪过万，但是由于工作忙碌至今单身。按说这样的条件和高工资应该过着衣食无忧的富足日子，可是白小姐却是个名副其实的“负婆”。

原来，白小姐虽然拿着高工资，却没有理财观念，常常是随意花钱，加上自己又注重精神生活，喜欢享受，每周至少要光临两次电影院，咖啡厅、酒吧也时常光顾，偶尔也和三五个闺中密友去商场购物，每次至少花上一两千元。几年下来，白小姐不仅没有存款，还因为前不久买了一套100多平方米的房子，向朋友和父母借了30多万首付款，成为“负婆”一族。自从买了房子，她的日子便开始变得拮据起来，衣服和化妆品也很少买了，咖啡厅、酒吧也有好几个月没去过了，经常下班回家自己做饭或者一包方便面就解决问题。现在她每个月要还银行6000多元的贷款，要给家里添置电器和装修，不得不把工资全部省下来存进银行。

有调查结果显示，在城市“负婆”的人群中，大半都是1980年以后出生的年轻人。他们作为“新新人类”，不用太多地照顾父母，大部分也无妻儿挂念；挣得不少，花得更多，超前消费便成了他们的生活理念。他们个性、时尚，消费观念更加超前，更知道如何享受。的确，社会的发展使我们的生活方式发生了很大变化，尤其是现在的年轻人，更是将几代人代代相传的勤俭节约、量入为出的消费观念彻底颠覆，开始大力提倡“花明天的钱，圆今天的梦”，在此超前消费的带动下，造就了一大批的“负婆”。

现代社会，数百万元一辆的跑车，几十万元一块的手表，上万元一套的时装，豪华的私人游艇、私人飞机……越来越多的奢侈品仿佛一下子出现在我们的视野里，成为我们津津乐道的话题，而且仿佛这些奢侈品已经是适应我们经济水平和消费水平的物质。富人们固然可以为此一掷千金,但若你目前还是负债消费一族的“主力军”,还没有进入富人阶层,便也想跃跃欲试,买豪宅,消费高档商品,享受高质量的生活,那就比较危险了。事实上,目前很多这样的人已经在生活中遇到了种种问题。

不可否认,超前消费作为一种新的生活方式并不是坏事,甚至是值得提倡的。但是,关键在于你要如何把握一个“度”,不仅要敢花钱,更要会花钱。

吴小姐今年27岁,月薪4000元,男友月薪5000元,两个人月收入加起来9000元,刚刚在市区买了一套房子,首付40万元,20年按揭,月供4000元。男友以前花钱大手大脚,没有计划,一个月的工资请客吃饭、泡吧、唱卡拉OK,一口气挥霍后就没了。买了房子后,两人身上像是背了一座大山一样。吴小姐为了改掉男友花钱没计划的坏习惯,还独揽了家里的财政大权。为了省钱,她规定没有特殊情况不能出去吃饭,即使有朋友来聚会,吴小姐也尽量安排在家里做饭。对于每月账目的安排她也做得井井有条,该买的东西买,不该买的东西坚决不提前买。一年下来,他们除了还房贷和生活费,每个月竟还能有2000多元的节余。近期,吴小姐与男友商量,打算再供辆车。

一般来说,没有钱或挣钱少,人的消费的欲望就会下降,因此,控制消费欲望是有计划花钱的第一步。一般来说,像吴小姐一样对每月的收入与支出情况进行记录和“监控”,并且做到“专款专用”,就能防止不必要的消费支出,避免自己成为“负婆”。

拒绝购物癖好

女人都喜欢逛商场,这是女人的天性,无可厚非。但是,有些女人的购物欲望太强烈,甚至养成了“难以割舍”的购物习惯。她们会为自己找各种借口,高兴去买东西,不高兴也去买东西,有事去买东西,没事还去买东西,到了“购物成癖”的地步。这种习惯是同“量入为出”的原则相悖的,必须改掉。要知道,你少花一元钱就相当于多挣到一元钱,而少花一元钱要比挣到一元钱容易得多。记住,没有购物习惯就等于拥有一份收入。

养成有计划消费的习惯

计划消费是克制冲动消费、实现理性消费的一种有效方法。改掉没有计划花钱的坏习惯,有助于你积累财富,告别“负翁”、“负婆”生活。

尽量避免群体消费

想逛街的话，最好一个人去，因为人多的时候花钱会更厉害。如果你想出去买一件衣服，若是与同事、朋友一起去，很可能就会多买上好几件。而这些衣服未必是你现在最需要的，等于超出了你的预计范围。而且，和朋友们一起出去，吃饭、喝咖啡、看电影等这些行为有时也是人际交往，花的钱都不在少数。

避免过度刷卡消费

信用卡最大的问题在于使人在花钱时无感觉，很多人可能有这种体会，觉得刷卡消费时不是在花自己的钱，不知不觉中就花掉了很多钱，但是这些钱都是必须要还的，这就造成了不必要的浪费。很多时候，信用卡的简便往往都掩饰了过度消费的事实。因此，你最好养成量入为出的习惯，慎重使用信用卡，尽量改成现金消费。

90 适度购买奢侈品的理财妙招

人们总是一厢情愿地以为，只有开源节流，只有精打细算，只有不浪费金钱，才是理财之道，但是你想过吗，有时候奢侈品投资也能成为一种理财手段……

对大多数人来说，购买奢侈品和理财联系不上，在一般人眼里，似乎只有节俭才是理财之道，如果能一分钱掰成两半花，那才是理财高手，的确，这种方式是开源节流、节省开支的好方法，但是有时候，奢侈品的投资也能成为一种理财手段。

现代社会的开放，使人们可以接触到世界各国的品牌和高档物品，尤其作为女人，名牌包包和饰品似乎成了永久追求和谈论的话题。如果说单身女人还可以自由地购买一些自己喜欢的奢侈品，而一旦成家立业了，就不敢再花那样的“冤枉钱”了，到底奢侈品该不该买呢？来看看这个故事吧。

一对新婚夫妇在去法国蜜月的时候，妻子私下里购买了一个价格不菲的名牌包包作为纪念，没想到丈夫知道了有点不高兴，为妻子浪费了那么多钱而感到心中不快,而实际上妻子从这里买的包包要比在国内买省下了近一万元人民币。大多数人在面对名牌和奢侈品时都和这位丈夫的感受一样,既然款式和其他都类似,为什么非要名牌呢?难道一个牌子真的那么重要吗?当然这位丈夫并没有过多地责备妻子,只是心里还是有解不开的疙瘩。

回国之后,丈夫请自己的朋友吃饭,并说出了自己心中的不快,朋友听后开导他说:"没关系,将来你们真缺钱了,还可以将这包包转手,卖个好价钱。要是一个几百块钱的包包,到时候分文不值。"这位丈夫从此好像突然开了窍,明白了奢侈品的真正价值。

如果沿着这样的思路继续思考下去,我们可以让自己的思想豁然开朗。譬如说一个玻璃杯,普通的可能只要几元,而一个一次性纸杯不过1角钱而已,可是为什么大多数人在家里都用玻璃杯而不用纸杯呢?很简单,是因为纸杯是一次性的,一次1角钱,一百次就10元了,如果再多些次数,显然比玻璃杯要贵许多。但是按照这个道理,很多人愿意花几元钱买一个普通玻璃杯,而很少人愿意花几十元或者几百元去买一个品牌的玻璃杯。因为在同样是玻璃杯的情况下,大多数人认为没必要去买一个使用价值相同而价格更高的杯子。表面看来这种想法是没错的,但是你有没有想过,一个品牌的杯子可以有收藏价值,而普通杯子没有,并且在使用品牌的杯子时,你会有一种油然而生的优越感和美的享受,这些都是普通玻璃杯所不能给你的。

简单而言,品牌或者奢侈品既然贵,就有它贵的价值所在,如果你能够充分利用它的价值,也能够为你节省不少开支呢。

比如孩子的书包,现在孩子的书包都是沉甸甸的,普通的书包可能只要几十元,但是也许背一个学期就会坏掉,而一个品牌的书包可能要上百元,但是在孩子用了几年以后,它仍然可以继续使用,加上它本身的品牌价值,哪个更划算,哪个更省钱,就显而易见了。

购买名牌和奢侈品并非简单的多花钱,也需要你多动脑思考,怎样才是真正的保值,这其中的诸多学问,还要自己平时多积累、多学习。

第 11 章

得体谈吐，语言的魅力历久弥新

——说话细节让女人脱颖而出

人与人交往，语言是最重要的交流工具，对人际关系的影响也是最大的，而女人的言语除此之外还有着另一番魅力，会说话的女人，三言两语就能把事办成，不会说话的，纵是使出全身力气也很难办成一件事。女人口中的话语是一种艺术，每个字、每句话都有它独特的吸引力，学会灵活运用说话的技巧，最大化地体现女人的魅力，并非一朝一夕、三言两语就可以做到的，它需要从细节着手，掌握交流对象的性格、心理和喜好……

91 女人把感谢的话大声说出来

一句“谢谢”，虽然只有短短的两个字，其蕴含的意义却是深远的。

在你遇到困难的时候，别人帮助你，说明他看得起你，把你放在心上了，不管这个忙是大是小，心意都是一样的。一般面对别人的举手之劳，我们都会立刻表达自己的谢意，如“谢谢你”、“太感谢你了”等，这是非常得体和有礼貌的做法；然而有些女性并非如此，她们腼腆局促，与人接触时总感觉浑身不舒服，面对别人的帮助，虽然心里感激，可是感谢的话却说不出来；也有些人，认为不过是帮了自己小忙，我们这么熟了，还说什么谢啊，以后有机会请他吃个饭得了，不想一拖再拖，吃饭的事也就没了着落。

有这样一个小笑话：六岁的毛毛手里拿着一支棒棒糖兴冲冲地跑来，对爸爸说：“小李叔叔给我买的。”爸爸说：“你说‘谢谢’了吗？”毛毛说：“没有呀。”爸爸说：“真没礼貌，快去对小李叔叔说声‘谢谢’。”过了不久，毛毛回来了。爸爸问：“谢过了吗？”毛毛回答说：“谢了，但已经没用了。”“为什么？”“小李叔叔说‘不用谢’。”

虽然这只是一个小笑话，却给我们敲响了警钟，感谢的话说得不及时，以后就没有用了。在人际交往中，很多人扮演着毛毛这个角色，他们有的是因为的确“不会”说“谢谢”，而有的则是认为不需要说“谢谢”，不论如何，这两种人都是欠缺人际交往能力的，要在认识到自己错误的前提下，积极改正并锻炼自己的语言能力。

女人都有三两密友，平时说话，做事都是亲密惯了，对方的东西拿来就用，别人帮了自己也认为是理所应当，谁让我们关系好呢？实际上并不是这样，任何人对你的帮助都不是义务，也不是理所应当的事情，反而在别人帮助你之后，及时地表达自己的谢意，才是有礼貌、尊重人的行为。

一句“谢谢”，虽然只有短短的两个字，其蕴含的意义却是深远的。

首先,通过这两个字你向对方表达出了自己的感情。每个人在接受别人的帮助和善意的言辞之后都会产生一种感激之情,“谢谢”两个字刚好把你的感激传达给对方,这种自然感情的流露是最真诚的。

其次,一句感谢的话还能够强化双方之间的好感度。人脉资源学认为,人脉交往是一个互动过程,一方的善意行为必然引起另一方的“谢意”,例如感谢。而这种“谢意”又将进一步使对方产生好感,并发出新的善意行为。这样,就使双方的关系进一步达到融洽。

再者,感谢的话还可以对双方的距离感进行调适。生疏者通过“谢意”可以拉近彼此的距离,使双方有“站在同一条船上”的亲密感。当然,若是你想与对方拉开距离,“谢谢”两个字也是可以帮大忙的,比如别人在对你进行讨好时,你可以说声“谢谢”,然后转身离开,既不会伤和气,也能够表明自己不想与之为伍的意思。所以说“谢谢”两个字真是不可小视啊。

当然,及时说出感谢的话是一个人有道德、懂礼貌的表现,而且,及时道谢也能够满足对方的心理需求。你的一句“谢谢”是对别人的感激,同样也是鼓励,如果每个人做好事都得不到别人的肯定,也许以后做好事的人会越来越少了。

人似乎年纪越大,就越羞于表达自己的感情,不管是对亲人、朋友,还是对爱人。感谢的话要及时说,在别人帮助你之后表达情感要比平常更容易,更能促进双方的感情。当然,对不同的人要说不同的感谢话。每个人要根据自己身份的不同来调整,比如对待长者给予的意见,我们可以说:“谢谢您,您的话使我茅塞顿开,让我想通了很多事情……”这样的话一来表现了对老人的尊敬,二来肯定了老人的生活经验和意见,让对方有一种满足感并且对你有一定的认可。如果是对待自己心爱的恋人或者爱人,你可以说:“谢谢老公,我就知道你是最疼我的,我的老公最棒了……”这样既有感谢,又有鼓励,还蕴含了自己对爱人的爱慕,可以说这是促进感情的最佳方式。当然,如果对待同性朋友或者闺密,你可以用比较轻松的方式来表达谢意,如“多亏你帮我想着呢,否则我就出大错了”等,既显示了你们之间亲密无间的关系,也表达了对方给你的帮助和你的感激之情。

总而言之,“谢谢”两个字说起来虽然容易,但是真正在表达谢意的时候,还是要因事因时因人而异,最重要的是感谢的话不要留到明天再说,及时表达才有作用。

92 机灵女人会说甜言蜜语

赞美就像蜜糖，让人久吃不厌。

为什么有些人说话你喜欢听，怎么听都不厌烦；而有些人刚一张口就让你反感，恨不能赶快逃脱？所以，说话时要做到言之有物，不惹人厌烦，这是基本礼仪。作为女人，学习说话的方法，能为你的魅力增色不少。

用赞美之词赢得他人的欢心

人人都渴望被别人赞美，这是一种非常普遍的心理，通过别人的夸奖和称赞，人们会有一种满足感和自我价值得到认可的自豪感。事实证明，赞美之词不仅可以拉近对话双方的关系，甚至可以愈合人的心理创伤。有时候，一句赞美的话可以让心情暗淡的人重拾生活的信心。

凯苏拉多年来从事心理咨询工作，曾经帮助许多失意者改变了自己，走上成功的道路；她还帮助一些聋哑儿童学会开口说话，改变了很多人的命运。有人问："你帮助他们改变命运，最重要的是靠什么？"凯苏拉不假思索地说："我使用的这种方法有一种魔力。我用这种方法能够帮助哑巴讲出话来，帮助灰心失望者露出笑容，帮助婚恋上受到挫折和不幸的人获得幸福……这种力量是我们所知道的最有效果的，这就是诚恳的鼓励和赞扬的力量。"

赞美与奉承不同

有人认为，赞美一个人就是要奉承他，要对他溜须拍马、笑脸逢迎，其实不然。赞美是站在自己的角度去欣赏别人的好，你的赞美之词应该是发自内心地对别人的佩服和尊敬；而并非是要把狗尾巴草说成玫瑰花，把小猫说成老虎。赞美之言一定要是真诚的，比如同事穿了一件新衣服，你可以赞美她年轻有活力；但是如果她本身比较胖，你却偏要说："也就你这身材能穿这衣服。"或许你本是好意，说这衣服合她身，说她能把衣服撑起来，但是人家自己听着就不怎么舒服了。所以说，同样是赞美，也要考虑到语言表达的艺术和遣词造句的选择。

不过,赞美别人虽然可以拉近你们之间的距离,但是也不能毫无顾忌地随便用。偶尔对他人的一句赞美,让人觉得你是发自内心的、真诚的,但是如果天天挂在嘴边,别人的耳朵会起茧子不说,也有忌妒人家的嫌疑,因此无论多么中听的话也不能反复地说。

一句赞美可以带来幸福

电视剧中经常会出现这样的情节:男人失业了,他原本打算年底之前和女友一起买房子,春节的时候拜访彼此的父母,然后就结婚,现在看来这个计划要推后了,他心里很难过。男人的自尊心很强,他不好意思和女友开口说这件事,但是女友还是知道了。

让男人没想到的是,女友并没有过多的安慰,更没有责备他,只是拍了拍他的肩膀,微笑着说:"我相信你一定行,你是那么优秀,那么出色,我爱上你,正是因为你的才华和自信,我相信你,你会很快找到工作的,而且比以前那个更好!"就是这么简单的一句话,却给了男人无限的动力。他集中全部精力投入到找新工作中,果然不久,男人找到了一份新工作,而且这份工作无论是从待遇上还是工作内容本身来说,都比以前的好很多。

有时候,女人对男人的一句赞美,比亲自去付出去做很多事情要对男人更有帮助。男人面对竞争、面对压力疲惫不堪,心中的骄傲和自信可能已经被消磨得几乎殆尽,此时此刻,正是女人的一个微笑,一句赞美,帮他重拾信心,重新鼓起继续打拼的勇气。

赞美的语言不需要太多,或许只是一句话就能改变一个人,只是一句话,就可以让你重新找到幸福!

别忘记赞美自己

中国人的传统观念是女人要矜持、内敛,不能过分张扬,更不能"老王卖瓜,自卖自夸"。事实上,"自卖自夸"并没什么不好,如果你不赞赏自己的东西,别人怎么知道它好呢?电视上每天不停滚动播出的广告,不就是在做着"自夸"的事情吗?而且广告做得越大、越精致华丽,证明产品的品位越高、质量越好,事实是否如此我们暂且不究,反正就表面看来的确是那样的。

作为女人,你不打扮自己,谁知道你美丽?你不张扬自己,谁知道你的个性?你不赞美自己,谁会知道你的优点?很多时候就是这样,一个性格外向的女子,很容易给人留下好印象,即使她会偶尔犯错误,别人也会以宽容的眼光来看待。况且，如果你经常赞美自己，你潜意识中也会向好的方面去努力，一旦养成习惯，它就真的成为你的优点了。

赞美就像蜜糖，让人久吃不厌。赞美自己，肯定自己，生活才会美丽，当赞美成为一种习惯，很多难题便不再是问题，多尝试着用积极的目光看待别人，多发现别人的闪光之处，让自己拥有一份乐观向上的心情，让魅力永远伴随你的左右。

教你一招

不少女性朋友都很矜持，不好意思直接对别人说出赞美或者夸奖的话，因此你可以采用“借他人之口来赞美”的方式。比如，“我听说领导今天又夸你了”、“怪不得别人都说你聪明呢，今天我可相信了”、“我听朋友说过你的事，你真勇敢啊”、“小蓝说你人特好，她特喜欢你，呵呵，我也是”等。这样借别人的口说出了你想表达的意思，效果有时候比自己直接表达会更好、可信度和真诚度更高呢。

93 女人的“刀子嘴”容易坏事

“刀子嘴，豆腐心”的女人，本质上虽然是好的，却难免让自己经常处于遭人白眼的位置，既伤人也不利己。

有时候形容女人会用“刀子嘴，豆腐心”来比喻，这说明嘴巴虽然是用来说话的，但是却能够产生刀子的效果，会伤人于无形中。“刀子嘴，豆腐心”的女人，本质上虽然是好的，却难免让自己经常处于遭人白眼的位置，既伤人也不利己。

在我们的周围，有熟识的亲戚、朋友，也有擦肩而过的陌路人。做人也就免不了要与人交往，有时彼此性格与认识不同，就会产生摩擦。此时，你是“退一步海阔天空”，还是“得理不饶人”，非要在嘴上分出个胜负？有些女人爱显摆，非要在别人面前表现出自己的长处，而往往她们在表现自己的时候会无意中伤害了别人。

菲儿和菁菁是一对形影不离的好朋友，两人私底下无话不谈。在一次同学聚会上，菲儿一时兴起，嘴上便少个把门，笑着对大家讲了菁菁暗恋班上某男生的事，而那位男生已经有了女朋友，当时也都在场，一时间，弄得菁菁很尴尬，下不了台，气得哭着跑开了。

像菲儿这样一时兴起便“口不择言”或者明明知道说出来不好，为了显示自己知道的比别人多、消息比别人灵通便不吐不快的女人，总是管不住自己的嘴巴，在给别人带来痛苦的同时，也破坏了友谊，给自己的心灵埋下阴影。

我们在与人交谈和交往中，应当尊重人，讲究语言美，而不是自以为是、出言不逊，要以诚待人，与人为善，不要打听或干涉别人的隐私，评论他人的是是非非，不要无事生非、捕风捉影，也不要东家长李家短，说话要有事实根据，不能听风就是雨，左右摇摆。所以，在日常的社交活动中，每说一句话之前，都要考虑一下你要说的话是否合适，不要口无遮拦，想说什么就说什么。人生的经验告诉我们，一定要管住自己的嘴巴，否则很容易祸从口出。

说话虽然简单，但是要做到说话中听、不让人反感，是需要很多技巧的。一个受人喜欢的人，别人夸奖他时往往说这个人“会说话”。可见，“会说话”不仅是一个人的优点，还是对一个人为人处世方法的褒奖。你脱口而出的一句话，虽然短短几个字，在别人听来却可能暗含他意，尤其是女性之间说话，更容易产生不明的误解。一方面因为女人本身就敏感多疑，另一方面“话中有话”是很多女人喜欢使用的把戏，这样与人交谈，未免太累了。

景女士每年都会受邀参加某单位的论文评审工作，这个工作在当地非常具有荣誉感，很多人想参加却找不到门路，多数人只参加一两次，就再也没有机会了。景女士年年有此“殊荣”，让大家都羡慕不已。

景女士在将要退休时，有人问她其中的奥秘，景女士微笑着说出了奥妙所在，她说，自己的专业眼光并不是关键，本身的职位也不重要，她之所以能年年被邀请，是因为她很会给别人“面子”。

景女士在公开的评审会议上总是把握一个原则——多称赞，少批评。但会议结束之后，她会找来论文的作者，私下再告诉作者论文的缺点。

虽然论文有先后名次，但每位作者都保住了面子。也正是因为景女士顾虑到了别人的面子，承办该项业务的人员和各个论文的作者，都很尊敬与喜欢她，当然也就每年找她来当评审了。

在大庭广众之下给别人留面子，对于景女士来说，只是多说几句好话、少说几句话坏的简单事情，但是这个细节虽然小，起到的作用却不一般。

每个人都想掩饰自己的缺点、发扬自己的优点,女人更是如此。女人应该是最了解女人的,何不在语言上多加修饰一番,在话没说出口之前稍微停顿一下,自己先好好想想,设身处地地为别人着想,你也会成为像景女士那样受人欢迎和尊敬的人。

94 把幽默的话用得恰到好处

幽默是一切智慧的光芒,照耀着古今哲人,凡是幽默的人,都是聪敏的人。

女人是世界的半边天,女性的魅力是有目共睹的,身为女人,不仅应该懂得享受生活的乐趣,同时,还要学会制造一些乐趣。在家里,在单位,甚至是在拥挤的菜市场,随时随地为自己制造好心情,给周围的人带去欢乐。这样的女人即使没有美丽的外表,也会生活得无比幸福。

幽默是一种态度,即使生气也可以快乐

一个年轻的女人推着一部婴儿车,在拥挤的人行道上匆匆走着。车里面坐着一个看似刚满周岁的小孩,正在大吵大闹,挥舞着双手,放声大哭。

初为人母的女人急得满脸通红,汗流浃背,不知所措。她一边推着车子,一边不停地说道:“宝宝,不要发脾气,马上就到家了,千万不要生气,顶多再过五分钟就到家了,忍耐、忍耐,拜托忍耐一下哦!”

路人纷纷停下来,看着这温馨的一幕。有一个中年妇女走向前,对这位年轻的妈妈说:“你真是一位伟大的妈妈,我从没见过像你这么年轻,还能这么有耐心哄小孩的妈妈。”

“你是说我?”

“是啊! 一般年轻的妈妈,只要小孩哭闹不休,都会跟着发脾气。”

“这位太太你弄错了,我不是在哄孩子;宝宝是我的小名,我在哄我自己,免得自己受不了。”

看了这个故事,给人一种恍然大悟的感觉,原来脾气可以这样发,原来生气也可以这样幽默。幽默是一切智慧的光芒,照耀着古今哲人,凡是幽默的人,都是聪敏的人。他们会用幽默的手段解决一切困难和问题,把每件事情安排得从容不迫、恰到好处。懂得幽默的人是会享受生活的人,他们总是在欢声笑语中化解尴尬,保全自己,他们是真正懂得生活的人。

幽默是一种智慧,可以帮你化解窘境

在一次宴会上,一位肥胖的夫人坐在身材瘦小的萧伯纳旁边,带着妖媚的笑容问道:"亲爱的大作家,你知道防止肥胖有什么办法吗?"萧伯纳郑重其事地对她说:"我知道有一个办法,但是我怎么想也无法把这个词翻译给你听,因为'干活'这个词对你来说是句外国话呀!"

萧伯纳没有当面指责那位夫人的无理和错误,而是用他含蓄委婉、柔中带刚的批评方式教育那位夫人,效果极强。在日常生活中,女性不妨效仿一下萧伯纳,在你陷入僵局、左右为难的时候,找个幽默的借口推搪一下,不仅可以马上化解尴尬,还可以为自己赢得欢乐的掌声。

夸张是女人最擅用的幽默手段

女性要学会运用幽默,擅长使用幽默的女人必然是有高雅、有内涵、有智慧的。生活中我们也经常会听到女性这样说:"哎呀,疼死啦","这件衣服贵死啦","太漂亮了,简直没治了"等,这些话中的"死"、"没治"都是夸张的用法,用夸张的幽默方式,会使人变得爽朗,不再斤斤计较,从而可以有效地训练自己细微的观察力,找到生活中值得发现和突显的问题。幽默,是一种高雅的艺术,只有在聪明人手中才能发挥出愉悦的效果;幽默,不是简单地逗别人笑,而是在危急关头悄悄地救自己于水火之中的法宝;幽默的好处数不胜数。

自嘲,可以化解矛盾

有一个非常幽默的人,某一天与另外一个人争吵起来。对方说:"你怎么不讲理呢?""我本来就没理,还怎么跟你讲理?"一场战争在他幽默的自嘲中顿时和解。这种自我解嘲的方式,其实是变相地承认自己的错误,不仅幽默,而且能拉近双方的距离,使自己和别人很快打成一片。这种方法与把自己的快乐建筑在别人的痛苦之上的人是完全相反的。

幽默就像是生活的润滑剂,在你遇到矛盾、遇到不安时滴上两滴,立刻就可以让气氛愉快起来。懂得幽默的女人有宽宏的度量,她们用智慧来对待对方,而不是恶语相向;懂得幽默的女人从骨子里透出聪明和高贵,她们创造笑声、抵制不快;幽默是一种艺术,是一种乐观积极的处世方式和豁达的人生态度。

有句话说得好："幽默，不是让你笑，而是让你快乐！"幽默是一种优美的、健康的品质，幽默是一种修养、一门知识，让生活中多一些幽默，少几分悲伤，让微笑永远挂在每个女人的脸庞。

95 开玩笑也要注意分寸

每个人都有所长，亦有所短，待人处世的成功，一个很重要的因素就是善于发现对方身上的优点，夸奖对方的长处，而不要抓住别人的隐私、痛处和缺点大做文章。

俗话说"打人不打脸，揭人不揭短"，然而很多女人在说话的时候很容易忽略这一点。无论是同性朋友之间的闲聊，还是恋人之间的争吵，有些女人倚仗自己口齿伶俐，能言善辩，往往很多话不假思索就说了出来。也有的女人，本来心肠很好，很善良，就是嘴上不服软，任何事都要争个长短，朋友得罪光了不说，亲人都受不了她了。

是的，每个人都有自己的短处和隐私，任何人都不能仗着自己和他是好朋友，就肆无忌惮地评论，更不能在众人面前揭人伤疤。如果遇上像朱元璋这般的人，你的口无遮拦和只求自己痛快的说话方式可能会把你送上断头台。

明太祖朱元璋出身贫寒，做了皇帝后自然少不了有昔日的穷哥们儿到京城找他。这些人本以为朱元璋会念在昔日共同受罪的情分上，给他们封个一官半职，谁知朱元璋最忌讳别人揭他的老底，认为那样会有损自己的威信，因此对来访者大都拒而不见。

有位朱元璋儿时一块光屁股长大的好友，千里迢迢地从老家凤阳赶到南京，几经周折总算进了皇宫。一见面，这位老兄便当着文武百官大叫大嚷起来："哎呀，朱老四，你当了皇帝可真威风呀！还认得我吗？当年咱俩可是一块儿光着屁股玩耍，你干了坏事总是让我替你挨打。记得有一次咱俩一块偷豆子吃，背着大人用破瓦罐煮，豆还没煮熟你就先抢起来，结果把瓦罐都打烂了，豆子撒了一地。你吃得太急，豆子卡在嗓子眼儿，还是我帮你弄出来的。怎么,不记得啦!”

这位老兄还在那喋喋不休地唠叨个没完,宝座上的朱元璋再也坐不住了,心想此人太不知趣,居然当着文武百官的面揭我的短处,让我这个当皇帝的脸往哪儿搁。盛怒之下,朱元璋下令把这个穷哥们儿杀了。

虽然现代社会,不会因为一两句不好听的话引来杀身之祸,但是如果像上面那位老兄一样专拣别人不爱听的说,早晚会使自己陷入困境的。这样的人,说话不经思考,想到什么就说什么,也不管对方是朋友还是恋人,是长辈还是亲友,总之自己先痛快了再说,这就是典型的“把自己的快乐建立在别人的痛苦之上”的人。

在待人处事中,场面话谁都会说,但并不是谁都能说好,一句不经心的话就可能触到对方的隐私或伤痛。女性朋友在朋友聚会或是与人交往时,一定要注意语言的艺术,首先对别人要有起码的尊重,不要去评论和传播别人的是非。捕风捉影、东家长李家短是有些女人最喜欢做的事情,可是这种女人也是大家讨厌的女人,无事生非、逞口舌之快不仅有损自己的形象,也会阻碍自己的发展和人际关系。所以女性朋友一定要管好自己的嘴,以免祸从口出。

在春秋时期,越国有一个人大摆筵席,宴请宾客。时近中午,还有几个人未到。他自言自语地说:“该来的怎么还不来?”

听到这话,有些客人心想:该来的还不来,那么我是不该来了?于是找个借口起身告辞而去。

这个人很后悔自己说错了话,连忙解释说:“不该走的怎么走了?”

其他客人心想:不该走的走了,看来我是该走的!于是也纷纷起身告辞而去,最后只剩下一位多年的好友。好友责怪他说:“你看你,真不会说话,把客人都气走了。”

那人辩解说:“我说的不是他们。”

好友一听这话,顿时心头火起:不是他们!那只能是我了!于是长叹了一口气,也走了。

这个人说话简直颠三倒四,自己请客吃饭,却连一句话都表述不清,最后连最好的朋友都离开了自己。在日常交往中,与人谈话本来是很愉快的事,但是如果在特殊的环境中说一些含糊不清的话,就很容易被人误解,这样的结果适得其反,还不如不说好。

有些女性经常喜欢说这样的话:“笨蛋,一点小事都做不好!”、“还愣着干吗?没长眼睛吗?”、“你这身行头从哪儿捡来的啊?”等,这样的语言明显带有责备和嘲讽的口气,对方听了会感到非常不舒服。或许你认为自己只是无心之举,习惯这样说话,所以话就从嘴中出来了,但是这样的习惯害人害己,还是赶快改正吧!

同样是说话,刘青辞客的方法就很委婉,非常值得学习。

有一回,刘青家里来了一位客人,坐在客厅里一直聊,很长时间都没有离去的意思。

刘青还有其他事要做,屡次暗示客人,但那客人却“执迷不悟”。无奈之下,刘青心生一计,对他说:“我家的月季开得正旺,我们到园子里去看看吧?”

客人欣然而起,于是刘青陪他到花园里去赏花。

看完后,刘青趁机说:“还去坐坐吗?”

这时,客人看看天色,恍然大悟,连忙说道:“不了不了,我该回家了,不然会错过末班车的。”

刘青这种说话方式,就是既照顾了他人的感受,又达到了自己的目的,是很聪明的做法。如果刘青在屡次暗示客人失败之后,就口无遮拦地向客人下逐客令,肯定会使客人非常难堪,下次一定不敢再来了。

作为女性,如果你在待客的时候,碰到这样的情况,是不是也可以运用这样的好方法呢?如果你真的不小心说了伤人的话,就要在你意识到的时候第一时间去向对方道歉,并且大声地说出自己的懊恼和悔恨之情。多数情况下,别人还是会原谅你的,但是如果你屡屡发生这样的行为,那么恐怕大家会视你如瘟神,只能敬而远之了。

96 女人的“谎言”该怎么说出口

聪明的女人知道如何带给别人快乐,如果为了别人的幸福而动用一下你的智慧,说一些没有伤害性的“谎言”,相信对方不仅不会怪你,还会很感激,因为他知道你在用谎言保护他。

谎言,是个贬义词,是被人们所不齿的行为;从小老师就教育我们“诚实是美德”,所以我们学《狼来了》的故事。然而当我们长大成人之后,发现这个世界上存在许多谎言,究竟要诚实还是说谎?我们有些迷茫。

从前,有一个爱说大实话的人,什么事情他都照实说,所以,他不管到哪儿,总是被人赶走。这样,他变得一贫如洗,无处栖身。

最后,他来到一座修道院,指望着能被收容进去。修道院长见过他问明了原因以后,认为应该尊重那些“热爱真理,说实话”的人。于是,把他留在修道院里安顿下来。

修道院里有几头牲口已经不中用了,修道院长想把它们卖掉,可是他不敢派手下的什么人到集市去,怕他们把卖牲口的钱私藏腰包。于是,他就叫这个人把两头驴和一头骡子牵到集市上去卖。

这人在买主面前只讲实话说:“尾巴断了的这头驴很懒,喜欢躺在稀泥里。有一次,长工们想把它从泥里拽起来,一用劲,拽断了尾巴;这头秃驴特别倔,一步路也不想走,他们就抽它,因为抽得太多,毛都秃了;这头骡子呢,是又老又瘸。如果干得了活儿,修道院长干吗要把它们卖掉啊?”

结果买主们听了这些话就走了。这些话在集市上一传开,谁也不来买这些牲口了。于是,这人到晚上又把它们赶回了修道院。

院长问是怎么回事,这个人将他在集市上的话说了一遍。修道院长发着火对这人说:“朋友,那些把你赶走的人是对的。不应该留你这样的人!我虽然喜欢实话,可是,我却不喜欢那些跟我的腰包作对的实话!所以,老兄,你滚开吧!你爱上哪儿就上哪儿去吧!”

的确,从道德上来讲我们应该说实话,然而像故事中的老实人那样,对任何事任何人都讲实话,似乎并不是什么聪明的举动,这样的实话着实让人嫌弃。他虽然说的是实话,却给别人的利益和生活带来了损失,这样的诚实话没有意义,这样的诚实人也没有人会喜欢。

许多年轻女孩初入社会,思想很单纯,别人问什么自己就说什么,心里怎么想嘴上就怎么说。别人问她:“我的衣服看起来怎么样?”她从不会婉转表达,开口就“难看死了”,“什么破烂衣服啊”,让被说的人颜面无存,难堪至极。二十几岁的年轻女孩,试着适当的说一些善意的谎言也是非常有必要的。如果你的恋人生活上有烦恼,你的智慧式谎言可以让他重新燃起希望之火;如果你的朋友陷入迷途,编个无伤大雅的小谎,也许能把他带入回正常生活；同性之间玩耍，善意的夸奖可以增加彼此的好感。说谎的确是一种智慧，功利性、伤害性的谎言会导致感情破裂，而善意的谎言则能够帮助人更好地生活。女性应该多观察身边的生活，做一个有心人，一个会利用善意的谎言来更好生活的人。

作为女人，终归要结婚生子，还要教育孩子，如果自己的生活态度还是模糊的，就不能给予孩子正确的引导。每个人都不想说谎，但是有些谎言并非欺骗，而是能够让对方更好地活下去或活得更好，这样的谎言我们是需要的。

第一次参加家长会，幼儿园的老师说："您的儿子有多动症，在板凳上连三分钟都坐不了，您最好带他去看看。"

回家的路上，儿子问她老师都说了些什么，她鼻子一酸，差点流下眼泪来。因为全班三十多位小朋友，只有他表现最差，只有对他，老师表现出不屑。然而她还是告诉她的儿子："老师表扬你了，说宝宝原来在板凳上坐不了一分钟，现在能坐三分钟了。其他小朋友的妈妈都非常羡慕妈妈，因为全班只有宝宝进步了。"

那天晚上，她儿子破天荒地吃了两碗米饭，并且没让她喂。

儿子上小学了。家长会上，老师说："全班五十名同学，这次数学考试，你儿子排第四十名，我们怀疑他智力上有障碍，您最好能带他去医院查查。"

回去的路上，她流下了泪。然而，当她回到家里，却对坐在桌前的儿子说："老师对你充满信心。他说了，你并不是个笨孩子，只要能细心些，会超过你的同桌，这次你的同桌排在第二十一名。"

说这话时，她发现儿子黯淡的眼神一下子充满了神采，沮丧的脸也一下子舒展开来。她甚至发现，儿子温顺得让她吃惊，好像长大了许多。第二天上学，去得比平时都要早。

孩子上了初中，又一次家长会。她坐在儿子的座位上，等着老师点她儿子的名字，因为每次家长会，她儿子的名字在差生的行列中总被点到。然而，这次出乎她的预料，直到结束，都没点到。她有些不习惯。临别，去问老师，老师告诉她："按你儿子现在的成绩，考重点高中有点危险。"

她怀着惊喜的心情走出校门，此时她发现儿子正在等她。路上她扶着儿子的肩膀，心里有一种说不出的甜蜜，她告诉儿子："班主任对你非常满意，他说了，只要你努力，很有希望考上重点中学。"

儿子高中毕业了。第一批大学录取通知书下达时，学校打电话让她儿子去学校一趟。她有一种预感,她儿子被清华大学录取了,因为在报考时,她给儿子说过,她相信他有能力考取这所学校。

她儿子从学校回来,把一封印有清华大学招生办公室的特快专递交到她的手里,突然转身跑到自己的房间里哭了起来。他边哭边说:“妈妈,我知道我不是个聪明的孩子,只有你能欣赏我……”

这时,她悲喜交加,再也按捺不住十几年来的泪水,任它打落在手中的信封上。

从小到大,母亲的谎言伴随着孩子的成长,然而这种谎言,我们却不得不为之动容,正是有了母亲善意的谎言,才有了孩子愉快的成长过程和幸福的未来生活!

母亲的谎言并非刻意的欺骗,它是伟大的爱,也是一种超群的智慧。母亲一次次把别人的轻视、冷漠变成鼓励的语言,温暖着孩子的心,沐浴在如此用心良苦的智慧中,智商普通的孩子也能成为清华大学的骄子。

说谎的智慧不仅被人们用在孩子身上,也用到了生活中的方方面面。比如家里发生了什么事,做父母的总是千方百计自己承担,不让在外工作的子女知道;漂泊在外的儿女向家里也总是报喜不报忧;比如一个人得了重症,医生和家人却会告诉他没什么大问题,只要心情好很快就可以痊愈;再比如说朋友新买了一件漂亮的裙子,但很明显不适合她,如果她询问你的意见,你只好撒个小谎,说很不错啊……诸如此类的谎言,对别人不会造成任何伤害,相反是为了维持对方的快乐或者双方的感情,这种谎言是一种尊重和理解,它有着神奇的力量。

生活有时候需要谎言,一个完全诚实的人,我们不能说他不好,只是有时候,太多的实话会招来别人的厌恶。作为一个聪明的女人,要快乐地生活,为了生活得更好,为了使身边的人幸福快乐,在不伤害别人的前提下,说一些小小的谎言来促进生活,这反而是一种大智慧。

97 暗示语中的小玄机

暗示语,是一种巧妙的表达方式,在不会给自己带来麻烦、也不会伤害别人的前提下，采用隐晦、含蓄的语言给别人提个醒，表达出自己的不满或意见，是非常好用而又富有智慧的说话方式。

暗示语可以分为很多种，一般聪明的女性喜欢用这样的语言。既不伤害朋友间的情谊，又能充分表达自己的想法。当然，也有很多女性喜欢用“指桑骂槐”这种表达方式，但是一提到“骂”字自然有些不雅，这只能说是使用“暗示语”的初级阶段，想要灵活运用，还要多加学习。

伯特是美国的一个推销员，有一次他需要推销出去的是一套足可以供一座四十层办公大楼使用的空调设备，但是他和一家建设公司谈判了几个月都还没有谈判成功，而最终能决定是否购买的权力，掌握在公司的董事会手中。

有一天董事会通知伯特，要求他再一次向各位董事介绍这套空调系统。伯特勉强打起精神，把讲了不知多少遍的话又说了一遍。董事们的反应非常冷淡，还连珠炮似的问了一堆问题，以外行话问内行人，好像想故意刁难他。

伯特真是心急如焚啊，眼看着自己这几个月的心血马上要化为乌有了，他急出了一身的汗。就在这个时候，他灵机一动想到了用“热”这个妙招。他不再从正面回答董事们所提的问题，而是自然而然地转移了话题。他神情自若地说：“唉！今天天气真的是很热啊，我可以脱下外衣吗？”说完，他还把手帕拿出来，煞有介事地擦拭着额头上渗出的汗珠。

他所说的话和擦汗的动作立即引起了各位董事的连锁反应，也许这是一种心理上的暗示作用吧，董事们仿佛也一下子感到天气很闷热，于是一个个地脱下了外衣，又一个个地掏出手帕擦汗。

正是在这个时候，一位董事开始抱怨了：“这房间里没有空调，真是闷死人了。”这样一来，董事们也不需要伯特推销介绍了，竟主动考虑起关于空调的购买问题来。简直令人不可思议，拖了几个月之久的生意，居然在短短十分钟之内取得了突破性的进展。

在伯特的言语中，虽然没有一语双关，也没有暗含的意思，但是却起到了暗示的作用，从而为自己赢得了生意的成功。究其原因，关键就在于伯特抓住了他所推销的“空调”和“天气热”之间的关系，恰到好处地利用了自己身处的环境，把自己对热的感受传达给在座的董事，并用语言加剧大家对热的感觉,无形之中增强了他说话的可信度。这种暗示的巧妙性如果运用得当,比“话中有话”更加成功和有效。

经常会看到电视剧中有这样的情节:几位富家太太一起打麻将,为了显示自己的富有和品位,常常满身珠光宝气,在抓牌的时候特意把手指翘得高高的,什么意思呢?就是为了让其他的太太看到自己硕大的宝石戒指;还有的成心把东西扔到地上再捡起来,嘴里还嚷嚷着“哎呀,把我的鞋子都弄脏了”,为的就是让别人注意到自己今天穿的名牌鞋子……这样的情景在女人之间非常常见,其实这就是最基本的暗示行为和暗示语言。

含蓄的表达方式和暗示语,是我们生活中不可缺少的语言技巧,女人学会它,会使生活更加有趣,会使自己更有内涵,会使家庭更加美满,会使友情更加亲密,就像有些植物不喜欢太阳光直射,就要用遮光的东西挡一挡,对于不适合直言的场合,暗示一下,结果会更妙!

当然如果女人只把这种智慧用在与同性的攀比上,是非常肤浅的。如果为了生活的和谐、孩子的成长,多使用这种表达方法,还是很有必要的。一般在孩子很小的时候,有的挑食厌食,有的淘气捣蛋,这时你就可以运用暗示的方法来激励孩子:“宝贝,你知道爸爸为什么长得那么高吗?那是因为爸爸非常喜欢吃胡萝卜!”或者“你看隔壁的小明多乖,你们是好朋友,应该向他学习对不对?”这样的暗示要比打骂孩子的效果好多了。

不仅如此,有时候暗示语还可以帮助你度过难过和尴尬。

有一次,蒲松龄到王大官人家去做客,他被众人推到了上座,可是王大官人的独眼管家却从下席开始斟酒,显然是有意冷落蒲松龄。王大官人也想捉弄他,于是端起酒杯示意蒲松龄道:“蒲先生,喝呀!”

蒲松龄端坐不动,他笑着说:“诸位先别急着喝酒,我先说个笑话给大家助助兴。在我出门儿来这之前,碰到内人正在用针缝衣服,于是我就以针为题即兴做了一首诗,现在诵给大家听听:‘一头尖尖一头扁,扁间只有一只眼。独眼只把衣裳认,听凭主人来使唤。’”

大家一听,都齐刷刷地朝独眼管家看去,众人极力强忍笑意,而后大声叫好。王大官人及其管家被这样的情形搞得狼狈不堪。

蒲松龄借用针的形象,对想为难自己的王大官人及其管家进行了尖锐犀利的讽刺,维护了自己尊严的同时,还让捉弄自己的人“搬起石头砸了自己的脚”。

面对如此有心机又不诚恳的人，我们也没必要客气，用暗示语狠狠地鞭笞他一顿，他也只能暗自吃亏，不敢与你争执。聪明的蒲松龄非常值得我们学习，人与人之间的沟通不可能全无障碍，说话做事一定要注意分寸，偶尔用用暗示语，既能显示你的智慧，也不会引起正面冲突。在不违背自己原则的情况下，使自己从容脱困，真是妙得很。

女人若在生活中能将暗示语加以充分利用，一定会使生活变得更加和谐、美满，也许在工作方面也能帮助你。

98 女人的话要说得得体适宜

能说会道并不一定是要说得多，而是要说得对。

生活中，性格外向的人往往能说会道，很容易和别人打成一片，而那些沉默寡言的人，大都是自卑、抑郁的代表。每个人都向往幸福，追求快乐，而健谈的人往往能够通过言语的表达，使人享受到关心、在乎和温暖。在一个家庭中，如果每个家庭成员都善于沟通，愿意和家人交流，这个家庭一定是非常快乐而和睦的；相反，如果家里面每个人都把话憋在心里，什么都不对别人讲，家庭里面就会充满了沉闷和猜忌的气氛，说不定还会酿成什么悲剧出来。所以说，一个性格内向、沉闷寡言的人，应该积极改善自己的性格，尤其是二十几岁的女孩子，不要让自己的大好青春在沉默中走向灭亡。

女人会说话才能讨人喜欢，在恋爱的时候，嘴巴甜一些，男友也欢喜，尤其是见对方父母的时候，能说会道的女人更容易让男方家长接受。作为女人，只是多说几句好听的话，自己不会损失什么，又能得到别人的喜欢，何乐而不为呢？

利用“十一”长假，李莹和男友小峰回家乡探望父母，一来让他的父母见见准儿媳，二来与他们商量一下买房的事。

小峰的父母很喜欢李莹，尤其是小峰的母亲，忙前忙后地给他们做饭。但小峰的母亲特别爱唠叨，李莹洗衣服的时候，她告诉李莹：“水龙头一定要拧紧，要不，既浪费水又浪费钱。”李莹帮忙炒菜时，小峰的妈妈说：“一定要少放盐，我听电视里说了，吃多了盐会引发很多疾病。”说到买房子的事，小峰的妈妈说：“买房子可不是小事哦，你们俩要挑选好，不仅要选地段，还得选房型什么的……”其实，李莹知道小峰妈妈的唠叨并无特殊含义，但就是不乐意听。

于是，在回去的路上，李莹就开始数落小峰妈妈的烦人唠叨。开始，小峰还耐心解释：“我妈就是那样，人越老就越珍惜儿女，叮嘱的就越多，她没有别的意思。”李莹还是在抱怨小峰妈妈的唠叨：“你妈真是烦死人了，买房的事也要插手，她又不过来住，管那么多干吗！”这下把小峰给激怒了，小峰生气地说：“你又不是跟我妈谈恋爱，看你左挑一个右挑一个的。再怎么，那也是我妈，就冲你现在这样，还指望你伺候我妈，看来我是瞎眼找错人了……”

李莹在小峰家里又是洗衣服又是做饭的，感觉是个很好的女孩子，只是因为说男友母亲的不是，所以遭到了小峰的不满。的确，将心比心，谁都有父母，母亲的叮嘱是对你的爱，怎么能嫌弃呢？李莹是个好女孩，就是因为说了不合时宜的话，弄得两个人感情出现裂痕，得不偿失呀！如果李莹在回家的路上不是嫌小峰的妈妈唠叨，而是婉转地说：“妈妈对我们可真好呀，你真是遇到了一个好妈妈，不过妈妈年纪大了，以后我们的事我们自己来处理，不要让妈妈再操那么多心了，让她也过过舒服的日子吧！”这样的话，男友一定觉得你很贴心，能够为自己的母亲着想，也会从心里感激你的。

不仅是在恋爱这件事情上，在工作中，能说会道的女人也是很有优势的。

王晴是一位工作经验丰富并且能力也很强的女秘书。招聘她的女经理这样问她：“小姐，你长得这么漂亮，学历也高，举止大方优雅，你原来的上司难道不喜欢你吗？”王晴微笑着回答：“或许正是由于这个缘故，我才想离开原来的单位。我情愿老板事多累下人，也不想让他们‘情多累美人’。如果我能在您的手下工作，肯定能省掉很多不必要的麻烦。”王晴并没有讲前任上司到底好还是不好，只一句“情多累美人”，便使人既同情又爱怜，结果她非常顺利地走上了新的工作岗位。

一个身处职场中的女人，应该始终保持对自己上级的尊敬，不能对别人妄加评论，即使这位上司已成过去时。如果你当着现在的上级说以前上级的坏话，现在的上级肯定会想，如果你离开这里了势必也会说他的坏话，这就不仅仅是说几句坏话而已，而是透露出一个人的品行了。像王晴这样一句"情多累美人"，不仅表明了自己的思想和立场，也不会给以前的上司带来不好的影响，简单的回答让现在的上司也对她刮目相看。

能说会道并不一定是要说得多，而是要说得对。说话谁都会，但是能够说得有技巧，说出来不让人反感，才是真正的会说。会说话的人，能够准确地表达自己心中所想，并用恰当的词汇来修饰；会说话的人，能够把道理有条理地讲出来，不会让别人感到混乱；会说话的人，说起话来轻松自然，任何人都能够很快理解她的意思；会说话的人，可以通过说话来表现自己，通过说话来增加别人对自己的好感。

由此可见，提高自己的语言魅力对每个人都是十分重要的。人大部分时间是通过说话来交流，尤其是女人，很喜欢聊八卦，聊邻里，也经常被男人称为"爱唠叨的人"。如果你对自己平时的言语多加注意，该说的说，不该说的不说，想好了再说，时间长了，自然就能练就出一副让人羡慕的嘴皮子。能说会道的女人是生活中的润滑剂，只要尊口一开，任何难题都会迎刃而解，任何不快都会烟消云散！女人要能说会道，也要把话说得得体适宜，为自己的魅力加分！

第 12 章

甜蜜爱情，女人要用心而不是光用力

——爱情细节让女人铿锵绽放

再出色的女人，如果身边空空，就使人觉得凄凉；再轰轰烈烈的爱情，如果没有信任，也使人感到悲哀；再长久的婚姻，如果没有相互扶持，也不会感到幸福。在你最危难的时刻，你的另一半勇往直前，一直陪伴在你的身边，为你加油、陪你同行；在你幸福的时刻，也是这样的一个男人，与你共同度过，与你共同分享这份快乐，变成更多的快乐，沉浸在如此幸福生活中的你，是否还在为了一些小事而抱怨，是否还在为未来的不可知而感到惧怕，女人，请相信爱情，给自己信心……

99 女人，给爱留一些空间

俗话说“距离产生美”，任何感情之间都需要适度的空间来呼吸，爱情也是如此。

爱，是世界上最伟大、最不可思议的情感；爱，拥有化腐朽为神奇的力量；爱，是所有人的劫数。有人说“距离产生美”，长久的专注容易出现审美疲劳，爱情也是如此，即使恩爱如杨过和小龙女，像梁山伯与祝英台，也需要在距离的掩护下给自己一些空间。

在我们的生活中，女人总是希望自己是被保护的一方，因此也从内心中认定男人应该是比自己强大的，所以经常会出现女人整天围着男人转的情形。女人对于爱情天生没有安全感，总想把男人的一举一动都掌控，就像电视剧《捕蝎行动》中副教授的妻子，不肯给自己的丈夫一点点私人空间，不让他接触异性，不让他上网，不让他和任何异性打电话、发信息，总之，一切与异性有关的行为都要干涉和禁止，最终他们的爱因为无法呼吸而走到了尽头。任何人都不能过着完全与世隔绝的日子，被人束缚的感觉是压抑和痛苦的，女人想这样拴住男人是非常愚蠢的，忠贞的爱不是捆绑得来的。

一个男孩子爱上了一位女孩子，为了表达爱意，男孩子天天给女孩子送花，请她去咖啡厅、歌舞厅、电影院，他把他全部的爱和所有的时间都给了她。然而，女孩子不仅没有被他的爱所感动，反而一天天在疏远他，甚至开始厌恶他了。

男孩子百思不得其解：“为她用心良苦，为她付出很多，我用浓浓的爱意包围她、呵护她，她却如此狠心地抛弃了我！”

朋友告诉这个男孩子：“正因为你给她的爱太多了，她才逃避你，因为你的爱让她感到害怕。爱是需要空间、需要距离的。有空间、有距离才会产生美，没有空间和距离，美也就不存在了。”

是的，爱情都是自私的，自私到只想自己拥有对方，别人看都不能看一眼；爱情又是伟大的，伟大到你愿意牺牲一切来成全爱人。然而，大多数女性,在死死掌控着恋人行动的同时却没有想到,感情危机的出现并不是因为第三者的介入,而是你黏得太紧了。每个女人都希望自己手中掌控着遥控器,就像可以随便转换电视频道一样随意控制男人。每天固定时间要打电话,没事的时候就要发信息,随时汇报自己的位置以及在做什么,要告诉自己中午吃了什么饭,和谁一起吃的,若是哪一个电话晚了或是没打,就拼命地追问其原因,回头看看自己的行为,女性恐怕自己也觉得疯狂和恐怖,何况是一个有着自己思想和行动自由的男人呢?

感情就像手中的沙子,你握得越紧它流失得越快。男女本来就是平等的,何苦为了抓住对方迷失了自我,以致连感情都失去呢?一段感情的维持并不是靠手段和约束,而是靠女人的魅力和男人的吸引力,若是女人把注意力都集中在男人身上,自己就失去了独立性,失去了自身的魅力。女人在爱的同时千万不要忽略了提升自己,给爱一点空间,不仅是给爱人,也要给自己。

一个善人和一个恶人死后,一同去见上帝,恶人被接纳,善人却被拒之门外。善人很迷惑:“上帝啊,我无时无刻不在为你祈祷,连夜里睡着了也在念着你的名字,颂扬你,你为什么要拒绝我呢?”

上帝说:“正因为这样,我才害怕你,你二十四小时不让我有片刻的安宁,你折腾得我太厉害了,而恶人却从不烦我,从不利用我的名字,从不给我添麻烦。”

虽然说上帝是万能的,可上帝也需要休息,一个让人片刻不得安宁的人,上帝也不喜欢。就好像一个极其善良的男人,虽然能够包容你的一切,但是在无理取闹和每时每刻的监视之下,恐怕也会变得冒火、抓狂。

有人说:爱情就像筷子,男人是一只筷子,女人是一只筷子,合在一起便是爱情。一双筷子要夹起食物必须心往一处想,劲儿往一处使,然而最重要的还是两只筷子之间要保持一定的距离,任何两只紧紧粘在一起的筷子都永远也不可能夹起东西。

如果说婚姻像围城“外面的人想进去,而里面的人却想出来”,那么爱情就像是吃饭:有饱,有饥,才会对美食产生欲望。如果一直不停地吃,即使是山珍海味,你也会感到厌倦。

生活对每个人都是公平的,每个人都有爱和被爱的机会,而结果是苦是甜,还要看自己如何经营。心理学上讲,爱的前部分是风花雪月,中部分是柴米油盐,后部分是永远。长久的爱如果没有距离作为弹性空间,恐怕早就僵化了。当爱失去自由和包容,没有理解与沟通,也就失去了它本来的价值。古人崇尚“相敬如宾”,一方面是因为夫妻之间不能因为过分亲密就失了礼数和尊敬,另一方面也是告诫大家要保持适当距离吧!

年轻的女性,请给自己的爱人多一份珍惜和尊重,给他一点点私人空间,就是给他多一点点的爱,不要纠缠于自我的控制欲中了,否则落得劳燕分飞的结果,也只能暗自神伤了。给爱留点空间,让爱长长久久,爱他,就不要束缚他!

100 婚姻中的女人要自立

女人要自立,并非只简单地指在经济上,更重要的是精神上的自立,女人不需要依靠任何人过日子,女人应该学会独立生活。

生活中经常会有这样的例子:女人与男人结婚多年,一直习惯了和这个男人一起生活,忽然有一天男人要离开她,她顿时就像迷途的小鹿,感到无所适从。她已经很久没有工作过了,每天过着洗衣、煮饭、看电视剧的家庭主妇生活,不再和朋友联系,不再出去应酬交友,她的生活依靠着丈夫,思想也依靠着丈夫,她的世界里只有她的丈夫。而多年后的这一天,她的丈夫却不再属于她了,对于她来说,一切都将重新开始。

经历过这样境况的女人,有的走了极端,选择了最简单的逃脱方式,离开了人世;有的在颓废消极了很长一段日子之后,不得不重新开始生活。不管结局如何,这样的遭遇是值得每个女人警醒的,婚姻并非女人的保护伞,女人可以永远依赖的,只有自己。

说起婚姻,大多数女人首先想到的就是一个爱自己又能让自己依靠的好丈夫。从古至今,女人在体力上始终处于劣势,这使得从前靠力气吃饭的时代,男人成为家庭的支撑,也使得女人从地位上从属于男人,更从思想上完全认为自己理所当然地应该依靠男人。

然而每个人都有依赖心理,无论男女老幼,都希望有人照顾自己,希望生活中有个支撑,自己可以没有后顾之忧。适当的依靠可以让自己放松身心,可以促进生活的和谐美好,但是如果一个女人没有限度地、一味地依赖自己的丈夫,那么就会成为一个“寄生虫”。

婚姻中的女人,不要认为自己是女人,就理所当然地去依靠男人。而有工作的女人在经济上有独立感,这种感觉能使她们的精神独立有相对坚实的基础。很多女人之所以离不开自己已经不再喜欢的丈夫,就是因为一旦离开他,自己立刻失去了生活的保障,这样的女人如果不能摆脱对男人的依赖,就只能在男人的呼喝声中苟活了。

有人说:“结婚就是两个人搭伙过日子,要互相扶持。”这话说得对,如果你找到了一个会过日子的人,能够把日子过得红红火火,你便应该暗自庆幸并且努力维持,而不应该放弃自己的义务去依赖对方。任何家庭的美满都要靠男女双方的努力,失去任何一方的力量都不能维持长久,并且,任何女人都希望自己应该享有与男人平等的权利,但是,女人是不是也应该付出相等的义务呢?摆脱对男人的依赖,你不是放弃了享受的机会,而是拥有了独立的人格。

女人要自立,这并非只是说说而已,只有自强自立的女性,才有能力去追求自己真正的幸福,让爱情在你的自立中升华,用自己的双手和大脑去创造自己的人生道路,这样的你,才能走到幸福的终点!

101 不要在忌妒中迷失

女人的忌妒心是可怕的,因为女人大都是感性的,很容易感情用事,做出一些不理智的事情来。

忌妒是人类普遍存在的情绪之一,我们可以从身边找出许多这样的例子,从某种意义上讲,正是因为心存忌妒,你才有动力去努力去工作或者学习,从而改善自己。我们允许正常的忌妒心存在,作为人类的感情之一,我们无法把它排除在外,但是我们可以控制自己的忌妒心。凡事都应有个“度”,过度了,什么都要比别人好,比别人强,最终就会伤人伤己。

在《三国演义》中,周瑜就是一个忌妒心特别强烈的人,也因为如此,他才发出了“既生瑜，何生亮”的慨叹。由于忌妒心理作祟，他被诸葛亮气得箭疮发作、暴死马下的典故，从古至今成为笑谈，也发人深省，值得借鉴。

都说“女人的忌妒心强”，恋爱中的女人忌妒心更强。爱情是伟大的，每个女人都希望自己是恋人的唯一挚爱，希望对方完完全全地属于自己，没有任何隐私和隐瞒，更不允许其他异性的半点介入。

萍萍和男友是高中同学，高二时就开始谈恋爱，之后，他们分别考上了北京两所不同的大学。以前，他们感情一直很稳定，几乎每个星期见一次面，可最近他们的感情却出了问题。

男友性格活泼开朗，经常喜欢参加一些学校组织的活动，有时还和学校的男同学出去玩，凡是碰到这种情况，萍萍心里就特别难受，忍不住打电话想了解男友在什么地方，和谁在一起，都做了些什么。开始几次询问，男友还能耐心地一一回答，可是慢慢地他对她的做法开始产生反感，经常拒接她的电话。为此他们吵架时有发生。

最近这段时间，因为男友常给其他几个女生发短信，萍萍觉得他不应该和自己以外的女生保持联系，因此横加干涉。而男友说他们之间是正常交往，让萍萍不要干涉。这样的事几次发生，男友最后不得不和她提出分手。他说：“我本来就是性格外向的人，有一些异性朋友是很正常的事儿。可是萍萍总是看着我，甚至不让我和异性交往，我无法忍受她对我的干涉和不信任，和她在一起我很压抑。”

每个女人都希望自己幸福，然而很多女人却亲手埋葬了自己的幸福。或许萍萍只是出于忌妒心理，也是对男友的一种爱，然而这种爱却是自私的，她完全忽视了对方的感受。很多像萍萍一样的女人，她们把恋爱对象当成自己的私有财产，不许对方和任何异性接触。古往今来，这样的女人数不胜数，她们把忌妒发挥得淋漓尽致，结果却搞得自己伤痕累累。恋爱中的女人被幸福包裹着，容易被爱冲昏了头脑，以为对方爱自己，就会永远包容自己，要知道，任何人的心理都有一个底线，你最好不要去试探着逾越它。

人人都有忌妒心，只是不同的人，这种心理的外在表现的强弱不同罢了。忌妒有时是一种需要，是一种自我提高的动力。比如有些人，看到别人的美丽、优雅，不是去冷眼相待，而是积极向别人学习，取人之长，补己之短，努力地使自己也成为一个优雅的人；也有些人看到别人家里过得富足幸福，为了让心爱的人能够快乐，自己也努力拼搏，打造自己的爱巢。忌妒，并非只是"消极"、"破坏"的代名词,它同样也有着积极的一面,只是看你如何运用。如果你甘心做一个小心眼的人,那么下场肯定就会如"周瑜"一般,纵使有着非凡的聪明才智,也会被忌妒心害死。

在生活和学习中,当我们不知不觉地产生某些忌妒心时,我们可以冷静地分析一下忌妒的不良作用,同时正确地评价自己,从而找出一定的差距,即人们所说的"自知之明"。

俗话说,"与人方便,与己方便",与人相处,若想保持良好的关系,就应该设身处地地为对方着想,以一种欣赏的角度去品味别人的优秀。学会体谅他人并不是困难的事,只要你愿意认真地站在对方的角度和立场看问题,多肯定对方的优点,那么世界上就没有让你想不开的事情。

不管别人说什么,我们都应该把头扬起来走路。做好自己力所能及的事情,尽自己的最大努力,脚踏实地地一步一个脚印,不去学那种好高骛远、"死要面子活受罪"的人。靠天靠地靠父母,不是真好汉;给金山给银山,不如学会一门技能。若是一个人掌握了一项技能,不管走到哪里,都可以立足。

恋爱中的女人总是遵守着"爱情至上"的原则,甚至有些女人为了自己自私的爱情,不惜触犯法律,去做出一些伤害别人也伤害自己的事情。很多年轻女孩,总是讨厌这个又讨厌那个的,问她原因,原来是因为对方比自己漂亮,实际上是忌妒别人比自己有吸引力。

女人的忌妒心是可怕的,因为女人大都是感性的,很容易感情用事,做出一些不理智的事情来。女人们要知道,有时候,别人身上看似好的东西,往往也有它不好的一面,每个人的存在都有自己的价值,每个人的感情都有自己的发展方向,珍惜自己所拥有的才是聪明的做法。与其让忌妒带给自己更多的痛苦,不如多看看自己的闪光点,体味自己的幸福。

102 婚姻没有你想象的那么可怕

面对婚姻,人们应该多看到婚姻中美好的部分,正确地审视周围人的婚姻生活,既不把婚姻想象成完美的"靠山",也不悲观地认为婚姻就是爱情的“坟墓”。

老人们都说，恋爱、结婚、生子本是人生三大喜事。可是随着婚期的临近，许多准新娘、准新郎都从心中产生一种莫名的恐惧，这被称为“婚前恐惧症”。“婚前恐惧症”又叫做“结婚恐惧症”，是在新人举行结婚仪式前一周或一个月最容易产生的消极心理情绪。

当然，“婚前恐惧症”是那些已经有婚约或者即将举行婚礼的人才会出现的状况，而现代社会，许多女性在恋爱期间就已经患上了“婚姻恐惧症”。网络发达，信息传播自由、迅速，使人类的生活节奏也随之加快，然而面对媒体铺天盖地地对婚姻的分析，对“围城”的剖解，女性过早地认识到了婚姻的责任和麻烦。例如，婚后的琐事，孩子的生养教育，婆媳关系的处理，丈夫是否会“出轨”等，诸如此类的问题都早已列上了女性的“婚姻账单”之上。很多女性因为怕自己无法承担如此多的压力而选择不婚或者延迟婚期。

就像冰冰所说的：“我是个 80 后的女孩子，一直都没有谈过恋爱，我所在的公司，有很多同事都离婚了，比如婆媳关系处理不好的，比如有一方有外遇的，这让我感觉到婚姻太不可靠了，也让我不敢轻易相信男人。我担心，自己也会经历恋爱、结婚然后离婚的过程，如果那样，还不如一直单身，因此便对一些对我有好感的男孩敬而远之。可每当节假日的时候，我又感到特别寂寞，甚至连个发短信问候我的异性朋友都没有，我又觉得自己很失败。现在，我时常处于这样矛盾的心情，无法排解。”

每个人对婚姻都或多或少地有自己的担心，像冰冰一样的女孩子在如今的社会上有很多。一方面被爱情吸引；另一方面又害怕责任太重，不希望自由被束缚，在爱与不爱之间徘徊多年，一再蹉跎，浪费了大好青春，到最后还是没有找出答案。

有这样一段小故事：有一位教师走进教室，手里拿着一张有一个黑点的白纸。他问学生：“孩子们，你们看到了什么?”学生们齐声回答：“一个黑点。”这时，教师说：“难道你们谁也没有看到这张白纸吗?”

生活中或许真的有很多不幸的婚姻，但是一方面是由于每个人性格的差异；另一方面也是由于媒体的渲染。可以经常和身边已结婚的朋友探讨婚姻生活的美好，增加自己对婚姻的憧憬。此外，也可以和恋人彻谈一次，分析你和他料理生活的弱点,共同商量结婚以后遇到此类情况的应对措施,同时展望以后婚姻生活的美好,增加对婚姻的信心。仔细看看,其实身边幸福婚姻的例子很多,多看看幸福的婚姻,多想想好的方面,一切恐惧都会烟消云散。我们不能因为一颗酸葡萄就认定所有葡萄都是酸的。

有人说,“婚姻就像鞋子,合不合脚只有自己知道”,对于那些还没有穿上婚姻这双鞋的人,听了别人说鞋子小就认为所有鞋子都是小的,听别人说鞋子磨脚便打消了穿鞋的念头,殊不知,更多的人正在享受着双脚有鞋子保护的温暖和乐趣。每个人都是独一无二的,自己的鞋子只有自己试穿了,才能知道好与不好。

爱情是美好的,恋爱是诱人的,都市男女经历了爱情的洗礼,总希望有个稳定的结局,面对家庭的责任和束缚,你是否能够不退缩,为了自己的爱情而勇敢地承担起这份责任,这同样也是对爱情的忠实和见证。

103 为爱付出是一种幸福

唯有被爱过的人,才懂得爱人;因为被爱过,心中体会过那种被爱的甜蜜,才会懂得付出爱。

小时候,我们接受父母的爱、师长的爱与同学的爱,等我们渐渐长大时,我们不能永远做接受者,总有一天,我们也要学着作为施予者,付出我们心中的爱。

高尔基曾经说过:“如果你在任何时候,任何地方,你一生中留给人们的都是些美好的东西——鲜花、思想以及对你的非常美好的回忆——那你的生活将会轻松而愉快。那时你就会感到所有的人都需要你,这种感觉使你成为一个心灵丰富的人。你要知道,给永远比拿愉快。”我们也常说“一分耕耘一分收获”,有付出才有回报,然而对于爱情来讲,却未必全都如此。

经常会听到女人这样的感叹:“我非常爱我的老公,为了他我可以付出一切,我以为我们足够相爱,没想到也会走到分手的这一天。”这种为了爱不顾一切的女人在我们的生活中屡见不鲜,有的为爱放弃了孝顺父母的机会,有的干脆与家人决裂,有的放弃了工作和自己原来的朋友、交际,也有的放弃了自己求学、晋升的机会去成全爱人。爱,没有错,付出,也没有错,然而一个人全心全意付出以致迷失了自己,这就是大错特错了。这种想法,看似非常伟大,其实是一种很深的自恋。有这种想法的人,没有看到对方的真实存在,她是自顾自地付出,她的付出是她自己的需要,未必是爱人的需要。

也有一些女人,倚仗自己某些优越的条件,不仅对爱情挑三拣四,即使是真的恋爱了,也总是想着对方该如何爱自己,对方该为自己做些什么,似乎只有那个真正愿意被自己踩在脚底下的男人才是真正爱她的。男人或许可以为了女人的美貌而苦苦追求,男人或许可以在恋爱时期对女人百依百顺,然而如果一个人的付出换来的只是尊严永远被无情的践踏,那么分手就是必然的结果了。

为爱付出是幸福的,所以说女人不能过分地付出而迷失自己,否则便失去了快乐的本质;当然也不能一味地索取毫不付出,这样对方便不会幸福。感情是两个人的,你不能只考虑自己而忽略另外一个人的存在。

有一个人在登山时遇到了暴风,不幸迷失了方向,由于他的穿着和装备无法充分御寒,他的手脚逐渐变得僵硬。碰巧的是,当他在寻找避寒之处时,发现有一个人也因为过度寒冷而倒在地上。于是,他立刻走到那个人的身边,并且脱下手套开始帮他按摩手脚,直到那人逐渐有了反应之后,两个人才一起合力去找寻避寒之地。

事后,故事中的主角说,当他在救助那人的同时也救了他自己,因为他那原本僵硬麻木的肢体,在为对方按摩的时候,竟然也恢复了知觉,所以他们才能够一同度过最艰难的时期,而且在这件事之后,他们也成了感情深厚的好友。

心理学家说:“有时候不经意地付出,将会为对方带来终生的影响。”事实上,在施恩与受惠之间,原本就是互动的,因此有时候,我们无法清楚分辨谁是施恩者,谁是受惠者。换而言之,施恩者与受惠者的处境跟地位,有时会因为时间和地点的不同而置换,但真正重要的是,施恩者不该以自己的施恩而自负,受惠者也不应该因为接受了他人的恩惠而矫揉造作,当双方均是打从心底里面去感谢对方时,就能够在心意互动之余,促进善意的良性循环!

任何女人,在世界上首先都要以一个完整的形态来存在,才有可能去完成其他事情。恋爱中的女人,往往以为有了爱就有了一切,但是人不能只靠爱活着,一个温饱不足的人去谈论感情是很累的。每个人都要看清楚自己的位置,首先要为自己而活,才能更好地去经营感情。

104 女人要对婚姻有信心

婚姻不是万能的,婚姻也永远不能成为你的所有,对于每一个女人来说,幸福、快乐的生活才是最重要的。

很多女人在恋爱的时候对自己的恋人百分之百地信任,两个人如胶似漆,思想也很有默契,要好得就像是一个人,然而一旦走入婚姻,一条短信、一个过于频繁的电话或者是丈夫与某个异性朋友的近距离接触,都会让女人耿耿于怀,患得患失,不是女人不够大度,也不是不再信任对方,只是在全心全意为家庭付出的时候,这颗心经不起一点动摇。

爱情,或许是这个世界上最虚幻的东西,很多女人认为:如果他爱我,他就会怎样怎样去做。但是当我们真正爱上一个人的时候,谁还会去在乎这些?爱只是一种感受,你觉得爱了那便是爱,如果所有的爱都可以用一个标尺来衡量,那么这份爱也便不值得拥有。

每个人都会憧憬美好的生活,每个人都希望得到一切自己想要的东西,女人,经常会在爱情和物质面前摇摆不定,似乎只有两者兼得的人才是真正幸福的人。选择了爱情的女人,或许正在为着一日三餐、衣食住行烦恼不已,昨日的爱情早已在柴米油盐的计较中磨尽;而选择了物质的女人,空守着一所富丽堂皇的房子,却没有什么能填满自己的心。女人们开始患得患失,一方面后悔当初的选择,一方面又为现在的烦恼疲惫不已,女人该如何选择婚姻才能得到幸福?

有一位百万富翁,他拥有一家世界顶级的豪华饭店。每天上午11点,这位富翁都会坐在一辆耀眼的汽车里,穿过纽约市的中心公园。

在穿过中心公园的时候,这位百万富翁发现了一件有趣的事:每天上午，都有一位衣着褴褛的人坐在公园的凳子上死死盯着他开的那间酒店。百万富翁对这个人产生了极大的兴趣，有一天，他终于按捺不住自己的好奇心，让司机停下车，他走到那个穷人的面前说：“请原谅，我不明白你为什么每天上午都盯着我住的酒店看。”

“先生，”那个穷人认真地说，“我没钱、没家、没住宅，只能睡在这条长凳上，不过，每天晚上我都梦到住进了那座酒店，所以每天醒来之后我都会注视着那座豪华酒店，我多么希望自己能够真的住在那里啊，哪怕只有一晚！”

富翁觉得很有趣，于是就对那人说：“今天晚上我就让你如愿以偿。我为你在酒店订一间最好的房间，并支付一个月房费。”

几天后，百万富翁路过穷人住的酒店套房，想顺便问一问他是否觉得很满意。然而，他发现那人早已搬出了酒店，重新回到公园的凳子上了。

百万富翁来到公园，询问穷人为什么要这样做时，穷人回答道：“一旦我睡在凳子上，我就梦见我睡在那座豪华的酒店，我对它充满了无限遐想；可是一旦我睡在酒店里，我就梦见我又回到了冷冰冰的凳子上，这梦真是可怕极了，以致完全影响了我的睡眠！”

婚姻中的女人就如同睡在长凳上的乞丐，乞丐在没钱的时候总做着住到豪华饭店的美梦，就像没钱的女人总是渴望有个富有的丈夫和漂亮的房子一样；然而一旦女人拥有了足够她挥霍的财富，便犹如如愿以偿住在豪华饭店中的乞丐一样，心神不宁，一来怕好东西会失去，二来发现“男人有钱就变坏”，即使不变坏，应酬多了，自己理想中缠绵的爱情依然只能出现在梦中。这样的患得患失，这样的烦恼不已，或许是大部分女人都要经受的，世上的确没有十全十美的好事。你选择了就要承受选择的结果。

许多人小时候都遇到过这样的事：学校要求穿白网鞋，因为没有钱，总是一双鞋穿很久。看着别人都有新鞋子穿，看着别人的鞋子都是那么白，而自己的却早已刷得泛黄，心里非常不是滋味。开学的时候，妈妈终于同意给自己买一双新的白网鞋，心里别提多开心了，可是很快你就会发现自己变得很不安。穿着新鞋子的时候，做起事情来要特别小心，走路不敢大步走，怕别人踩到自己，怕鞋子沾上泥，整天小心翼翼、战战兢兢，于是你变得担忧、焦虑，甚至开始恨你已经得到的那双梦寐以求的白网鞋了。想来想去还是穿那双旧鞋好了，新的等到重要的时候再穿吧！

走入婚姻，女人就希望是一生，所以会用心去经营，但是女人必须知道，婚姻不是万能的，婚姻也永远不能成为你的所有，对于每一个女人来说，幸福、快乐的生活才是最重要的。至于将来，只要你现在用心经营了，即使真的出了问题，也不会有任何遗憾，要相信，一个用心对待婚姻的人，一定能够得到幸福！

105 不要因为害怕寂寞而恋爱

寂寞并不可怕，我们并不需要因此而感到忧伤，爱情是神圣而伟大的，它不是用来填补寂寞的物品。

从前，乡村的袅袅炊烟是人们心中的暖雾，有小桥流水、鸡鸣犬吠、夕阳和清风的陪伴，即使孤身一人，也从未感觉寂寞；而如今，被高楼大厦所包围，用水泥铸就的城市似乎太过冰冷。生活在两点一线的圈子里，朋友少、知己更少，有太多话只能说给自己。

寂寞就是这样一种无形的东西，挥之不去，呼之也不会来，却在你思想毫无准备的时候悄然而至，侵袭着你的心灵，躲之不及，无法回避，丝丝屡屡地占据着你的心灵，必须用全心去应对。寂寞是一种无解药的毒，深夜里莫名地醒来，突然想哭，翻个身，原来双人床是如此的大，你把身体蜷在被子的一角，不敢呼吸。

是的，人在一生中哪个没有体会过寂寞？经历了岁月的洗礼、心灵的撞击，每个人都或多或少有些伤感的往事，有些难以对人启齿的事，有些只能埋在心中。寂寞，就在心事的隐藏中变得越加强烈，越加可怕，于是，有些不甘寂寞的女人选择了用恋爱来抗拒寂寞。

然而大多数女人在恋爱之后，却越发感到寂寞，此时才发现，原来排除寂寞的方法并非找个人来陪伴那么简单。

有人可以纯粹不求回报地付出，只要不是盲目的，是有分寸的，那么这种爱也许最美丽；有人却借爱某人的名义，其实只是想依赖对方，要对方为自己付出；还有人恰恰相反，以为自己为对方付出一切是为了爱，其实只是精神上依赖对方，来证明自己并不孤独，这种所谓的爱最普遍，却爱得不快乐。而欲望的爱，也是每个人面对自我时最常出现的状态，爱别人，其实只是爱上别人爱自己的感受，而不是爱上那个人。我们多半是借别人来满足爱自己的欲望，甚至想通过所谓的爱，去占有、改变和控制对方，这也是很普遍的爱的方式，却不等同于真正的爱。

不要因为害怕寂寞而恋爱，为了摆脱寂寞，有时会随意找个人恋爱，这是对自己也是对他人的爱不尊重的表现。这样的爱动机不纯，很难会有好的结果。寂寞时候随意的爱，经不起任何考验，这样不堪一击的爱，只会给双方都带来伤害，这种恋爱对象，只能说是给空虚的自己找了个玩伴，为了寂寞去恋爱的例子实在很多，尤其是网恋更是如此，有些人可以瞬间就恋上了，然后会闪电式分手。恋爱的次数不少，但是真心的没一个，这种拿感情当游戏的人，心里只会更加寂寞。

其实寂寞只是一种状态，女人往往在孤独和空虚时给自己一种被人遗忘的心理暗示，从而更加深了内心的寂寞感。想要克服寂寞，首先要使自己的生活充实起来，高涨的情绪会使人更多地感受到生活中的快乐，要知道一缕阳光便能驱赶一片黑暗，这种阳光在每个女人的心中，只等待你的心窗打开。

寂寞并不可怕，我们并不需要因此而感到忧伤，爱情是神圣而伟大的，它不是用来填补寂寞的物品。爱人或许可以陪伴我们走过漫长的生命旅程，然而大多数人还是一个人来一个走，寂寞是每个人身上共有的病，与其被它打倒，不如学会享受它、战胜它。

寂寞或许可怕，但寂寞绝不是放纵自己的借口，人生就像一次长途旅行，有人孤身上路，有人结伴而行，不管如何，能够享受到旅途中的风景才是最重要的，寂寞是暂时的，只要心中有爱，爱情总会到来。

106 将遗忘进行到底

幸福是可以选择的，我们在选择之前，首先要明白自己真正需要的是什么，那个能够带给你快乐的东西才是你要追求的真正幸福。

阿姆斯特丹有一家建于15世纪的老教堂,在它的废墟上留有一行字:“事情既然如此,就不会另有他样。”与其对无法改变的事耿耿于怀,不如把它当做生命中的一页,翻过去,继续新的航程。是的,在这个多变的世界中,有人恋爱有人分手,有人结婚有人离婚,感情的事千变万化,让人难以捉摸。有人说:“你只需要花一分钟注意到一个人;一小时内成为朋友;一天让你爱上他;一旦真心爱上,你却需要花上一生的时间将他遗忘。”

我们不想遗忘,然而又不得不去遗忘,伤心的事太多,全部存到心里,对心理对身体都是有害的。既然人生来是要追求幸福和快乐的,何不随时整理你的心情,轻装上阵,不继续向前走怎能遇到下一个幸福?

遗忘并不是一件可怕的事情,我们只要收拾好心情,快乐地生活,过去的事已经过去了,我们只需过好现在,安心生活。

在纽约市中心办公大楼里有一个开货梯的人,与别人不同的是,他的左手没有了。一天,有人问他少了那只手会不会觉得难过,他说:“不会,我根本就不会想到它。只有在要穿针引线的时候,才会想起这件事情来。”

过去的已经过去,失去的不会再来,手臂断了不能重新长出,过去的感情也不能从头再来,追悔过去,只能失去现在;失去现在,哪有未来?正如俗话所说:“为误了头一班火车而懊悔不已的人,肯定还会错过下一班火车。”

有人说:“记性不好的人,永远觉得生活新鲜有趣。”当然,遗忘并非一概忘却,遗忘也应该选择,把那些伤心的、对我们的生活没有帮助的事情遗忘,而把美好的事情留下,如此生活才会幸福,否则岂不是白纸一张,活过和没活过没有区别?

阿拉伯著名作家阿里,有一次和两位朋友吉伯、马沙一起旅行。三人行经一处山谷时,马沙失足滑落。幸而吉伯拼命拉他,才将他救起。于是马沙在附近的大石头上刻下了:“某年某月某日,吉伯救了马沙一命。”三人继续走了几天,来到一处河边,吉伯和马沙为一件小事吵起来,吉伯一气之下打了马沙一耳光。马沙在沙滩上写下:“某年某月某日,吉伯打了马沙一耳光。”当他们旅游回来后,阿里好奇地问马沙为什么要把吉伯救他的事刻在石头上,而将吉伯打他的事写在沙滩上。马沙回答:“我永远都感激吉伯救我,我会记住的。至于他打我的事,我只随着沙滩上字迹的消失,而忘得一干二净。”这个故事告诉我们,牢记别人对你的帮助,忘记别人对你的不好,这才是做人的本分。

在漫长的岁月中，你一定会碰到一些令人不愉快的情况，你不可能改变这些情况。但是，你可以有所选择，可以把它们当做一种不可避免的情况加以接受，并且适应它。然而，有些人却用忧虑毁了自己的生活，甚至可能最后弄得自己精神崩溃。要乐于接受必然发生的情况，接受所发生的事实，这是克服随之而来的任何不幸的第一步。

或许婚姻中会有不幸，或许感情中会发生意外，人生在世，的确不容易，会有许多不如意的事情。就像失败伴随着成功，忧虑与烦恼有时也会伴随着欢笑与快乐，如果一个人的脑子里整天胡思乱想，把没有价值的东西牢记在脑中，那么他就会感到前途迷茫。所以，我们很有必要对头脑中储存的东西及时整理，把应该保留的保留下来，把不应该保留的抛弃掉。那些曾经带给我们不快的事情，实在没有必要过了若干年后还去回味或为此耿耿于怀。

人的一生像是一次长途跋涉，不停地行走，沿途会看到各种各样的风景，历经许许多多的坎坷，如果把走过去、看到的都牢记心上，就会给自己增加很多额外的负担，阅历越丰富，压力就越大，还不如一路走来一路忘记，永远保持轻装上阵。过去的已经过去了，时光不可能倒流，除了吸取经验、教训以外，大可不必耿耿于怀。

幸福是可以选择的，我们在选择之前，首先要明白自己真正需要的是什么，那个能够带给你快乐的东西才是你要追求的真正幸福。遗忘的过程是一种痛苦，然而与一生不能释怀相比，这种痛苦是短暂的。要想成为一个快乐的人，最重要的一点，就是学会将过去的不快通通忘记，重新开始，振作精神，不让消极的情绪成为明天的包袱。因为明天才是我们要去面对的，只有向前看，才能找到成功的出路。

107 爱情需要理解，而非抱怨

很多女人将爱情视为生命，她们用独特的方式守护着自己的爱情，然而，她们却往往用自己的喋喋不休逼走了爱情。

女人，总是喜欢被爱人宠着的感觉，恋爱时风花雪月、甜蜜缠绵，女人渴望一生拥有这样的幸福。然而很多时候，恋人成为丈夫之后，却少了浪漫，很少再会脉脉含情地对女人说“我爱你”。尤其是东方男人，他们不像欧洲男人那样主动，不会大庭广众之下表达自己的情感。时间慢慢流逝，女人感觉男人似乎已经不再爱自己了，甚至开始为这样的一段婚姻而烦恼。

女人的心思细密、情感细腻，比起男人而言，需要更多的关怀和关注。但是男人一旦成家立业，便多了一份责任，他们要为家而打拼，他们变得现实。他们并非不再爱自己的妻子，或许是生活的磨难分散了他们的注意力，他们把全部心力放在维持这个家庭上面。女人不要在这个时候抱怨对方，不要光坐在那里等着男人来关怀，女人也可以做情感的主人，制造些许小浪漫，主动表达自己的爱和关心，主动告诉他自己的需要。婚后女人不能像恋爱时那样被动，毕竟婚姻是两个人的，你也有责任挑起一部分家庭的负担。

坦蒙先生说他的妻子是他精挑细选的理想的完美女人。他们结婚后，他一心忙于事业，把生活中的全部责任推给了妻子。

显然，这行不通。他们婚后的前5年是不幸和失败的。有一天，他跟妻子吵了一架，4岁的儿子问他：“爸爸，你难道不喜欢妈妈？我觉得她是个好妈妈。”坦蒙说他突然明白原来自己是个笨蛋。“我其实真心真意地爱着孩子的母亲，”他说，“既爱她这个人，又爱她能为我做的一切。在她的精心照顾下，我们的儿子长得健康可爱。我一直没承担起做父亲和丈夫的责任。我活该受到惩罚，但我决心尽力挽回。我找到我太太，希望她能帮我成为一个称职的丈夫和父亲。感谢上帝，她成功了。现在，我们过起了真正意义上的婚姻生活，一种建立在互爱互敬的基础上的婚姻生活。她又为我们生了一个女儿，我们的幸福价值千金。我的孩子没再问过我为什么不喜欢他们的妈妈了！”

爱的能力，不仅决定着我们与家人的亲密程度，而且也决定了我们与他人的关系。我们对朋友、工作、环境以及世界的态度，大多由我们对家庭所付出和接受的爱来决定。如果男人因为某些原因忽略了你，不要伤心，不要失落，主动一些，提醒他，告诉他，或许因为你的关心，会重燃你们之间的激情。

男人表现爱的方式有千万种，不一定用语言，不一定是缠绵地拥抱，有时候，从众多人中看你的目光，电视机前紧握你的手，不经意地一次爱抚，甚至习惯地轻轻唤你的名字,都包含了他那深埋心底的爱恋。

感情不比物品,得失之间可以将人折磨得憔悴不堪。很多女人将爱情视为生命,没有了爱情便没有了灵魂,活着如同行尸走肉,再也感觉不到生活的乐趣。每个人都会在感情上遇到不尽如人意的时候,不要过分失落,人生下来本无一物,你只是失去了曾经得到的东西。当缘分已尽,不要过分执著。

其实,一些小事根本就不值得一提,别人根本没有在意或早已忘却,只有你还记在心里耿耿于怀,这就是人们无法战胜自己的体现。人们总是努力地想去扮演一个完美主义者的形象,然而这太苛刻了,只会加重你情绪的负面影响,给自己的心理造成障碍。

所以,学会控制自己的负面情绪,对于每个人而言都是相当重要的,它是我们成功的前提,更是我们身心健康的保证。做自己情绪的主人,不仅让你重新获得自主权,而且你会发现所有的难题你都能够轻松解决了!

108 花钱的多少不代表爱的程度

女人认为,一个愿意为自己花钱的男人才是真正爱自己的人,然而花钱的多少真的能够代表爱的程度吗?

很多女人把恋爱看做世间最美好的事,认为凡是和恋爱有关的一切,都要浪漫、温馨,让人记忆深刻的,而往往这些都需要大量的金钱来作为支撑。

实际上,男女恋爱期间的消费很多都是属于冲动型、面子型的消费,实际值得花的钱并不多。一些情侣恋爱时花钱大手大脚,结果导致婚后生活捉襟见肘,两手空空。因此,热恋的情侣们不能随意、无度地为爱情"埋单",而应科学计划、适度消费、考虑长远,把每一分钱都花在"刀刃"上。对于作为"接受者"的女性朋友来说,更应该明白,男友为你花钱是爱你的表现,但是为你花多少钱并不一定代表爱你的程度。如果你与男友的关系已经基本确定或已经订婚,那么不妨实行"家庭理财预演"。

白小姐今年 26 岁,在一家电脑软件公司从事销售工作,月收入约 3000

元;男友是一家公司的高级职员,月收入5000元左右。两人是在一次网友聚会上认识的,为赢得白小姐的芳心,男友一开始就舍得投入,在两人相处一年多后,男友的恋爱消费依然有增无减。男友每周要请白小姐在外边吃至少两次饭,为白小姐买衣服,两人还经常一起去看演唱会、泡吧、上茶馆等,而且男友每次接白小姐时,都是打车过去。另外还有鲜花、小礼品、生日礼物等其他开支……

这样累计下来,男友每月在白小姐身上的开支就高达2000元,几乎占了他收入的一半。当然,白小姐对此还是很受用的。

其实,两人的这些开支很多是属于"浪费型"的,比如,适当去餐厅吃饭,追求一下浪漫情调未尝不可,但每周两次也无必要;其他各种开支也有必要减少或改用更省钱的方式。并且,对于白小姐来说,男友就算投入这么多的"爱情资金",也不是"万无一失"的,一旦两人感情出现变故,即使在自己身上花了很多钱,也可能无法挽回两人的感情。

热恋与两人刚刚相识有所不同,无论是男方的钱还是女方的钱,都是未来小家庭的共同财产,所以作为女性,不能以男友对自己花钱是否大方作为衡量他是否爱你的标准。如果这个男人精打细算,适度消费,这样"会过日子"是为了两人婚后的长久幸福,那么这种男人实际上是更可信赖的。对于热恋中的男女来说,如果善于理财,不仅不会影响感情,反而能为婚后的生活打好经济基础。

掌握省钱的技巧

俗话说"吃不穷,穿不穷,算计不到要受穷",恋爱期间的男女"不当家不知柴米贵",在消费上缺乏算计和比较,造成了很多浪费。因此,两人从恋爱的开始就要学会精打细算,合理消费。尤其是女方,缜密的心思更能帮助男友为两人的未来一起理财,比如购置必要的炊具自己做饭,既卫生又省钱;约会和出行,如果能坐公共汽车就尽量不打车,郊游可以选择骑自行车和自助野炊;两个人如果都具备上网条件,尽量用网上语聊,这比打电话便宜;同样是使用电话联系,发短信比通话便宜,小灵通比手机省钱……这些生活中的省钱窍门要靠自己慢慢学习和琢磨。女性提早学会"勤俭持家",会更能抓住男友的心,也更有助于将来的家庭幸福。

建立一个"爱情账户"

进入热恋状态的情侣每天要"黏"在一起,肯定要花钱。在双方尚不太了解的情况下，实行消费AA制还能说得过去，但到了“一日不见，如隔三秋”的亲密程度，再各掏各的钱就显得“生疏”了。这时，两人不妨考虑设立一个爱情账户。可以根据感情进展程度，每人拿出工资收入的一定比例，可以是收入的全部，也可以是收入的一部分，甚至是十分之一，每月定期存入“爱情账户”，用这个账户的资金来支付热恋期间的各种开支，这样会比较公平。

另外，这个账户也可以作为爱情的抵押金，彼此约定“谁先变心，账户里的钱就归另一方”，进入婚姻之后也可以继续借鉴这种“爱情契约”的模式。实际上，“爱情账户”在这里还起到了约束和巩固恋爱、婚姻关系的作用。

109 让婚姻生活变成天堂

女人要把对方当做自己一样去爱护，你成全了他的幸福，他才会成全你的幸福，你们的婚姻才会幸福。

夫妻是彼此生活中最亲密的人，夫妻关系是家庭人际关系的主体和核心。但并不能因为亲密就毫无顾忌，而要讲究一定的礼仪，才能让夫妻关系更美好。夫妻双方因为爱情走到一起，但结婚仅仅是爱情的开始，双方应该继续营造爱情的氛围，互相爱护、互相扶持，以巩固爱情的成果。爱他，不要给他负担，给他自由，也给自己自由。女人要知道什么时候该进，什么时候该退；什么时候该挡在他的前面，什么时候该躲在他身后。女人要把他当成你自己一样去爱护，你成全了他的幸福，他才会成全你的幸福。

互相理解

夫妻之间最珍贵的是谅解，最可爱的是了解，最难得的是理解，最可悲的是误解。你和你的丈夫不可能事事统一、处处一致，争吵是难免的。争吵时情绪激动，容易说“过头话”、做“过头事”，所以当你们发生争吵时应有“四忌”：忌口出秽言，忌翻“旧账”，忌回娘家“搬人”，忌人身攻击。多对对方的优点或成绩予以肯定，如果能够记住对方的生日并适时送一份小礼物等小事情，都是夫妻关系升温的添加剂。

不要太任性

现代家庭中大部分是独生子女,有的女性从小娇生惯养,养成了唯我独尊的个性,眼中容不下他人,与人相处时总是先想到自己。在婚姻生活中,也总是想统治丈夫,漠视公婆。夫妻关系是平等的,没有哪一方必须容忍另一方的所有作为。女性可以偶尔撒撒娇,增添生活情趣,但不可过分任性,这样的话,夫妻关系很难和睦。

遇事多商量

夫妻间斗嘴吵架是难免的,意见不统一可以商量,一方一旦动怒,另一方要谦让一些,不可针锋相对,引发更大的矛盾。不论是有关家庭的决策,还是一方个人工作上的困惑或计划,都不应该一个人说了算。在孩子面前,彼此更要互相谦让。男人大部分是不肯低头认错的,在他知道错的时候给他一个台阶下,他会"知恩图报"的。

共同承担家务劳动

丈夫不应该把家务都推给妻子,但妻子也不应该娇气,把自己能做的事也都推给丈夫。双方可以把家务事做出不同的分工,双方共同分担,这样做起来有条有理、忙而不乱。当丈夫工作比较繁忙、压力比较大的时候,妻子就主动多承担一些家务,这无疑会让你们的感情更加默契、深厚。

互相信任

信任是夫妻关系的基础。当你和心爱的他选择携手走过下半生时,就要对他信任,有什么想法就告诉他,双方及时交流,即使想法不同,也可以在交流中得到统一。任何一个男人都希望他的妻子给他最大的支持和信任。夫妻间互相信任,既体现在彼此尊重上,也是爱情长久的原则。切忌互相猜疑、无中生有,也不可随便查看对方的手机、聊天记录、电子邮件等,这样做只会伤害你爱的人,把他从你身边推开。

给男人留足面子

在他的朋友面前,要给他十足的面子。面子对男人来说比什么都重要,也许在家里确实什么都是你说了算,但在外人面前不要介意当个小女人。他和朋友出去喝酒、打牌,你不要问他为什么不带你一起前往。男人都愿意做风筝,只要线还在你手里,那么就放他去飞吧。当他在外面参加交际活动迟迟没有回家的时候,你不要一个接一个电话追过去催他必须回家,可以打个电话问问他玩得好不好，告诉他回家的时候注意安全，这样男人会感到很有面子。

拥有自己独立的空间

你和他虽然是夫妻，但并不代表双方就要合二为一，不分你我。给彼此留出一定的独立空间，不仅是尊重对方的表现，而且双方保持一点儿神秘感，还有助于感情的加温。比如在他打游戏的时候，不论你有多急的事情，也不要直接去关他的电脑，最好是搂着他，在他耳边轻声细语，因为游戏对于男人不亚于一部精彩的肥皂剧对于女人的吸引力。

体谅你的爱人

男人有时也会无缘无故地心情低落。不管男人的外表有多么强大，但是骨子里都还是个孩子。体谅你的丈夫，就是要把他当成你的爱人、情人、哥哥、朋友、父亲、孩子。在他心情不好的时候，不要没完没了地追问到底是怎么了，这时你只要陪在他身边就可以了，男人可以感到你对他的支持。在他任性的时候，不要对他大吼大叫，这只会火上浇油，只要等到他平静的时候再告诉他你很爱他就好。

不要对婚姻抱有不切实际的期待

在结婚之前，女人都希望对方是白马王子，男人也梦想自己的另一半是美丽温柔的白雪公主。但当从童话的梦幻走入婚姻的现实中时，我们可能会失望。婚姻是客观的，要面对很多实际的问题，并不能像理想中的那样美好，而女人天生爱幻想，若对婚姻抱有不切实际的期望，必然会更加失望。同时，生活方式和观念的不同，也是需要双方做好准备的，两个来自不同家庭的人走到一起，一定会面临很多不和谐，女人要比男人更有耐心去磨合，双方才能从容地面对未知的将来。另外，情感的巅峰状态不可能永恒维持，感情的热度不可能永远保持在热恋的温度，婚姻最主要的还是相濡以沫。

为婚姻增添浪漫

当你和他携手走进婚姻的殿堂，两个人就应该理性地维护婚姻，以积极的态度经营婚姻。在日常生活中学会制造浪漫，为你们的生活增添色彩。浪漫不仅是在生日时收到花束，也不仅是在每一个纪念日里柔情蜜意。新型的浪漫主义，要你在每一个能够相聚的片刻，感性地分享，性感地共处。其实，亲密关系的营造并非一定要大费力气才能完成；也不是劳师动众地邀请一个乐队来伴奏的烛光晚餐。不妨试试，一双紧握的手，一本两人共享的漫画书,一段有轻音乐陪伴的减压按摩,你会知道,原来贴近一个人,是可以如此轻易。

110 适当吵一吵,可减少烦恼

俗话说:“天上下雨地上流,夫妻吵架不记仇。”一旦雨过天晴,误会消除,美丽彩虹就会出现,夫妻双方的相互理解就能得到加深,爱也就因此进入了一个新的境界。

爱情和婚姻都需要彼此的尊重和谅解

吵架似乎成了夫妻生活必备的作料,很多鸡毛蒜皮的小事,总能引来一番争吵。很多夫妻一时的赌气争吵,竟然大打出手,很多家庭暴力和家庭惨剧因此发生了。长时间吵架会造成彼此身心的伤害和疲劳,对婚姻失去好感,从而影响婚姻的质量,最终会将婚姻推向破裂的边缘。

夫妻吵架的原因,归结起来大约有四方面:第一,由于婆媳关系不和,婆婆对这儿子说媳妇的不好,妻子也总数落婆婆,而丈夫却站在婆婆那边,常常总是争吵升级。很多时候婆婆故意刁难媳妇,“愚孝”的丈夫却永远看到妻子的不对,这样的女人真的是很不幸。第二,因为孩子而争吵,孩子的学习、生活、身心健康状况都能成为吵架的根源。第三,夫妻经济条件好,却对于感情生活互相猜疑,不断滋生吵架。第四,夫妻经济条件不好,为钱争吵。第五,夫妻双方性格不合,观点不一致,容易引起争吵。

吵架就像在木板上钉进钉子,即使和好,就好像将木板上的钉子取出,可是木板却变得千疮百孔,就如同吵架过后疲惫的心。一般人在吵架的时候都无法冷静地分析事情,更会在不理智的情况下说出一些很难听的话,然而冷静下来后我们都知道那只是气话,可是那些气话是不是真的对我们毫无影响呢?每当想起那些话,自然感到伤感,或许真的会流泪到天明。在吵架后告诉自己以后不再说那些伤人的气话,可下一次吵架又重蹈覆辙,又让对方难过。也总是在听了对方的一些难听的话后告诉自己那些只不过是气话,可是心里的难受却怎么赶也赶不走。如果因为一时冲动动起手来,心中的伤痕更是无法磨灭的，即使时间流逝，也无法冲淡内心的隐隐作痛。

爱情和婚姻都需要彼此的尊重和谅解，一味争吵，不但不能够解决问题，而且会使感情变淡、心灵受伤。这样的吵架，要尽量避免。“家和万事兴”，尽可能地包容对方，遇到问题互相商讨，为了彼此的爱，守住承诺，把握幸福！

适当的吵架能把生活中的问题明朗化

不管是恩爱的夫妻，还是感情一般的夫妻，面对生活中的某些问题，必然会有争吵。吵架一方面会影响感情，另一方面却能使婚姻中的问题明朗化。

夫妻之间的成长经历、生活习惯、家庭背景的差异，文化水平的差距，社会经济地位的不同，对子女教育态度的不一致，对双方父母的照顾不平衡等，都可能成为夫妻矛盾的导火索。争吵似乎也成了平常之事，但如果处理得当，也是解决家庭问题的行之有效的方式，就某一个问题提出疑问，夫妻双方各抒己见，进行探讨，最终找到解决问题的办法。

夫妻之间应该凡事互相商量，多作自我批评，增进相互理解，加强情感沟通。婚姻中仅仅有爱情是不够的条件，责任感对婚姻的幸福是必不可少的条件，吵架在特定的情况下也是一种传递和增强责任感的方式。如果一方总是按照自己的喜好生活，比如说丈夫酗酒成性，妻子屡劝不改，自然会影响彼此之间的感情；比如说妻子只知道自我享乐，不关心家中的事务，整天去歌舞厅或打麻将，这也会让家庭幸福指数降低。每个家庭中夫妻双方的地位角色不同，自然面对问题，解决形式上也会有所不同。人与人的感情需要交流，夫妻间更需要保持沟通。语言在这个时候不再只是甜蜜一种味道，摆事实、讲道理的过程中免不了会有争辩，吵架也就在所难免。如果不爱，那么吵架只是家庭的“战争”；如果是为了爱，那么夫妻吵架就是一种沟通方式。

事实上，夫妻间的正常争吵并不会伤害彼此的感情，争辩的结果应该是了解彼此真实的想法，达到和谐的目的，能把夫妻之间可能存在的问题明朗化，解决冲突，达到和谐！

巧妙处理吵架，增进双方感情

所有人的爱情之路都不是一帆风顺的，磕磕绊绊都是正常的，不管怎样地幸福过、快乐过，都有不尽如人意的时候，都有两个人产生意见分歧的时候。

那些琐碎的小事情,或许真的会因为双方想法的不同而导致争辩,甚至会为了一时的小冲动,也要争出个高低上下来不可。

日常生活冲淡了很多浪漫与情趣。婚姻中,缺少了未得到前的伤感和忧愁、期盼与幸福。每天面对这同样一个男人,朝夕相对的美好,或许只是恋爱时的憧憬。新鲜感的缺失,平凡生活的感触,一件很小的不顺利的事情,都会让你在不知不觉中感到心力交瘁,争吵便会随之而来。生活中不可能每天都有鲜花的浪漫、巧克力的香醇,即使每天都有,你也会感到平淡无味了。

吵架的原因有很多,一句“我累了,分开吧”,更是会引来无休止的争吵;工作上的压力,也是争吵的缘由,比如彼此指责对方的不关心;感情上的不信任,更是会让爱情变淡。吵架过后,很多人冲动地选择分手,最终即使后悔也于事无补。

很多时候,人们不知道,偶尔的争吵也是解决问题的良方。吵架的时候,或许会有一些偏执,但是把所有的问题都摆开,能让两个人之间的问题明朗化,吵架之后也不会盲目地分手,而是寻求解决问题的良方。从这个层面来说,吵架有助于感情升温,有助于问题得到解决。因此,即使双方为某事争吵,女人也应该会巧妙地处理。

第 13 章

睿智女人，"潜伏"在办公室

——职场细节让女人人见人爱

职场上的事情错综复杂，身为女人，要想在职场中拥有自己的一席之地，光在工作岗位上苦苦打拼是不够的。想要得到同事的认可、领导的青睐，有些细节是你必须在意的，聪明的女人，应该懂得发挥自身优势，懂得扬长避短，懂得随机应变，更要懂得在细节上做文章，突出自己，保护自己……

111 女性面试要特别注意的几点

面试已经成为了找工作的必经之路，美女们各显神通，希望主考官对自己有个好印象，在你百般打扮的时候，千万要注意，不能让一些小细节毁掉你的前程。

现今社会，人们感叹最多的恐怕就是“工作难找”了。每年的7月份都是一批毕业生走出校园、开始求职的时候，这期间新闻上最震撼人心的数字总是毕业生的数量，就业岗位的数量、竞争的强度；而照片上和视频里也总是充斥着招聘会人山人海，一群高校毕业生挤来挤去的情景。

或许你是刚刚毕业，或许你已经毕业多年，或许你正在找工作，或许你正在准备跳槽……不管你是这些情况中的哪一种，都说明你还没有一个可以让自己踏实的工作。现代的人思想观念开放，提倡男女平等，从社会地位上来说，男女的确是平等的，然而从身体发育、思想负担上来说，男性和女性的差别还是比较大的，像一些需要大量体力或者需要出差等的职业岗位，用人单位还是更喜欢聘用男性。女性因为生理和天生脆弱敏感的原因，在求职这件事上还是处于劣势。

那么，身为女性，怎样才能在面试时发挥出自己的优势，顺利找到称心如意的工作呢？以下这些是你要注意的。

面试要守时

面试之前，用人单位一般会告知面试者参加面试的时间，对于一般人而言，提前15分钟到达面试地点，是对对方的一种礼貌和尊重，无论何种场合，守时是做人的一项信用指标。然而对于女人而言，15分钟似乎是不够用的，通常女人在收拾好自己的妆容之后，在抬脚踏出家门之前，又会忽然想起很多琐碎的小事情，因此，15分钟对于女人来说，是远远不够的。并且，即使路上不出任何状况，抛开不认识路、找不到面试地点等特殊情况不说，就是风风火火地赶到面试地点之后，女人还喜欢到卫生间照照镜子，重新整理一下衣服、补补妆等。所以女人最好提前30分钟以上到达面试地点，即使到目的地多等一会儿,也不要在忙乱中去面试,面试之前安定一下自己的情绪、整理好心情是非常有必要的。

第一印象非常重要

女人在面试之前,肯定都会对自己费尽心思打扮一番。这样做无疑是非常正确的,俗话说"良好的开端是成功的一半"。当然无论你怎样打扮,怎样想让自己显眼,也不能胡乱打扮,穿衣服要符合自己的气质,自然得体。女士着装以整洁美观、稳重大方、协调高雅为总原则,服饰的色彩、款式等应与自身的年龄、气质、肤色、体态、发型和拟聘职业相协调一致。

等待面试时也不能放松

一个单位在面试时很少只是面试一个人,通常会有多人来参加面试,在等待面试的过程中,很多人觉得没在面试当中,应该可以放松一下,自己那些不好的行为习惯就暴露了出来。比如说挖耳朵、挖鼻孔、跷二郎腿,或者刷睫毛、照镜子、抠手指……或许这些只是小小的一个动作,但是被周围的人和面试单位的人看到,会对你的印象大打折扣。你完全可以到卫生间等隐蔽的场所去做这些事情,在等候席上的时候,要像在面试当中一样,把自己最好的状态表现出来,因为,可能这才是此次面试的正式考验。

言谈不论人非

刘佳在学校是个优等生,平时喜欢写作,也在报刊上发表过一些文章,对于这次的面试她信心十足。

笔试,口试,刘佳一路顺利。末了,面试她的人事主管问她有什么业余爱好,刘佳说喜欢写写文章。主管随口问道:"有没有发表过?"刘佳正好有文章发表在当日报纸上,就喜滋滋地递上报纸。主管认真读毕,微笑道:"不错不错。"刘佳于是安心地告辞。过了几天,猎头公司来电话告诉刘佳,公司录用了别人。他们给出的理由是:刘佳说话太快了,那份工作需要耐心。

朋友帮助刘佳反省真正的原因。刘佳想起最后给主管看的那篇文章,赶紧找出来重新审视,文章写的是她以前兼职过的公司主管的事情,文字刻薄尖锐。刘佳自己也后悔当时自己会让人事主管看这样的文章。哪个领导会希望自己有朝一日被出卖呢?

面试中有很多学问,也有很多需要注意的地方,作为女性,一方面要和自己做事拖沓等缺点作斗争,一方面还要发扬自己的优势,比如良好的气质、聪慧的头脑和细心的态度等。即使你不是一个漂亮女人,只要做到从大处着手，注意细节，便一定可以打动面试官的心，顺利找到一份称心的工作。

112 职场女人要三思而后言

有人说，细节决定成败，对于职业女性而言，决定成败的不一定是你的所作所为，很有可能是因为一句话、甚至一个称呼。

女人天生敏感、细心，她们细密的心思是男人无法企及的，然而她们某些脆弱的神经后却隐藏着对八卦消息的无限量容纳。女人总是喜欢听赞美之词，而自己却忍不住高声地评论别人的缺点；女人会在忌妒和无奈中对别人恶语相向，在暴躁抓狂时指桑骂槐……女人的嘴可以成为保护自己的武器，却也常常为自己惹祸上身。

有一位年轻女孩，个性张扬、动感十足，说话也喜欢直来直去，很容易与周围人打成一片，但是在一次领导的生日聚会上，多喝了两杯酒的她当着众人的面，向领导祝词时说："希望我们的赵经理将来能大富大贵、儿孙满堂。"一席话说得赵经理脸色发青。原来赵经理的独生子刚刚在车祸中去世，她自己因为已经实行计划生育，没有再生育的能力，这个女孩只顾高兴，忘记了这个茬儿。而赵经理却以为她故意嘲笑她断子绝孙，因此不顾贵宾云集，竟摔杯而去，弄得这个女孩好不尴尬。

女人在职场中因为位置与利益的关系，说话更应该反复思考，想好了再说，像上面的女孩那样说话欠考虑，可能会给自己造成难以挽回的损失。所以说很多时候，女人还是沉默些好，不要因为自己的快言快语破坏长久建立起来的美好形象。

比起上面那个女孩的有口无心，说三道四、闲言碎语好像是家庭妇女的专利，其实不然，很多职场女性对此也颇有热情。职场女人给人果断、干练的印象，她们拥有高学历、高智商，她们也常常自认为见多识广，什么话题都能说得头头是道，而且她们也愿意说，听的人越多，她们说得就越兴奋，对于某个话题一开头就很难刹住车。当然一次两次，别人可能会羡慕她、佩服她的口才;然而时间久了,必然还是惹人厌烦的。无论你有多少学识,也没有权利强迫别人一再地耽搁自己的时间来听你的长篇大论。也许一个干练的女强人的形象在这种无聊的演讲中不经意就被破坏了,这或许就像"蝴蝶效应"一样,一只蝴蝶的翅膀扇动不了多大的风,然而其造成的连锁反应之后,却是龙卷风的袭来。女人,这些细节你在意过吗?有些女性虽然身在职场,思想却总是围绕着别人的隐私转。

在一部电视剧中看到过这样一个场景:两个同在一家酒店工作的女人,休息的时候到洗手间闲话家常,年长的女性是心直口快的人,凡事想到了就说,从来不会想一想该不该说。两个人在东拉西扯的时候,年长的女人就把自己知道关于她们经理的糗事添油加醋地说给了年轻女人,谁知说得正激烈的时候,经理推门而入,弄得几人都很尴尬,那位年长的女人也因此被辞退了。年轻女人因为经理一直很欣赏她,便试着为年长女人求情,说她平时工作很上进,她的认真负责也是全公司都有目共睹的。但是经理却没有给她机会。

任何人在被别人无情地评论之后都不能当做什么事都没有,更别说一个要塑造良好形象的经理了。你说别人的不是,就是在为自己挖坑。有些职业女性,工作内容轻松,相对的闲暇时间比较多一些,为了解闷,便喜欢和同事聊一些"张家长李家短"的事,周围人的隐私更是她们最喜欢打听的事情。但是如果像这个年长女人一样,管不住自己的嘴巴,说了几句不该说的话,后果却可能是丢了自己的饭碗,值与不值,所有人都想得明白。

有人说,细节决定成败,对于女人而言,决定成败的不一定是你的所作所为,很有可能是因为一句话、甚至一个称呼。那么,身为职业女性的你,该怎样注意并避免这种事情的出现呢?答案很简单,就是在说话之前考虑三秒钟。"三思而后言",考虑好再说不会晚,不该说的不说,永远不会自找麻烦。女人,你能做到吗?

113 职场女人如何应对骚扰

在面对上司或客户的骚扰和纠缠时,女人要大胆一些,不要害怕上司的报复、客户的投诉或者威胁，只要你行得正、坐得直，再运用自己的智慧，这些问题是可以迎刃而解的。

对于女性来说，现代社会与古代最大的不同，就是大多数女性要工作，要自己养活自己。然而女性进入职场之后，在家庭中的角色却没有太大改变，依旧要洗衣、做饭、照顾丈夫和孩子，女性的压力可谓日益增大。除此之外，更让职场女性头疼的一个问题就是，随着在生活和工作中与其他异性接触的机会越来越多，不乏一些“恶男”对自己起了非分之想。该怎样面对异性的骚扰又不会丢掉面子、丢掉工作呢？

婷婷是一个非常聪明的女孩，她对待纠缠自己的异性颇有一手。婷婷个子高高的，相貌也很出众，在一家公司负责产品销售策划。有一次与某公司经理谈判之后，经理悄悄主动地邀请她：“婷婷，晚上陪我吃夜宵好吗？”她不得不按时赴约。见面后，经理喜出望外，情意绵绵，两人边吃边谈。婷婷竭力向经理劝酒，滔滔不绝地向他介绍公司的发展计划，并不时赞扬这位经理，称他是一位有修养、有气质、讲信用、受人尊敬的现代企业家。经理颇为得意，故作谦虚：“你过奖了。”最后两人共舞一曲而告终。临别时经理郑重地对婷婷说：“你是个自尊自爱的女子！我心里会永远记得你这个完美的女孩形象的。”

面对异性的骚扰，不要忘记给对方戴高帽子这个好方法。你在谈话中先恭维他，给他一个响亮的称呼，从而使他在盛名之下难以胡作非为，然后再继续大谈、特谈他的高尚以及对他的尊敬和崇拜，并且要多谈工作方面的问题，少涉及私人问题，这样他自然就会打消邪念，而且对你刮目相看了。

当然，女性在职场中遭到异性骚扰，往往容易来自两个方面——上司和客户。上司因为职位的关系，往往有很多顾忌，因此会试探性地看你的承受能力，如果你选择忍耐，那么他真的可能会得寸进尺，所以，如果你不想被骚扰，在第一次与上司交锋时，就要果断而机智地表明自己的态度，让他打消不好的念头。如果是客户的骚扰，就很考验女性的智慧和反应能力了。

一次，李倩代表公司请客户吃饭，客户借着酒劲，拉拉扯扯地非逼她喝酒，她告诉客户说自己不会喝酒，没想客户却撒酒疯说：“如果你不喝酒，咱就不签合同了。”还说这次合作都是因为李倩的面子。

李倩说：“那好，如果是因为我而签合同，我感谢你对我工作能力的认可,这跟我喝不喝酒没关系;如果不是因为我而签合同,我感谢你对我们公司品牌的认可,这跟我喝不喝酒更没关系了。”

客户听了连声说:“好厉害的口才,佩服,佩服。”结果,李倩酒也没喝,合同也签了。

在面对上司或客户的骚扰和纠缠时,女人要大胆一些,不要害怕上司的报复、客户的投诉或者威胁,只要你行得正、坐得直,再运用自己的智慧,这些问题是可以迎刃而解的。

如果你对异性不够敏感,警觉性不高,可能已经被骚扰到还不明白,来看看这些情况,如果你遇到了,一定要给自己敲个警钟,提前防范。

称赞你或借机与你产生身体接触

比如说有的男同事夸你的发型好看,便顺手摸摸你的头发。看起来好像他对你有好感,而且称赞的话也中听,摸摸头发的事你便不在意了,其实这是他进一步行动的预兆,如果第一次你没有表现出不喜欢或者制止,下次他很可能会夸你的衣服漂亮、耳环漂亮,然后顺便抚摸你的身体或耳朵,如果你还不做出反应,接下来的事情就很难说了。所以,女士们一定要注意,即使这样微小的动作也蕴含着骚扰的意思,要小心提防。

比如在赞同你的观点或者表示与你在同一“战线”上,然后很用力地拍拍你的肩,甚至有揉肩、长时间扶肩的动作;又比如和上级领导或客户见面握手时,他却长时间握住不放且加重手劲,这种情况下你一定要注意了,他们有可能只是想借机与你产生身体接触。

语言或物品暗示

比如上司或男同事在你面前说哪里不舒服,让你给按摩一下,或者送给你一个有性暗示的小礼品,如安全套、成人影碟等,这是他们在试探你,如果你不反驳,而是默默接受,他们就会采取下一步的行动。

假装把你作为参照

比如男同事要你帮忙买内衣,或者说你的身材和自己女友的身材差不多,想请你帮忙试衣服之类,这个忙绝对不能帮。还有些男人或许会直接说:“要是我找情人,就找你这样的。”他是把你当做情人的范本,千万不要以为男人把你当做了红颜知己,把自己的隐私都告诉了你。有句话说得好:“男人总是有选择地把自己的事情告诉女人,不该说的他们绝不会说。”如果你因为有了这样一个“朋友”的信任而产生自豪感和满足感,那你就危险了。

如果你遇到这些情况，要让自己警惕起来，做女人可以展现魅力，但绝不能让自己陷入被骚扰的行列，与同事或者上司产生暧昧绝非职场女性的明智之举。只有洁身自好的女人才能获得幸福，走得长久。

114 重视交际，朋友多了路好走

人脉的累积不一定需要送礼打点，在平时工作或生活中积累的人气、人缘，比临时找到的客户要可信得多。

曾经有一首老歌这样唱到："千里难寻是朋友，朋友多了路好走。"这条路指的是人生之路，每个人的一生都会遇到很多人，相互之间能够成为朋友需要很大的缘分，朋友是能够给予你帮助和提携的人，多个朋友多条路，朋友多了，自然路会更好走。

美国著名教育家卡耐基先生曾指出："一个人事业的成功，只有15%是由他的专业技术决定，另外的85%，则要靠人际关系。"这就更加证明了交际对于一个人成功的重要性。

维雅是澳大利亚一家电力公司的推销员，她曾经来到农村推销过用电。她来到一户很富有的人家，户主是一个年纪很大的老妇人，看到是电力公司推销用电的，于是把门关上了。维雅一看事情不好，就说："真抱歉，又打扰您了，我知道您对用电一点都不感兴趣。因此，我这次来是买鸡蛋的。"

老妇人打消了疑虑，于是把门打开了一些，伸出头来将信将疑地看着。维雅继续说："我看到喂的鸡非常漂亮，想买点新鲜的鸡蛋回去。"

听见维雅这样说，老人家把门开得更大了，问："你为何不买别人家的鸡蛋？"维雅说："别人家的鸡蛋都是白色的，做蛋糕不太合适，我要来您家买一些棕色的鸡蛋。"

结果，老妇人走出了门口，笑着和维雅谈起了鸡蛋的事情。维雅指着院子里的牛棚说："我敢打赌，您丈夫养的牛还不如您养的鸡赚钱多呢！"

老妇人听了非常高兴。的确，多少年来，她的丈夫都不肯承认这个事实。因此，她把维雅看成知己，带她到鸡舍参观。维雅说的话声声入耳，她还说,若能用电灯来照射,鸡下的蛋会更多,老妇人已经忘记了以前对维雅的反感,而且还问她用电是否经济。当然,她又得到了详尽的解答。两个星期以后,维雅在公司收到了老妇人送来的用电申请书。

获得人脉的手段就是交际,能够把陌生人变成朋友,把敌人变成伙伴,这样的人才是真正的交际高手。像维雅一样,动一动自己聪明的脑袋,找到每个人需要的东西并且投其所好,一定可以成功地打动对方的心。

二十几岁的女人,正值大好年华,在交际方面有着别人无法比拟的优势。拥有丰富多彩的人际关系是每个女人的需要,不要感叹朋友难交,不要叹息世上缺少真情,更不要怀有那种强烈的自卑感和孤独感。要相信你如何对待别人,别人就会如何待你,想要拥有朋友,就要先把别人当做朋友,只有无私地付出,才能得到别人真心的回报。

如果你觉得自己的朋友少,交际范围太狭窄,那么不妨主动出击,寻找一些对自己有帮助的、值得自己尊重和学习的或者需要自己帮助的人做朋友,只要有行动就会有心动。

5 年前,高中毕业的李晓来到城市打工,他既没有高学历,也没有工作经验,只好找了一个靠力气吃饭的送水工的工作。

虽然工作非常简单,但是李晓很卖力,他对每一位客户都很有礼貌,敲门总是轻轻的,进门总是把鞋子脱了,光着脚进屋,而且每送一位客户的水,他都会记下客户的地址,并在心里默念上几遍。这样,下次送水的时候,就不用走弯路,可以走最近的路。如此一来,他的工作效率大大提高了,每天他都能比别人多送些水,这样他的收入也大大提高了。

一个送水工,一般每个月只有 500 块钱的收入,而李晓也不过只有 600 块左右。和他一同工作的那些送水工,大多干上一年半载就不干了,另谋高就去了。而他干了一年又一年。

终于,在第 5 年工作结束后李晓辞职了。对于一名送水工来说,5 年的时间太长了,也太辛苦了,然而他却一直坚持着,并且做得很开心。

辞职后,他用自己这些年的积蓄开了一家送水公司。人们认为他必定失败无疑,因为需要订水的人家早就订水了,他新开业,谁会订他的水?

但是这些人都想错了,李晓没有失败,有很多人订他的水,订他水的人,是他这些年认识的客户以及客户的亲朋好友。每天,他的送水工来来往往地将公司的纯净水一桶桶地送出去。现在,他送水的业务占据了全城的一半。

有人问他是怎么出人意料地创造了这个奇迹的？他说："在这座城市中，能做5年送水工的人有几个？他们大多只干一年半载，而我一干就是5年，在这5年里，我结识了不少客户，还和他们的亲朋好友认识了。他们对我的印象都很好，我说我要开公司了，问他们订不订水，结果他们都表示愿意订我的水。况且，他们根本不记得我以前的那个送水公司，也不是真正认可那个公司，他们只认可我这个人。如此一来，我的公司一开张就赢得了这么多订水的客户！"

人脉的累积不一定需要送礼打点，在平时工作或生活中积累的人气、人缘，比临时找到的客户要可信得多。李晓没有高学历，没有人生阅历，但是他有一颗聪明的头脑和智慧的心，他懂得现在为未来铺设道路，现在给予别人点滴的帮助和尊重，都会在将来惠及自己。

每一个成功者都拥有自己广泛的关系网和交际圈，如果你想迅速扩大自己的交际范围，不妨先从成功者下手。每一个成功者身边都会有无数个成功者，朋友也好，商业伙伴也好，即使是竞争对手，肯定都是成功行列的人物。如果能结识一个成功者，就相当于认识了更多的成功者，这样的行动可以帮助你更快更好地建立起自己的人脉网络，也能够帮助你尽快走向成功。

115 小女人也不要带着情绪做事

工作时就要做好自己的本职工作，公事公办，保持正常的工作状态。

每个人都希望有一个健康、舒适的工作环境，然而诸多事实告诉我们，并非事事都能如我们心中所想，尤其是工作环境，不是我们自己能够左右的。在现有的工作环境下，你是否感到透不过气来？你是不是对工作感到倦怠？我们每天在办公室内最少工作八小时，有时压力真会压垮人，令工作效率下降。尤其作为女人，非常敏感和脆弱，很容易对一些事情产生主观臆断和不满情绪，这种情绪一旦建立就很难消灭掉，怎么办呢，难道带着坏心情来工作吗？

当然不能,带着坏情绪工作,会给自己带来许多负面影响,自己变得心烦气躁,对别人也造成了一种负担,不仅工作效率不佳,而且也影响自己在他人心目中的形象。工作时就要做好自己的本职工作,公事公办,保持正常的工作状态。

上班之前把你的坏情绪甩掉

可能路上堵车让你很不爽,可能早上起来就和丈夫拌嘴让你心情低落,可能昨天的工作没完成让你对今天的工作提心吊胆。是的,这些事真的很容易让女性朋友心情不佳,但是在走进办公室之前,最好把这些坏情绪通通甩掉。带着这样的负面情绪工作,你一定会出现精神不集中、态度不积极等问题,这些会直接导致你的工作出错、工作效率低下等错误的出现,如果不能及时调整自己的情绪,你只能进入一个恶性循环,而最后却一无所得。该怎么做才能摆脱坏情绪的干扰呢?

首先你可以尝试着做几次深呼吸。深呼吸本身就是一种健康运动,相对于平时正常的呼吸而言,深呼吸加强了氧气的供应,也排出了大量的二氧化碳,在人体的新陈代谢交换过程中,起着强大的作用。同时,缓慢的、有意识的深呼吸能提高体内碱性含量,使心脏跳动和血液循环加快,供给身体更多的氧气,血液将氧气和营养素输送给全身细胞,保持健康。另一方面,体内的废物和毒素通过深呼吸和汗液排出体外,减少体内酸性含量,使人体内的化学成分保持平衡,从而远离亚健康。感到压力大时做几次深呼吸,心情不好时做几次深呼吸,让你体内的有害气体都排出体外,让自己拥有一个好心情的同时也拥有一个好身体。

当然,作为一名现代女性,我们也可以采用一些时尚的方法来舒缓心情,香薰疗法是一个不错的选择。在你的办公桌上放一盏小小的香薰灯,疲惫的时候你可以点上一些植物精油,例如鼠尾草或熏衣草精油,都能改善工作气氛。透过香薰疗法,让大自然的气息浸润,帮助放松紧张的心情,为心灵和身体再次充电。

工作就是工作

同事之间由于看待问题的角度会有不同,也会产生这样或那样的摩擦,如果把全部注意力都放在谁是谁非上,为此而大发脾气或耿耿于怀,这些都只会使你的情绪变得更加糟糕。

正确的做法是,你应该把注意力全部集中在解决问题的方法上面,对事不对人，只讨论问题，不掺杂个人情感，在他人带着情绪与你说话时，要懂得理解，你的退让必然会使对方感到羞愧，也会对你有另外一种认识和尊重。

很多事情不是我们的思想能够左右的，有时候我们想拥有一个好心情，可偏偏遇到不开心的事情，所以很难高兴起来，试了很多方法都不能让自己情绪改变。那么不如学会控制自己的情绪，强迫自己微笑着去面对每一个人、每一件事。任何事在时间的侵蚀下都显得那么脆弱、不堪一击，你当时的情绪只是一时的，它不可能影响你的一生，所以不如让自己笑起来，当你的微笑得到别人愉悦的回馈时，坏情绪自然一扫而光。生活中的困难再大，也都可以克服，你应该全力以赴地对待工作，工作好了，生活自然会好了。

换个角度看问题

你是否经常由于和同事意见不合而吵闹，造成办公室火药味十足？别较劲，这时候可以到外面散散步，让自己的心情平静下来，之后如果有必要，再和同事平心静气地聊聊，把心结解开。

凡是我们有情绪，是因为认为自己受了委屈或是被伤害，认为错在别人，所以要把怨气发泄出来。如果我们可以换个角度，从好的方面去想。假如遇到的对方是性格暴躁、不明事理的人，你不妨心里想，对方常常如此，整天让自己生活在不愉快之中，是多么不幸，让人同情，那你难道还像他一样闹情绪吗？若是遇上了不公平的事，可以想一想能不能以更妥当的方式来解决问题。一时的失去固然让人可惜，但你通过其他途径也许会得到更多。俗话说“条条大路通罗马”，要相信任何问题总能找到解决的办法，只不过要看时机，但随时随地宣泄情绪也许只能是一条绝路。一旦从积极的角度去思考，你就会使自己重新振奋起来，也变得富有同情心，而这正是处理好人际关系、做好工作的良好基础。

女人要大气

女性在生活中也许会遇到很多困扰，但是正确的态度不应该是太过注重细枝末节的小事，而应该将心思更多地放在提高自己上。乐观的人不会刻意去寻找快乐，而是想办法避免不快乐。比如，明知道传来传去的流言会伤害别人，而且难免有一天自己也会为此而受到伤害，那么就不要搅和到这些事之中。

116 十招让你快乐工作

女人是敏感的，很多小细节都能影响到她们，如何打造一个属于自己的无压力的工作空间，一起来学习吧……

女人和男人有本质上的区别，男人只看表面现象，而女人则是敏感的，很多小细节都能影响到她们，在这个生活节奏快、工作压力大的世界中，如何打造一个属于自己的无压力的工作空间，是每个女人都头痛的问题："不是我不想好好工作，真的是很多东西影响到我，让我毫无心情了。"这恐怕代表了不少女性的心声，的确，女人需要一种感觉，对待工作也是如此，既然这样，就让我们亲手打造一个属于自己芳香四溢的工作空间吧。

第一招：让你的周围香气扑鼻。说"香气扑鼻"有点夸张，毕竟工作场合还是不能有太强烈的味道，但是一种自己喜欢的香气会让你一天都有好心情。那么不妨准备一盏小小的香熏灯，在你疲乏的时候点燃，让精油的香气来缓解你的疲劳，让自己的身心沐浴在一种愉悦的气氛中，有了好心情，工作起来自然轻松愉快了。

第二招：现在很多工作都要面对电脑，一整天对着屏幕，眼睛都要花了，头昏脑涨不说，心里也是莫名地烦躁。在你电脑前装饰点绿色吧，一棵小小的盆栽，不仅能够吸走电脑辐射，还可以制造出氧气，帮你的大脑充电，缓解眼睛的疲劳，而且还能够美化办公环境，真是一举多得呢。

第三招：放个丑娃娃在你的桌上，心情不好时，不妨把这个娃娃当做那个让你不痛快的人，狠狠地打它、捏它，把它当做你的发泄工具。如此一来，你就可以缓解心理压力，并且有助于重新振作起来。

第四招：让食物远离你的工作空间，尤其是"垃圾食品"。"垃圾食品"的坏处就不用说了，它除了会让爱美的女性身材走样，还会让你的大脑反应变慢。因为一般的垃圾食品都比较可口，所以吸引了无数女性的胃口，可是，正是因为如此你用了过多时间去想它们，所以很可能把工作进度耽误了，况且这些东西吃起来上瘾，总是吃完了还想吃，其后果自然是既对身体无益又影响工作。

第五招:休息时间小运动。在你工作累的时候,不妨做一些简单的肢体运动,不是为了减肥和塑身,而是为了舒展身体。普通的上班族朝九晚五,加上路上堵车的时间,一天真的很难找到锻炼的时间,不妨趁着工作休息的时间,做做伸展运动,让你的四肢都活动活动,人一运动,心情自然会变好,皮肤也会为此改善。

第六招:做白日梦。没心情工作的时候不妨做做白日梦,想想自己的梦中情人,想想自己减肥成功之后的惊艳场景,想想你事业成功之时万人瞩目的镜头,反正,想什么就梦什么吧。当然,不能一天都在梦中,这个时间控制在5分钟左右就可以了,目的是让自己有个愉悦的心情和工作的动力,时间太久了就适得其反了。

第七招:培养工作兴趣。你所做的工作未必是自己喜欢的,也未必是自己的专业和特长,即使如此,还是要“干一行爱一行”,只有真心地喜欢上自己的工作,才能做得开心,才能做出成就。如果你真的每天活在抱怨之中,如果你真的很讨厌这份工作,那么不如放弃吧,去另谋高就,每天抱怨工作的人,不知道你是在折磨工作还是在折磨自己呢?

第八招:对别人说话之前先微笑。不要以为这样做很傻,有句话说得好:“伸手不打笑脸人。”微笑是同事之间最好的沟通,在承受着过大的工作压力、紧张的人际关系和老板的严格苛刻时,你的微笑就像阳光一般能给人带来温暖和舒适的感觉,大家都开心了,工作自然会开心。

第九招:想到了就立刻去做。空想家是不会有任何作为的,工作中的你是否经常会有灵感闪现,那么赶快行动吧。想到了就去做,你成功的机会就比别人大很多。

第十招:慎对办公室恋情。因为工作关系的特殊性,对待办公室恋情,你一定要谨慎。最好不要轻易尝试,尤其是和你的上下级们。

做到这十点,可以帮你打造一个健康、快乐的工作环境,当然根据不同人的不同性格可以做出调整。比如爱讲八卦的人,职场中一定要管好自己的嘴,乱传是非可是大忌;还有嗓门大的人,在工作场合要尽量压低音量,以免给别人带来不便,遭人白眼。

117 莫把公司当成家

上班时间要专心地做好自己的工作,做到不拿公司的一针一线,不占用上班时间做私事,事情虽小,但也正是你意志力和良好品德的最好体现。

女人天生有母性,对家的依恋更是出奇的强烈,女人往往感觉有了家才有安全感,有了家才有稳定的生活。女人爱家,从来不会在自己的家里糟蹋东西,而是想尽办法让自己的家更漂亮、更温馨。很多职场女人,她们爱自己的工作,爱自己的公司,就如同爱自己的家一样,然而她们并没有把对家的维护一同带来,而只是带来了随便和不在意。

作为上班族的女性,既要照顾家庭,又要为事业打拼,为了更早住上大房子、开上好车子或者为孩子攒一笔教育基金,平时生活中能省就省,对于公司的一些公共资源更是充分利用,不拿白不拿,不用白不用,真是做到了上班时间不用自己的一针一线。

很多女人会这样想:反正稿纸这种东西公司是没有确切的数量记录的,多用几张少用几张没关系,拿几张回家也没关系,而且圆珠笔、文件夹都是一段时间就会发一次,用不完拿回家也无妨。这种想法看似在为家里节省开支,看似无伤大雅,而实际上对一个公司来说却是莫大的伤害。

的确,一张纸、一支笔不值什么钱,对于一个偌大的公司来说也不算什么,但是如果公司每个员工都是这种想法,都这样去做,那公司的大部分纸张和笔恐怕都会成为私人物品,而到真正需要这些东西的时候,公司又不得不另外支付一笔费用。况且,东西虽小,反映的却是一个人的本质,往往越是细小的地方越能看出一个人的本性,如果公司把这一项作为对员工的考察项目,恐怕你永远不会有升迁的机会了。一张纸与一个晋升的机会,你会如何选择呢?

曾经就有这样一个员工,她负责公司的后勤工作,平时的纸张分发和办公用品的取用都是由她经手,因为公司在采购的时候通常会预留一些富余的物品,以备不时之需,时间久了也会有一定的闲置物品。这个员工趁着自己工作的便利，拿了不少公司的稿纸给自己的孩子用，她的孩子也就用免费的稿纸写作业，并且很大方地发给同学们一起用。说来也巧，这天孩子的老师在家里批改学生的作业，发现大家都用同样的纸，就和自己的丈夫念叨了一句，而这位老师的丈夫正在与这个孩子母亲的公司谈一个合作项目。通过这件事，他认为对方的公司管理松散而终止了与对方的合作，并且说明了原因。这位员工也在公司的追查下被炒了鱿鱼。

俗话说“不以善小而不为，不以恶小而为之”，公司准备一些小物品是为了大家工作方便，并非是可以随便使用的免费资源，作为一名女性，应该随时注意自己的形象，杜绝不良行为，即使周围同事乱用公司资源的现象非常普遍，只要自己认为不该做的，坚决不能去做。习惯的养成是需要毅力和坚持的，或许，在这个过程中，你的上司已经注意到了你的克己和善良。

除此之外，经常利用公司电脑上网、发邮件、聊天、打游戏的人也不在少数。如果说工作一天后，适当的休闲一下无可厚非，但是如果因为自己的贪玩而影响公司的生产效率或者加重公司的成本负担，也会直接影响你在职场上的成功。

上班时间的每分每秒，公司都是付给你工资的，若是因为私事耽误了工作或者利用上班时间做私事，都是公司里非常忌讳的事。上班时间还是要专心地做好自己的工作，做到不拿公司的一针一线，不占用上班时间做私事，事情虽小，但也正是你意志力和良好品德的最好体现。注意这些细节，对你的职业生涯，甚至人生，都会有益处。

女人，爱你的工作没有错，把你的公司当做靠山和归属也没有错，但是切记，莫把公司财产当做自己的，随意挥霍公共设施，也是对自己工作的亵渎，不要让这种行为毁掉自己的工作前途，破坏自己的形象。女人，请时时刻刻保持你的美丽和优雅，不仅仅是外在的，更是内心和思想的！

118 工作餐女人知多少

作为一个职业女性来说，要努力改掉吃工作餐时的坏习惯，这不仅关系到公司的形象,也关系到你个人的形象和礼仪问题。

大多数上班族都过着忙碌的生活,很多人为了节省时间,或者自己带饭,或者买盒饭来吃。当然自己公司有食堂的另说,如果没有,一般我们都会发现以下几个问题:比如,一到中午,饭菜的味道飘满整个办公室;比如,边吃饭边拉家常影响到别人;又比如,正吃饭时有客人来访,嘴里的饭菜还没咽下就张口说话……这些会给公司的形象造成很大的影响。当然公司为了员工的健康着想,也许不会过多干涉,可是作为个人,作为一个职业女性来说,还是应该从自己做起,改掉一些吃工作餐时的坏习惯,这不仅关系到公司的形象,也关系到你个人的形象和礼仪问题。

用餐地点

一般单位即使没有食堂,也会找一个比较安静和隐蔽的地方让员工解决吃饭问题,如大的会议室等。当然,即使是会议室,也难免和办公场所相邻,所以用餐的时候一定要关好门,不要让饭菜的味道飘到它不该去的地方。如果你的公司比较小,没有这样的用餐场所,只能在自己的办公桌上凑合,那么最好打开办公室所有的窗户,让空气流通起来,不要让饭菜混杂的味道影响了大家下午的工作情绪。

用餐时间

每个单位都会规定一个确切的用餐时间,最好不要提前用餐,或者刚到用餐时间就马上离开工作岗位去吃饭,这样会给人一种急躁、对工作不认真的印象。最好是在单位规定的用餐时间过5分钟之后,大家陆陆续续地都去吃饭了,你再动也不迟。工作餐每人一份,晚几分钟并没有什么影响。当然,如果你对工作太投入,以致把用餐时间耽误了,这样也不太好。虽然你的勤奋努力是值得表扬的,但是在别人工作的时候你单独去用餐,会让同事感到你这个人不好相处,与大家格格不入,而且晚吃饭对身体健康也是不利的。

按时吃饭是必要的,吃饭时长也是需要每个人都掌握的。一般来说,一个人即使细嚼慢咽,半个小时的时间也足够吃完一顿普通的工作餐了,当然如果你吃饭时和姐妹们闲扯,这顿饭的时间可能会无限拉长。用餐时间掌握好,空出足够时间来午休,对于下午的工作是非常有好处的,吃饭后通通风,饭菜的味道赶快散掉,才能有一个好的工作环境来进行接下来的工作。

气味的问题

大白米饭刚出锅的时候很是香甜,各种菜肴的味道也很吸引人,可是把它们混合在一起之后,味道就有些让人皱眉了。而且有些食物会散发出非常强烈的气味,像韭菜、蒜、肉包子、煎饼等,所以这样的东西千万不要在办公室食用,即使你很想吃,也要忍住等下班后再吃。否则,你是解馋了,周围的同事就要捂着鼻子工作了。并且这些味道弥漫在办公室里很难消除,会破坏公司形象和办公环境,你自己嘴里的味道也会让别人远离你。

如果真的不小心吃到这样的东西,或者工作餐里有味道很重的食物,用餐完毕后要吃口香糖或者嚼茶叶来消除口中的异味,房间里最好喷一些空气清新剂或者香水。

你的吃相

总有人用"吃着碗里的,瞅着锅里的"来形容贪婪的人,我们先不论这个人的品质问题,但就是这样的形象也真是够难看了,尤其作为女性,这种举动是大忌。吃饭的时候不能总盯着别人看,这是非常不礼貌的行为,也不能只盯着自己的饭盒,和别人没有半点交流,这会让人觉得你在故意和别人拉开距离。用餐时不要过于拘谨,只要和平时吃饭一样,稍作收敛,注意自己别出现不雅的行为和言辞就可以了。适当地与人交流也是餐桌的礼仪之一,只是不要聊到让人饭都吃不下的地步就可以了。

虽然说餐桌上的交流是必要的,但是千万不要把餐桌当做是广播台,人多耳杂,有些小道消息可能会得罪人的。

再者,已经吃进口的东西不要再吐出来,这是很不雅观的。带汤汁的食物食用时要小心,不要滴到桌子上或者自己的衣服上,给人毛躁的感觉。当然,吃饭的时候,尤其是和同事们围坐在一起,不要当众咳嗽、打喷嚏,万一发生了这种事,要小声说"对不起"。

女性在用餐完毕后,一定要用纸巾将嘴角擦干净,最好去洗手间照照镜子,看看牙缝和牙齿上有没有饭菜的余渣。但是这件事千万不要当着别人的面做,因为这比牙齿上有东西更不雅观。

饭后清理

用餐完毕之后,要记得清理自己的餐具,如果是一次性餐具,应该立刻扔掉,并且注意不要让残羹弄到桌子、地板和衣服上。喝完的饮料瓶,要随身带走扔掉,不要在桌子上一摆就是一天。如果不小心把食物弄到地板上,要赶快清理干净,即使有保洁人员,也要坚持自己打扫,自己的错误只有自己改正才是真正地改正了错误。若是临时有事,饭吃到一半就要走,要记得让同事代收拾,别忘了说声"谢谢"。

工作餐或许简单,一荤一素搭配一份米饭,但是用餐的学问却是每个人都不可忽视的,它不仅是一种日常最基本的礼仪,更是对自己形象的一种树立,好形象就是从这一点一滴开始树立的。

119 女人立足职场的秘诀

职场之上,风云变幻,再漂亮的女人也不敢保证自己永远能够立足职场,想让自己的职场道路平稳而畅通吗,看看下面的秘诀吧。

不要得过且过

虽然现在这个社会竞争激烈,但总有人能"超然物外"、我行我素:领导再怎么急于出成绩、见效益,那也跟我没关系,我就这样了。

这种人一般分为两种,一种是真的比较懒,另一种人是装傻,其实往往很聪明、有能力,也不乏思想,表面看是偷懒,实际上是糊弄,对工作抱着无所谓的态度,得过且过。

这样的人就是传说中的"鸡肋",老板想提拔你,看你又欠点火候;想辞退你,你也没有违反规定,不按时完成任务,所以最有可能的结果就是,多年后,别人都升职了,只有你还在原地不动,最后迫不得已自己主动离职。

要有危机意识

前几年,各种媒体几乎全部在炒网络经济,导致一大批热血青年投奔网站,似乎认定只要建立网站,就离富翁生活不远了。有一部分人比较清醒,知道何时进、何时退;而另一部分人却彻底晕了,诸如某大网站被迫关张等这些负面消息似乎对他们没有任何影响,他们依然每天昂首挺胸地去上班,好像什么事都没有似的,丝毫没有危机感。

分析:其实,不仅在网络公司,每个人的职业生涯里都会遇到危机,有竞争的危机,也有失业的危机。所以,女性的脑子里要时刻绷紧这根弦,早做准备、多做准备,才不会在危机来临之时抓瞎。

要随时、及时充电

看似与本职工作无关的东西,有些女性认为:学它干吗,又用不着!

分析:徐琳因为考不考驾照的问题与丈夫争论过好几次了。徐琳是一家杂志社的美术编辑,不坐班,即使去上班也有班车,加上目前还没有买车的计划,徐琳一直不想考驾照,因为她觉得用不着。而丈夫认为,开车是现在职业人的基本技能,再说,历来就有“技不压身”的古训,同样的机会摆在面前,谁会的技能越多,谁胜算的机会越大。

兼职不能多

有机会就要兼职挣钱,脑袋都大了。

分析:兼职既能把一个人的特长发挥到极致,又能最大限度地创收,所以很多人愿意做兼职的工作。如果有这个能力,机会又合适,无可厚非(国家明令不允许兼职的人员除外)。但如果一人身兼数职,兼到头晕脑涨的程度,肯定会有得不偿失的一天。

切忌自私自利

凡事三缄其口,不问就不说,宁可让好想法烂在肚子里。

分析:某公司部门里就有一个这样的女性,明明极为聪明,好创意一个一个往外面冒,就是不说出来。开会的时候,她从来不主动发言,可到让她独自做策划的时候,那些创意火花,又让你不得不承认她做得漂亮。领导曾经几次跟她谈过,每一个部门的成就是大家一起创造的,在同一个集体里,没有与自己无关的事。可她却说:“不是我分内的事情,我为什么要替别人操心?”这样的女性虽然头脑聪明,却没有团队意识,最终会影响职业生涯的发展。

对自己要有信心

因为害怕失败,所以不敢尝试新的、更高一层的工作。

分析:这是何惠最为懊悔的一件事了。总经理找她谈话,告诉她将有机会竞争一个部门主任的职位,而且总经理亲口告诉她,有资格竞争的人不超过4个,而那3个人谁也没有何惠更了解这个部门的工作。总经理说:“如果你努力,还是有很大机会的。”话都说到这份上了,换了谁都能明白,总经理对她寄予厚望,这个职位就应该是她的了。可何惠思前想后,到最后居然回绝了总经理,因为她认为自己做管理工作没有经验,怕干不好让领导失望。就是由于这个理由,阿惠把加薪晋级的大好机会拱手送给了别人。

凡事靠自己

话里话外、明着暗着告诉同事:“我和某领导关系很好。”

分析:没有哪个员工不愿意和领导搞好关系,除非你自己就是领导。和领导搞好关系的基础是什么?是你要有工作能力,得到领导信任。但是,即便你跟领导关系再好,也别让别人认为你把领导当成靠山,让别人不敢对你如何。职场是个利益共同体,你和领导的关系再好,他愿意为了你一个人而犯众怒吗?再说,你工作的目的不是为了领导,而是为了自己!万一哪天领导换人了,你是不是又要挖空心思找一个新的靠山呢?靠山是会变的,而变化的靠山还靠得住吗?

独立思考

让干什么就干什么,让做“一”绝不做“二”,不会独立思考也不想独立思考。

分析:一般而言,领导如果让你做到“1”,他会点拨到“0.5”,但他希望你能想到“2”甚至“3”,做到“1.5”或“2”。假如你连想都不想,就那么照方抓药似的做了,工作肯定不会出彩。领导喜欢的是创造性地理解,然后发挥,而不是把没有自己思想的东西简单复制。

120 为自己制订一份职业规划

人的一生就像蒲公英一样,在空中美丽地盘旋后,最终还是要找到自己的归宿。这种归宿可以是一个美满幸福的家庭,也可以是一份成功的事业。

人生就好像一次长途旅行,一站接着一站,每一站都有不同的风景。有些旅客可以看到不同的美景，有些旅客则只会抱怨旅途辛苦。那么你是如何看待你的旅行呢？是怀着积极的心情寻找快乐的源泉，还是消极地怨天尤人。其实聪明的女人一定知道如何选择，并且在选择的过程中，一定有着一个循序渐进的计划。

人的一生就像蒲公英一样，在空中美丽地盘旋后，最终还是要找到自己的归宿。这种归宿可以是一个美满幸福的家庭，也可以是一份成功的事业。事业是保证我们生存的根本，获得一份有价值的工作，是每一个职场女性的追求。而要得到这样的工作，首先要有一个关于职业的规划，以下是根据不同年龄来进行职业规划分析。

职场新人走好第一步

这个阶段，大部分人都是刚刚从大学象牙塔里走出来的学生，还处在事业起步阶段。如何选择职业，直接关系到今后的成败。

对于这一阶段的年轻女性来说，摆在她们面前最实际的问题就是选择职业。要在充分做好自我分析和内外环境分析的基础上，选择适合自己的职业，设订人生目标，制订人生计划。再一个任务，就是要树立自己良好的形象。年轻人刚刚步入职业，表现如何，对未来发展的影响极大。有些年轻女性，特别是刚毕业的女大学生，总认为自己有知识、有文化，到工作单位后不屑于做零星小事，不能给同事们留下良好的印象，这对一个女性的发展而言，可以说是一个危机。此外，年轻女性还有一个重要任务，就是要坚持学习。根据日本科学家研究发现，人一生工作所需的知识，90%是工作后学习的。这个数据足以说明参加工作后学习的重要性。

中青年不可忽视修订目标

这个阶段是整个职业生涯的黄金时期，对于风华正茂职场女性来说，是充分展现自己才能、获得晋升、事业得到迅速发展的好机会。此时的任务，除了努力、展示才能、拓展事业以外，对很多人来说，还有一个调整职业、修订目标的任务。女人到了30岁以后，应当对自己、对环境有了更清楚的了解。看一看自己选择的职业、所选择的生涯路线、所确定的人生目标是否符合现实，如有出入，应尽快调整。

中坚力量不忘及时充电

这一阶段的职场女性，也许已经成为公司里的中坚力量，开始了事业上收获的季节。如果到了这个年龄仍然一无所得、事业无成的人应深刻反省一下原因何在？重点在自身上找原因,对环境因素也要做客观分析,切勿将一切原因都归咎于外界因素和他人之过。只有正确地认识自己,找出客观原因,才能解决人生发展的困阻,把握今后的努力方向。

这个阶段应该注意的是“充电”学习。很多人在此阶段都会遇到知识更新的问题,特别是近年来科学技术高速发展,知识更新的周期日趋缩短,如果不及时充电,将难以满足工作需要,甚至影响事业的发展。

职场前辈开始晚年规划

这个阶段是人生的转折期,无论是在事业上继续发展,还是准备退休,都面临转折问题。由于医学的进步,生活水平的提高,很多人在此时乃至以后的十几年,都能身体健康,照样工作,所以做好晚年生涯规划十分重要。要提醒大家的是,在制订此阶段规划时,要从以下几个方面来考虑:一是确定退休后的二三十年内,你准备干点什么事情,然后根据目标,制订行动方案;二是学习退休后的工作技能,最好是在退休前三年开始着手学习;三是了解退休后再就业的有关政策;四是寻找工作机会。目前我国已有离退休人员的人才职业介绍所,可提前与这些部门联系,以便取得他们的帮助。

另外,在制订职业规划时还要注意以下问题。

实事求是。在制订一份合理的职业计划时,一定以准确的自我认识和自我评价为前提,做到实事求是。要提醒大家的是,在作自我分析时应从以下四个方面来考虑:充分考虑价值取向、自我确定的整体方向和生活方式;本人知识、技能水平及工作适应性;个人特质,主要是素质、性格、爱好、兴趣和专长等;了解自己事业中最渴望的是什么,最有价值的追求是什么,准确的自我认识和评估显然是制订个人职业计划的基础。

切实可行。一份职业计划不管多美好,都不要忽略其可行性。因为个人的职业目标或职业需求,一定要同自己的能力、个人特质及工作相符合,这样,实现职业计划才有可能。

个人目标与企业目标一致。一份成功的事业,一定是在一个成功的企业里才得以实现。离开一个好的团体,便不会有个人职业的进步,甚至难以在企业中立足。所以,一个人职业计划制订伊始,就必须与企业目标相协调,保持一致。

修正个人职业计划。一个人的职业生涯需要经历不同的阶段,在职业早期、职业中期和职业后期等不同阶段，都应当制订不同的个人职业目标、需求及其实现途径。计划一经制订，并非一劳永逸，尚需依据客观实际情况及其变化，不断予以调整、修改和完善，使之更具有可行性。

参考文献

[1]张晓梅.晓梅说礼仪[M].北京:中国青年出版社,2008.
[2]金韵蓉.幸福有7种颜色[M].北京:中信出版社,2008.
[3]高华.女人的修养与智慧全集[M].北京:朝华出版社,2008.